天下·文化

BELIEVE IN READING

科學天地 181

超級感官

人類的 32 種感覺和運用技巧

Super Senses

The Science of Your 32 Senses and How to Use Them

by Emma Young

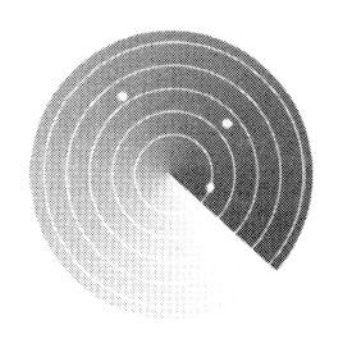

艾瑪·楊恩／著

鄧子衿／譯

超級感官

人類的 32 種感覺和運用技巧

目錄

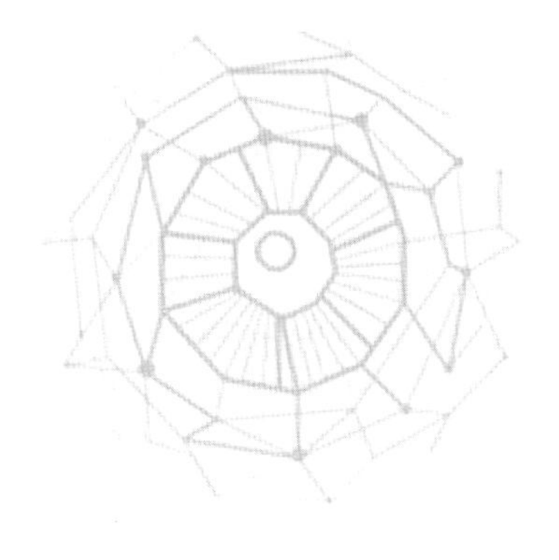

Super Senses
The Science of Your 32 Senses
and How to Use Them

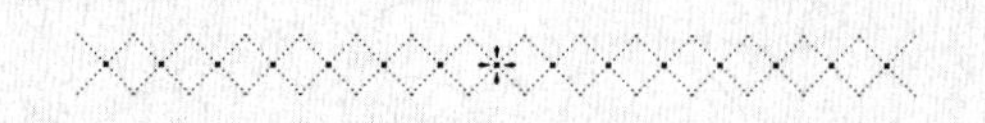

獻給我的雙親，

彼得（Peter）與喬伊（Joy），

他們讓我愛上科學和書本。

序章

32感的新科學

如果你以前讀過科普書，我想你現在可能期待從這本書中讀到驚人有趣的軼聞，以及精緻簡明的故事，會讓你陷入文字的愛麗絲夢遊仙境中。如果你是這樣想，那麼你會失望的：

今天早上，我心不甘情不願的從溫暖的棉被中爬起來。早上九點要進行一項艱難的工作，讓我有點焦慮。我腳步虛浮的走下樓梯，進到廚房，一隻手打開電熱水壺的開關，另一隻手從架子上拿了一個馬克杯。我早上通常吃燕麥粥，但是我餓到不行！今天早餐必須是吐司夾蛋。不過，得先來一杯咖啡。我把開水從電熱水壺倒進法式咖啡濾壓壺——哎呀，倒出來燙到手了！我應該更小心一點。

以開場故事而言，這樣的內容真的再普通也不過了。但是，借用《愛麗絲夢遊仙境》作者卡羅（Lewis Carroll）的話，我在吃早餐之前，做了六件不可思議的事情。如果你認同一種植根於文化中的信念，那種信念之牢固，以致教給了每一位小學生，包括我自己的孩子，那麼這六件事情就是很不可思議的。那個信念是說，人類有五種、而且只有五種感官。

五種感官的模型來自於古希臘哲學家亞里斯多德。在約公元前335年完成的《論靈魂》（*In De Anima*）中，亞里斯多德說明感覺有視覺、聽覺、嗅覺、味覺和觸覺這五種。亞里斯多德也把這些感覺，與器官連結在一起，例如：眼睛與視覺體驗有關，鼻子與嗅覺體驗有關，舌頭與味覺體驗有關。從亞里斯多德的觀點來看，人類有五種不同類型的感覺，與相應的器官，而他認為皮膚只是觸覺的「媒介」，主要的觸覺器官應該是「位於皮膚中」。

亞里斯多德寫道：「我們可以確信，除了這五種感覺之外，沒有其他的感覺。」

對於兩千多年前從事研究的人來說，這是很扎實的成就。亞里斯多德是傑出的生物學家和哲學家，但是依然受限於時代。當時生理學還在萌芽階段，至少對於腦部的瞭解還很粗淺（亞里斯多德認為腦部的功用是讓血液的溫度下降）。多年以來的研究結果讓我們知道，亞里斯多德對於視覺的理解，比對於腦部的理解更深。只不過時至今日，只要不是白目的科學家，都不會爭論人類是否僅有五種感覺，或是差不多有五種感覺。

感官不只五種

你現在可能會想：如果人類有其他種類的感覺，但是絕大多數人都沒有發覺到，那麼那些感覺應該就不重要。這樣說來，這本書可能就像是那些專門介紹沒沒無聞卻又「此生必遊」景點的糟糕旅遊書。實際上，那些感覺絕大多數人都沒有發覺到，是有其必然的原因。

請回頭看看描述我那超平凡早晨的那一段文字。這裡會仔細探究那些日常的事件，重點將放在種種相關的感覺，其中有些是非常難以察覺到的。

六件很不可思議的事情？就是這六件：

一、我覺得棉被很溫暖。這是因為我和你一樣，在皮膚中的受器（譯注：receptor 若是指神經末梢的構造，就譯為「受器」，若是指蛋白質分子，則譯為「受體」）和身體上的受器，產生反應的溫度範圍並不相同。這種感覺稱為「溫覺」（thermoception，冷熱覺），和觸覺沒有半點關係。

二、我覺得焦慮。從好的方面看，這表示我的腦部正在處理代表了「正在面對威脅」的感覺訊息。對於焦慮感來說，重點是能夠感覺到自己的心跳，這種感覺稱為「心跳的內感受」（cardiac interoception）。

三、我腳步虛浮的走下樓梯，這時我並沒有看自己的腳，但是也沒有跌下樓梯。我能夠這樣，是因為有兩種感覺。第一種感覺是知道我身體各部位在空間中的位置。肢體位置的感覺也稱為「肢體定位」（body-mapping）感覺，正式的名稱是「本體感覺」（proprioception）。第二種感覺是能夠感受到重力的方向，或是自己朝著水平方向移動，這是因為在內耳深處有前庭系統。

四、在打開電熱水壺開關的同時，我也從架子上拿馬克杯，這是因為有肢體定位感覺。

五、我覺得餓。這種感覺能力察覺到胃裡面空空的，直接讓我有飢餓感。

六、電熱水壺中的滾水濺到我手上時，很痛。這是因為我的皮膚中有專門偵測損傷的受器，稱為痛覺受器（nociceptor），其實也不只是皮膚中才有，許多器官也有。滾燙的熱水使得那些受器產生反應，導致痛覺產生。

沒有人會說疼痛感、情緒、或是飢餓感難以察覺，當然走下樓梯的能力也不屬於難以察覺那一塊。這些全部都是亞里斯多德的架構中缺乏的感覺。雖然關於感官研究中驚人的發現，確實是在最近十年才出現的，但對於科學界來說，其中一些「新」感覺就如同 X 射線或巴氏殺菌法一樣「新」。

是的，我要用這本書來說明亞里斯多德的模型是錯誤的，不過基本上在百年前就有人這麼說了。但是，就如同我將在第 6 章〈本體感覺〉說的，在學術圈之外，沒有人真正好好探究過。

你我有多少種感覺？

那麼人類有多少種感覺呢？為什麼我們教小孩說人類有五種感覺？（我八歲的小孩回家寫英文作業時說：「我得考慮我的五種感官。媽媽，就是五種感官。」）

首先要回答第一個問題：人類有多少種感覺？讓我們從人類在生物界所處的地位談起，將有助於瞭解這一點。亞里斯多德認為人是特殊的，製成人體的材料和動植物的不同。現在當然我們的知識更豐富了。我們知道，我們人類感官的起源可以追溯到生命本身的起源。

我們無法確定，地球上的生命是在什麼時候、位於哪兒的太古濃湯（primordial soup）中出現的，出現的形式實際上是怎樣也不清楚。但可能是在三十七億年前到四十二億年前之間，在深海底某些熱泉或是在溫暖的火山湖泊中，第一個能夠自我複製的實體首度出現。至少到了三十五億年前，第一個單細胞生物登場了。

這些早期的微生物基本上像是袋子，裝了可讓自己複製的材質。但也因為是袋子，就有了內部和外側之分。這些微生物和無生物之間的差異，在於他們能夠偵測環境變化，並且加以因應。

這些微生物具有脆弱的外膜，那是微生物和外在狂野世界之間的介面。感覺能力從此誕生。

這些微生物如果發生突變，變得能夠偵測環境中有益或是不利的變化，那麼肯定有助於生存，並且在自己所處的生態區位中繁榮昌盛，生生不息，甚至能夠遷徙到新的生態區位。對於化學變化與機械（物理）變化的偵測能力是最早出現的。食物、毒素和其他微生物的排泄物，全都是化合物，能夠加以偵測，顯然有無上價值。能夠辨認來自其他東西的機械力影響，知道自己接觸到某物或是被某物接觸，也都很重要。

由於這些感覺的功能很重要，因此毫不意外，早期的化學和接觸感覺在整個演化史中，都保留了下來。大腸桿菌、你書桌上的盆栽、家裡面的狗，還有你自己，都能夠感受必要的物理接觸和化學成分。接觸（也就是「受壓」）事實上是一種觸覺，之後會提到，觸覺並沒有這麼單純。化學成分中有「好」有「壞」，在鼻子中的嗅覺受器和舌頭上的味覺受器能夠加以分辨，後來我們發現，身體裡面其他許多部位也有這些受器。

在很久遠以前的時代，生活簡單，化學感覺和接觸感覺就已足以維持生存。但是生物體變得愈來愈複雜，會遭遇到的問題也愈來愈多，有的是關於外在更廣大的世界，有的是關於本身愈來愈複雜的身體。這些問題包括：有其他和我相似的個體嗎？我附近有食物嗎？我觸摸到了什麼？後來很快還有其他問題出現，像是：這裡是哪兒？我身體哪裡受傷了？我要再吸一口氣嗎？我正在往下墜落嗎？我的四肢位在哪兒？和軀幹的相對位置是如何？我附近的生物，感覺舒服還是害怕？和他發生性關係真的好嗎？

在本書中會提到，對於這些問題，至少有一個以生物機制回答的方式：感覺。遠古的生物物種出現了新的感覺，這些感覺具有非凡的價值，因此保留了下來，之後還得到了改良與拓展，續存到現在。例如，有膠質身體可在深海中游動的水母、或是玫瑰花叢，都和你一樣能夠感受到重力。你也如同南非喀拉哈里沙漠的貓鼬，能夠感覺到代表警告的尖銳聲波。

為了要瞭解感覺到底是什麼，以及人類可能有多少種感覺，把感覺過程區分為各個階段來說明，會比較好。你或任何其他物種，首先都需要能夠經由特定變化所啟動的感測器（sensor）。如果你要在日出前的一個多雲夜晚，走出戶外，當第一批光子出現時，你視網膜中大約一億個桿細胞（rod cell）中的一些分子，形狀會改變。你的桿細胞是絕佳的光線感測器。

然後，偵測到了改變之後，需要能夠引起反應。對於人類來說，這通常代表來自感測器的訊息必須傳遞到中樞神經系統——在絕大多數的狀況下，就是要進入到腦部。我依然以桿細胞當作例子：分子形狀改變所引發的訊息，會沿著相關神經元，傳到視神經，直達腦部。

接收和處理感覺訊息的過程，之後可能會導致你產生有意識的感知。想像一下，你不是在晚上出門，而是在陽光明媚的下午走到戶外，可能會立即察覺到一隻八哥棲息在樹枝上，或是微風吹拂到手臂上。然而，有意識的感知並非感覺的必要部分。你絕對有可能感覺到了些什麼（偵測到重要的變化，甚至還做出了反應），卻沒有意識到這件事。事實上我們發現到，一些最有趣而且影響到心智的感覺，要不是在意識知曉的領域之下發生的，便像是微弱模糊的背景雜訊，難以確實掌握，而且容易錯失，但是同樣會讓你的身體有所反應。

對於亞里斯多德來說，能夠關聯到某個感官的意識覺察狀態很重要。視覺、聽覺、嗅覺、味覺和觸覺對於意識的感知來說，是截然不同類型的感覺，也因此，亞里斯多德的模型才可能流傳至今。當然，一個四歲的孩子可能會說：「我知道用手戳弟弟，看見他扭動起來時是什麼感覺，當然也知道那和聽到他尖叫是不同的感覺。」除此之外，亞里斯多德的五種感覺和相關的器官實際上是連結在一起的，四歲的孩子可以很容易就把視覺與眼睛、聽覺與耳朵聯繫起來。所以我們教人說人類有五種感官是非常容易的，但是否正確就是另一回事了。

亞里斯多德的模型雖然和證據相衝突，卻依然持續到現在的另一個原因，是因為在西方文化中，西方人會忽視其他文化對於人類感覺能力的看法。舉例來說，居住在非洲迦納東南部的安洛－埃維族（Anlo-Ewe）的語言中，有一個詞 azɔlizɔzɔ，用來指稱「動覺」（kinaesthesia），這是運動的感覺，其基礎是察知四肢的位置。安洛－埃維族還有另一個詞是 agbagbaɖoɖo，用來說明「前庭覺」（vestibular sense），這種感覺和身體平衡有關。對於安洛－埃維族來說，這兩種感覺就如同日常的視覺與聽覺那般普通。

先感覺、後思考

如果亞里斯多德的模型錯得那麼明顯，你可能會想要知道，為何科學家沒有告訴我們，人類到底有多少種感覺。原因相當的無聊：哲學家和科學家之間還在爭議，要如何詳細定義「一種」感覺。這是真的，因為很不幸，目前尚未有一個能夠讓大家滿意又合乎邏輯與理性的方式，去描述人類的各種感覺。因此新的模型很難將舊的模型淘汰、並且取而代之。但是現在我們知道原本的模型是不實的詮釋，也就沒有藉口要繼續去推廣了。事實上，說舊模型是「不實的詮釋」已經相當委婉了，那其實錯得如「地球是平的」那般離譜。

現在是把學術上的爭論先放在一邊的時候了。人類真正擁有多少種感覺？我們應該有更為合乎科學的觀點。需要這樣做、以及為何現在必須這樣做的原因很多。

要知道身而為人到底是什麼，得要知道人能夠感覺到什麼。人類為自己的思考能力感到自豪，這是理所當然的。但即使人類的腦部超級厲害，核心的功能也是接收感覺訊息，加以整合並且詮釋，之後對感覺訊息做出反應。事實上，雖然意識到的感知並非是在這種狀況下必然產生的結果，但有一個深具說服力的論點指出：意識之所以演化出來，是因為意識有利於那個核心功能。

如果我們不瞭解人類的感覺，就無法瞭解人類對外在世界和身體內部產生出反應的基本方式。在思考出現之前，感覺就已經演化了很長時間。人類依然是先感覺、後思考。這種狀況可能解釋人類很多的偏好，甚至包括為何感官上的譬喻那麼打動人心。是的，您可以把某個熟人描述成暴躁和不受歡迎，但說他「個性尖銳」會更為直接，意思馬上就表達出來了。同樣的，您可以說朋友很體貼的訊息對自己來說深具意義，但如果說這個訊息「讓人感動」，那會更讓人有感覺。

事實上，人類的許多感覺，讓我們有如此繁多的心智體驗和身體體驗。那些感覺讓人能夠從床上起來，走下樓梯，也讓我們能夠認出朋友，避免危險；吃需要的食物而避開不需要的；抓住一本書或是抓住一個機會；在城市中或鄉野間行動；體驗恐懼或愛情；感覺自己位於身體之中，甚至覺得自己是一個與他人有所區隔的「自我」。

這本書將會為您介紹人類的各種感覺，以及這些感覺為人類帶來的神奇影響。現在我們也清楚瞭解到，每個人感覺到這個世界的方式有所不同，這種差異對我們的偏好、性格、人際關係、身體健康和職業生涯，都有影響。

在某些人身上，這些差異非常極端，也帶來了極端的影響。想像一下，完全沒有察覺到自己的身體狀態，無法感受到愛或喜悅，會是怎樣？或者，能夠在某人出現症狀之前，就嗅出該人罹患了帕金森氏症，那會怎樣？想像一下，身體能夠連續旋轉數小時而不會感到頭暈目眩，或者能強烈感受到他人的痛苦（這點非常惱人）。想像某人身體各部位的協調程度很高，足以讓他在芭蕾舞劇中擔任主角，但這人卻看不見！或者，看朋友用吉他彈奏披頭四的名曲《昨天》，雖然你是頭一次聽到，但馬上也能夠彈出同一首曲子。

感官讓我們得到訊息，也塑造了我們

有些人的真實生活就是這樣。但是對於其他人來說，自身所具備的感官顯然不只是讓我們得到訊息，而且塑造了我們。我從事科學記者這一行已經二十五年了，經常寫心理學方面的文章，都一直會反覆寫到感覺方面的內容。新的研究結果指出，人類的行為、社會關係、思想和信仰，都會受到感覺體驗的影響，甚至由感覺體驗所指引。這點我覺得非常吸引人。

亞里斯多德描述了一個符合他所處時代的感覺模型。然而，真實的狀況更宏大、也更離奇，有讓人覺得下巴掉下來的狀況和難以置信的驚喜。而我要講述這個故事的原因之一，在於人類的感覺已受到了威脅。

發現人類具有的感覺種類之多，就像是從充滿岩石的池塘中跳到珊瑚礁中，只是那些珊瑚幾乎都白化了。絕大部分人現在居住的環境，已經和當初各種感覺演化出來的環境大不相同。現代生活帶來了前所未有的挑戰。你的視覺、聽覺和嗅覺能力都受到了影響。而其他日常生活必需的「新」感覺（新發現的感覺）也受到損傷：那些感覺在還沒受到眾人矚目之前，就已經開始減退，這有可能對人類的身體健康和心理健康，帶來毀滅性的影響。

好的方面是：有許多證據顯示，我們不只能夠在一定程度上保護感覺，同時也能經由訓練，讓感覺更為敏銳。有可能在不知道某種感覺的存在之下，就讓這種感覺增強了。嬰兒和幼兒一直都是如此。而對於成年人來說，知道感覺的功用，並且瞭解這些感覺充滿了彈性，也絕對會有所幫助。

在某種程度上，你可以控制自己感覺的發展命運，而在這本書中，我將盡可能描述如何控制感覺，這對你的影響很大，幾乎觸及了生活的各個層面。書中將會說明，學習到如何調整與增強多種感官的方式，能夠改善性生活和運動能力、增強決策能力和情緒健康、培養良好的飲食習慣和人際關係（其他好處持續發現當中）。

第一步是知道你有哪些感覺。下面我做了一份清單，其中有些項目看起來不太像是屬於感覺，但是我希望之前我的提示已經足夠充分：人類的感覺如果光看表面，很容易就會受到欺瞞。

在流行文化的作品中，有些角色會具有「第六感」，或是具有其他超自然的感知能力。我寫這本書可不是為了要趕流行；若是要趕流行，人類所具備的感覺數量至少得要高達 33 種才行。

32 種感覺的清單

視覺

1. 視覺來自於桿細胞與錐細胞（cone cell），錐細胞與顏色的感知有關。

2. 感受到光代表了目前處於白天。如果你的桿細胞和錐細胞突然之間消失了，你依然能夠偵測光線，因為偵測光線的是獨立的感覺系統，只不過這時你看不到任何東西。不過，顯然這個感覺要放在視覺這邊談。

聽覺

3. 聽覺是因為在內耳中的耳蝸（cochlea）能夠偵測聲波而產生的。

嗅覺

4. 我們有許多種不同的受器，參與了嗅覺，這些受器組成了一個系統，能夠感測「有氣味」的化合物。（我知道這句話聽起來像是循環論證，在第 3 章〈嗅覺〉中，我會詳加說明。）

味覺

有五種不同的受器，能夠偵測五類不同的化合物，這些化合物對人類的生存與繁衍非常重要。這些受器不只存在於口腔中，也不只是用來偵測食物與飲料，因此亞里斯多德所說的「味覺」最好想成是五種彼此相關的感覺。現在最方便的做法，便是依照各種味覺受器所偵測的典型味道，加以區分：

5. 鹹
6. 甜
7. 苦
8. 酸
9. 甘（鮮味）

觸覺

觸覺是經由「接觸」帶來的感覺，但其實由三種感覺組成，每一種都有各自的感測器，參與了不同的反應，其中有：

10. 壓覺
11. 振動覺
12. 溫柔緩慢移動的接觸（來自於其他人）

癢覺（pruriception）

13. 癢不是來自觸摸，也不是疼痛。癢就是癢，也就該稱為癢覺。

痛覺（nociception）

我們很容易就會認為痛是一種「感覺」，但是我們能夠區別三種不同的身體損傷或可能造成損傷的狀況，每一種都會產生不同的疼痛感覺：

14. 造成危險的溫度

15. 造成危險的化合物

16. 機械性傷害（刺穿、撕裂、切割）

不過在第 11 章〈胃腸道感覺〉中會說明，還有其他許多種疼痛。

溫覺（冷熱覺）

17. 寒冷

18. 溫暖

為什麼不是只有一種溫覺？原因之一是我們已經找出了感覺溫暖的熱覺受體與感覺寒冷的冷覺受體，另一個原因在於不同受體會引發不同的反應，包括了生理反應（如果你覺得太溫暖，會把毛衣脫掉）以及心理反應，詳見第 9 章〈溫覺〉。

本體感覺

19. 有三種受器負責肢體分布位置的感覺，這是本能的知道自己肢體位置的重要感覺，也就是知道身體各部位在空間中的位置。下樓梯、拿起香檳杯喝一口、打網球、蒙眼走鋼索等舉動，如果沒有本體感覺的話，做這些事情無疑是送死。

前庭感覺（方向、導航與平衡的感覺）

20. 頭部在三維空間中的轉動

21. 垂直運動（例如搭電梯）和重力

22. 水平運動（例如坐車）

如果上面這三種感覺聽起來有點無聊，那是因為它們受到低估的程度非常嚴重。如果你的這三種感覺出狀況了，那麼你不只會步入死亡迴圈，如同在恐怖電影《厄夜叢林》中陷入絕望的大學生，也有可能陷入所謂「靈魂出竅」的體驗中。以旋轉舞進行冥想的蘇菲派僧侶，不會無緣無故的干擾自己的前庭系統，詳見第 7 章〈前庭感覺〉。

內感受（interoception）

這類所謂「內感受」的感覺，不只對於生存來說至關重要，和情緒也有關聯（在第 14 章〈感官與情緒〉有詳細說明）。

23. 心跳
24. 血壓
25. 血中二氧化碳濃度
26. 血中氧氣濃度（血氧濃度）
27. 肺部舒張
28. 腦脊髓液酸鹼值（與呼吸有關）

胃腸道感覺（飢餓、口渴和排泄感）

29. 血漿滲透壓（plasma osmotic pressure）代表體內的水分含量
30. 胃部脹滿感
31. 膀胱脹滿感
32. 直腸脹滿感

以上 32 種感覺，的確比 5 種多出了不少。但是其中每一種感覺對於生活都有重大的影響。我希望你能夠同意，那些感覺都值得大書特書。

第一部
亞里斯多德的五感

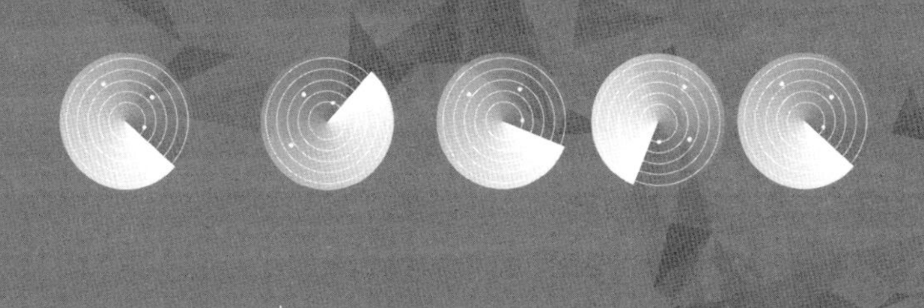

第 1 章

視覺

——地位最高、但也最常犯錯的感覺

所有人類天生都有求知慾，
證明之一便是我們使用感覺時所得到的歡愉，
感覺除了有用之外，我們也喜愛使用感覺。
所有感覺中，最重要的便是視覺。
—— 亞里斯多德，《形上學》第一冊

對於人類和其他靈長類動物而言，視覺一直都是最為重要的感覺。視覺讓我們只要看一眼，就馬上能夠瞭解自己所處的環境以及將要面臨的事情（姑且不論好壞）。就某方面來說，視覺就像是一種能夠延伸得很長的「橡膠手臂」，讓我們能夠在安全的距離之外探索環境。

視覺的基礎是感測光線，這是一種古老的感覺，幾乎所有的生物都具備，你家附近公園中的橡樹就有偵測光線的能力，池塘裡行光合作用的細菌也有。那些藍綠菌（有的時候你聽到的是藍綠藻）可能是在三十五億年前就演化出來了，它們就一直利用光線產生能量。

不過，直到 2016 年，現代藍綠菌定位光線來源的方式之一，才由科學家發現，這群科學家所研究的藍綠菌屬於「集胞藻屬」（*Synechocystis*）。這是一項意外的發現，英國倫敦瑪麗王后大學的穆里尼克斯（Conrad Mullineaux）所領導的團隊，把一群集胞藻放在顯微鏡下，用一束光線照射它們。研究人員發現到：光線會聚焦在細胞另一側的細胞膜上。進一步的實驗確認了整個細胞的功能有點像是眼球，一旦集胞藻搞清楚所處位置的光線來源，就能夠利用細胞膜外對於觸感非常敏銳的細毛來運動，調整位置，對準光線。

對於古代和現代的藍綠菌而言，偵測光線能夠確保維持生存所需的能量。身為感官之一的視覺是如此重要，以致有 96% 的動物物種都具有某種形式的視覺。已知最早的眼睛化石有五億二千萬年的歷史。有人認為，視覺的進步在物種之間所造成的「軍備競賽」，是五億五千萬年前「寒武紀大爆發」（Cambrian explosion）的成因之一，現存主要的動物類群都是在那次物種數量大增的事件中出現的。

當時人類的祖先還棲息在水中，發展出眼睛這種專門負責視覺的器官，有助於找尋食物和同伴，並且趁掠食者不注意的時候逃走。這些改進可能到頭來讓牠們真的能看到自己的未來：陸地上的未來。

脊椎動物祖先大約在三億八千五百萬年前，跨出最重要的一步，登陸上岸。不過，讓脊椎動物登陸的原因，一直處於爭議當中。2017 年，由生物學家和工程師組成的團隊，在詳細研究了化石紀錄之後，指出脊椎動物在登上陸地這個重大的改變之前，視覺能力已經有了大幅度的躍進：在脊椎動物登上陸地前不久，眼睛的大小增加為三倍，位置從頭部的兩側轉移到頭部上方。理論上這個改變能夠讓動物更容易從水面上窺看，牠們看到的是全新的世界。研究團隊認為：當時的脊椎動物可能看到了陸地上還沒有開發的食物寶庫，包括了馬陸、蜈蚣、蜘蛛等，使得演化朝著讓鰭變成腳的方向發展。

許多年之後，一個視覺演化上的些微差異，可能解釋了另一個重要步驟為何出現：智人（*Homo sapiens*）成為人族中唯一續存至今的物種。智人和親緣關係很近的尼安德塔人，大約在五十萬年前開始一起生活。不過最近一些新發現到的化石，讓原本認為簡單的演化過程，變得複雜起來。

大約在四十三萬年前，尼安德塔人在歐洲演化，其中有些遷徙到亞洲某些地區。約三十萬年前，智人在非洲出現。大約六萬年前到五萬年前，在中東，有幾群智人與尼安德塔人混血了。大約在四萬五千年前，有好幾群這些現代智人抵達歐洲，科學家分析了他們的 DNA 之後發現，其中有些智人曾經與尼安德塔人交配。不過，就在五千年之後，尼安德塔人這個物種消失了。

從遺留下來的顱骨來看，尼安德塔人腦部大小和智人相同，身材高大結實，眼窩更大，因此眼睛也應該更大。那麼為何他們滅絕了，而我們身材比較瘦弱、眼睛比較小的智人祖先，卻續存下來了？

尼安德塔人的眼睛比較大，可能是因為他們在緯度比較高的地區演化出來，那裡的光線比較微弱。為了能夠看得清楚，特別是在黃昏與清晨，他們的眼睛要比我們在非洲的智人祖先的眼睛來得大。尼安德塔人比較粗壯的身體可能也是適應的結果，為的是抵抗高緯度的寒冷。但是乍看之下的好處，其實在背後需要付出代價。英國牛津大學的研究團隊指出：比起智人，尼安德塔人的腦力分給控制視覺和身體的比較多。牛津的研究團隊認為這代表：尼安德塔人腦部用於推理和思考等認知功能的部位比較少，這些功能有助於建立和維持複雜的社會網絡，以及發明創新。

智人四處遷徙，他們的視覺可能沒有那麼敏銳。但是牛津研究團隊的這個理論指出，額外的認知能力能夠抵消這種不利。到最後，眼睛大（和身材魁梧）的尼安德塔人對抗歐亞大陸嚴苛環境的能力，不如智人，使得智人在生存競爭中勝過尼安德塔人。尼安德塔人的演化就在「眼前」終結！

雖然還有其他理論說明了智人勝出的原因，但可以肯定的是尼安德塔人眼中的世界，必定和我們祖先所見的有些許不同。不過，你眼中見到的世界肯定和我所看見的，至少也有些許不同，甚至有可能完全不同。

嬰兒最先學會分辨紅、綠、藍

胎兒在發育階段早期，就開始具備基本的視覺了。嬰兒需要練習看東西，視覺才能夠充分發育——事實上，根據英國杜倫大學最近的研究指出，視覺處理中的某元素，例如景深，要在兒童十歲至十二歲時，才能夠和成年人所感知的相同。新生兒的視覺敏銳程度只有成年人的 5%，能夠看到的距離最遠不超過三十公分，大約是雙親抱嬰兒在懷中時，嬰兒和雙親臉孔的距離。不過嬰兒能夠分辨深黑與陰暗，也能看到鮮紅的色塊。到了兩個月大時，嬰兒已能夠分辨鮮綠色和鮮紅色。再過幾個星期，就能夠分辨同樣強度的藍色與紅色。

嬰兒最先學會分辨的顏色是紅色、綠色與藍色，因為人類的視網膜中，除了有分辨明暗的桿細胞，還布滿了三種不同的錐細胞。在視網膜中央的中央窩（fovea）區域，密集排列著數百萬個錐細胞。

「藍色」錐細胞中所具備的視蛋白（對光線敏感的蛋白質）類型，吸收藍色和紫色光線的能力最強，那是人類可見光譜中，波長最短的區域。「綠色」錐細胞中的視蛋白對於可見光譜中間區域的綠色光線反應最強。「紅色」錐細胞對於可見光譜中的淡綠色、黃色、橘色的波長反應最敏銳，也能夠偵測到波長更長的光，也就是我們看到的紅光。

人類對藍色敏感的視蛋白，一開始偵測的應該是紫外光，但是在哺乳動物演化的早期階段，轉變成為偵測藍光，只不過轉變得並不完全。雖然我們看不見紫外光，但是人類的藍色視蛋白依然對紫外光敏感。不過，在紫外光抵達視網膜之前，就先被角膜和水晶體過濾掉了。因白內障而移除水晶體的人，有時候會報告說看到花朵上的圖案，以及一些以前看起來是黑色的物體，現在看起來帶著紫色色調。法國畫家莫內，在八十二歲的時候，左眼接受了移除白內障的手術，這可能是他晚年畫作充滿了紫色與藍色的原因。

大約在四千五百萬年前到三千萬年前之間，身為人類祖先的物種只有紅色視蛋白與藍色視蛋白。後來紅色視蛋白的基因複製成兩個，其中一個產生突變，對「綠色」的波長產生反應。為什麼會發生這樣的情況？有些研究人員認為，這有助於在綠色葉子的背景當中，更容易看到紅色的果實。不管原因是什麼，這個改變非常重要，自此之後，人類能夠分辨的顏色從大約一萬種暴增到一百萬種。由於有了三種不同的錐細胞所傳遞出的訊息模式，你可以分辨非常多種深淺顏色，從最淡的象牙白、到鮮豔的洋紅色，以及黑玉色。

紅綠色盲很常見，藍黃色盲較罕見

人類有三種錐細胞，因此屬於三視覺色（trichromatic）動物，嗯…… 絕大部分的人類都是，不過，具有視覺顏色缺陷的人還是滿常見的，這是蛋白質的基因有缺陷所造成。雖然全色盲的人很少見，但是在擁有北歐血統的人當中，十二個男性中有一位為紅綠色盲，女性的比例則是二百人當中有一位（其他受過研究的族群，出現紅綠色盲的比例幾乎都比較低）。紅綠色盲代表無法區分紅色和綠色。事實上，臉書商標所使用的顏色是藍色，就出自這個原因，因為該公司的創辦人祖克柏說自己是紅綠色盲，因此對他來說，藍色是最鮮明的顏色。

不過具有一般視覺的人，都無法真正知道沒有紅色錐細胞的人，所見到的世界是什麼樣子。他們可能看到藍色、白色和黃色之間的各種顏色變化，但是其中沒有紅色、也沒有綠色（綠色是紅色的互補色）。綠色視蛋白基因受損的人，眼中的世界應該也類似，只不過紅色的物體看起來會稍亮一些。

視覺顏色缺陷最早的參考資料之一，出現於 1794 年，那是英國化學家道爾頓（John Dalton）所發表的一場演說，道爾頓對聽眾說：「我經常很認真的問其他人，那朵花是藍色還是粉紅色，但是別人通常都認為我在說笑。」道爾頓猜測自己眼睛中的玻璃體（眼球中的液體）帶有藍色。在他的允許之下，死後他的眼睛被剖開，發現其中的玻璃體是透明無色的。到了 1990 年代，道爾頓的 DNA 接受分析，發現到他沒有綠色視蛋白基因。

如果沒有藍色錐細胞，會造成藍黃色盲。這種色盲較罕見，每一萬人當中有一人，所見到的物體應該是由各種深淺的紅色、白色和綠色組成。

雖然具有三種錐細胞而有三色視覺是標準，但有些女性具備了第四種錐細胞（基於錐細胞基因的遺傳模式，有第四種錐細胞的人一定都是女性）。這並不代表一定會帶來不同的視覺知覺，不過，如果那第四種錐細胞和其他三種錐細胞相比，對於光線的反應有很大的差異，那麼視覺知覺就會不一樣。英國新堡大學的喬登（Gabriele Jordan）發現了一名女性具備第四種錐細胞，這種錐細胞會對可見光譜裡的長波長的黃光和橘光產生反應。有了這種額外的「黃色」錐細胞，那名女性在測試中，將紅色和綠色混合物與純橙色物區分開來的能力非常出色。她可以分辨出絕大多數人根本看不到的色彩差異。

但就算是在具有典型顏色視覺的人當中，所有的顏色看起來也不一定會相同。美國的一支研究團隊發現，紅色視蛋白的基因有很多種變異類型。研究人員從世界各地挑選了二百三十六位受試者，研究他們的這個基因，發現到有八十五種變異型，這些變異可能影響到對於紅色與橙色的實際知覺，這代表了同樣的「紅色」蘋果，在你我看來，可能也會有些許差異。

桿細胞負責低光照下的視覺，而錐細胞負責顏色。這個敘述是在我學生時代開始出現的，代表了當時對於視網膜感知的一切認識。眼睛的功能是「看」，就是這些感測器讓我們看得見。不過現在我們知道，上面那個說法只是眼睛功能全貌的一部分。

眼睛裡的生物時鐘

你一定聽說過身體裡面有生物時鐘。事實上，你有好幾個生物時鐘，幫你調節身體的各種功能，例如醒睡和消化等。但是主控的生物時鐘位於腦部的下視丘（hypothalamus），腦中這個部位對於基礎生物功能來說非常重要。這個生物時鐘為了運作順暢，需要知道一天當中何時拂曉、何時落日，而這方面的訊息是從眼睛來的，但卻不是來自那些與視覺相關的感光蛋白質。

德國出生的神經科學家普羅文西奧（Ignacio Provencio），1998年在非洲爪蟾身上發現到黑視蛋白（melanopsin）這種完全不同的感光蛋白質。兩年後，普羅文西奧發現人類的視網膜中也有這種蛋白質。

科學家研究了沒有桿細胞和錐細胞的動物之後發現：牠們雖然看不見，但是依然可以利用視網膜上的黑視蛋白，感知光線強弱，並且利用這項訊息，控制每天規律的活動節奏。這種控制不只對於睡眠很重要，對於身體健康和心理健康也是。舉例來說，針對需要輪班工作的人的研究，便指出了這一點。人類這個基因上的一個突變，已經證明和「季節性情緒失常」（SAD）有關，這個疾病的病人在夜晚時間長的冬季，會感到情緒低落與沮喪。

為了幫助下視丘知道白天的開始與結束，你的眼睛得在早上接觸到明亮的光線，但是在晚上不要。哥倫比亞大學光學治療與生物節律中心的主任特曼（Michael Terman）有許多訣竅，能幫助這個系統順利運作，例如你可以走路去上班，而且盡量不要戴太陽眼鏡。白天在家的時候，要讓光照充足，但是在黃昏來臨時，要讓光照減弱。在特曼的實驗中，白天受到強光照射，有助於減緩午後甚至傍晚時的疲勞感（許多人都有這種困擾）。而且晚上光線調暗，也有助於睡眠安穩。對於許多盲人而言，也是如此。發現到黑視蛋白，也讓科學家建議不要戴深色眼鏡。

也就是說，眼睛這個器官的功能不只是「看」，也是負責感知白天與黑夜的循環——這是人類所處環境中最重要的變化，對於其他許多生物也是，這對於生存及繁衍來說是必須的。

真正「看到」的，不是眼睛而是腦

雖然眼睛如同亞里斯多德所說，是感知光線的器官，但是真正「看到」的，不是眼睛，而是腦。在人類看到世界的方式中，一些最顯著差異，都來自於人類腦部處理視覺訊息的各種變化。

我們可以仔細研究這個過程。你剛起床，拉開窗簾，陽光照亮整個臥室。光線刺激你的桿細胞和錐細胞時，電訊息沿著視神經快速傳遞到腦部，傳遞過程中第一站是視丘（thalamus），它位於腦幹上方，是感覺訊息的中繼站。視丘的主要功能之一是把接收到的感覺訊息（除了嗅覺訊息），傳遞到適當的大腦皮質部位進行處理。

來自視網膜的訊息會直接傳遞到「初級區」（V1），這個薄薄的一層皮狀組織，組成了初級視覺皮質（primary visual cortex）。初級區中各類群的神經元，會對各種特殊的視覺內容產生反應。舉例來說，有些神經元對某些角度的邊緣或是線條產生反應：有的會對於窗簾直的線條產生反應，有的會對於床頭櫃或是衣櫥的直角產生反應。在初級區中的視覺訊息也會送到視覺皮質的其他部位，好處理其他視覺元素，例如顏色、運動、形狀和臉部。如果你現在轉身看到羽絨被的另一邊，是你女兒而非伴侶在對你微笑，這是因為你的「梭狀臉孔腦區」（fusiform face area）接收到了已經稍微處理過的資訊。這個視覺皮質中的小區域負責辨識「臉部」，不必要是人類的臉部，對於動物的臉部或是卡通化的臉部一樣有反應。（有些動物的這個區域，例如狗，對人類的臉部也會產生反應。）

有些人的眼睛運作完全正常，但由於基因突變、受傷或是疾病，使得視覺皮質有了缺陷，看不到靜止的物體，但是能看見移動中的物體；或是能夠指出照片中的鼻子是鼻子，卻無法認出整張臉。但是就正常人來說，不同人的大腦裡，視覺訊息處理過程的差異沒有那麼誇張；不過，對於實際看到的世界以及讓人產生的世界觀，其中的差異就比較細微了，然而也同樣有趣。

對於有些人來說，物體的顏色總是比較不明亮，也就是飽和度比較低。有重度憂鬱的人就會如此。個性上的差異也會造成所見的差異，特別是在性格評量中，開放性（openness）這個項目得分高的人，往往充滿好奇心，心胸開闊，通常深具創造力，這種性格特性，和腦中處理雙眼傳來的影像方式有所關聯。

心理學家發明了含有五項因子的性格模型，很受歡迎，這五項因子包括：親和性（agreeableness），這是指和善的程度；嚴謹自律性（conscientiousness）；神經質（neuroticism），和神經質相反的就是情緒非常穩定；以及外向性（extraversion），也就是內向的相反；再加上開放性（和對於模擬兩可的忍耐程度有關），開放性和感知的程度高低有關。

一項利用到雙眼競爭（binocular rivalry）效應的實驗，證明了上述論點。想像由紅色水平橫條紋組成的一個圓形，放在你的左眼前面，綠色垂直橫條紋組成的一個圓形，放在你的右眼前面。這時，腦部通常會交互改變所知覺到的內容，也就是從一隻眼睛看到的影像會壓制另一隻眼睛看到的影像，因此你看到的是兩種影像來回變換。不過，有的時候兩個影像會混合在一起，成為一個模糊的影像。

澳洲墨爾本大學的安蒂諾里（Anna Antinori）讓一群完成性格測驗的學生，進行這項雙眼競爭實驗。安蒂諾里發現：在開放性這個項目得分高的學生，比起其他得分低的學生，看到混合影像的次數要高出許多。研究團隊認為，個性比較開放的人，看到的世界確實不一樣。

這項結果在 2017 年發表，是第一個把視覺感知基本差異和某個性格面向連結在一起的研究，其中的證據代表了比較開放的人，腦部運作稍有不同：讓影像更容易混合的神經機制，在某方面也和開放性格的人在發散思考時的卓越表現有關。擅長發散思考，就更容易想出解決問題的方法，這和創造力有直接的關聯。

文化差異也會影響顏色知覺

不同群體之間在所看到的內容上有所差異，也是很常見的。不過這些差異並非來自於視蛋白基因、性格、或是社經背景，而是和這些都完全無關的原因。研究指出：某個族群的人所見到的世界和其他族群不同，並非基因有差別，而是文化有差別。（在這裡我要強調，這些差異並非缺陷。）

羅伯森（Debi Roberson）曾在旅行社工作，後來進入學術界。在四十四歲的時候，她把十多歲的孩子留在英國的家中，自己出發到巴布亞新幾內亞北部的偏遠地區，進行人類學田野調查（她堅稱，這並不是因為家中有十多歲的孩子，所以才要出遠門進行研究）。羅伯森希望自己這項研究能夠成為博士論文的基礎。她所發現的結果，從基礎動搖了學術界對於顏色感知的瞭解。

羅伯森本來認為自己所蒐集的資料會支持公認的理論：全世界各地的人群，把所有顏色分門別類的方式，基本上是相同的。舉例來說，我或其他任何人都會將許多不同的色調歸類，並且當成是「紅色」，而其他有些色調我們都會認為與紅色不同、但是彼此相關，全部都屬於「綠色」。

英語文化中認為主要的顏色有八種，每個人都知道這八種顏色是什麼，而且都會使用：紅色、粉紅、棕色、橘色、黃色、綠色、藍色和紫色，同時還有不具彩度的白色、黑色和灰色。羅伯森想要研究在語言中關於基本顏色詞彙比較少的文化中，人們對於顏色的知覺。她其實不知道要到哪兒去找這類人，但是在她家附近（英格蘭索夫克郡）住了幾位演員，她與這些演員聊天時，得到了線索。演員說他們曾到過巴布亞新幾內亞北部表演啞劇，好鼓勵當地人使用蚊帳。他們很少聽到當地人談到顏色。

對於羅伯森來說，這樣就足夠了。1997 年，她首度搭飛機前往巴布亞新幾內亞的摩斯比港，換乘小型飛機往內陸挺進，最後乘坐獨木舟，到達了從來沒人研究過的狩獵採集族群所居住的村子，他們是貝林摩人（Berinmo）。羅伯森帶在身上的是鋪蓋捲、食物、緊急醫療藥物、煤油、利用太陽能供電的燈箱，以及一百六十張各種顏色的塑膠片。

羅伯森利用這些塑膠片，研究貝林摩人基本的顏色詞彙。她發現貝林摩語的基本顏色詞彙只有五個，而不是英語中的八個。

和英語不同，貝林摩人對於藍色和綠色並沒有區分出來，不過他們基本上可以區分兩類我稱為「綠色」的顏色，他們稱為 nol 與 wor。這兩個詞彙分別用來對應鮮嫩的球莖葉片和乾老的球莖葉片，貝林摩人認為前者可口，後者難吃。羅伯森說：「你可以想像成鮮綠色和卡其綠。」當然，我會說英語，我能夠區分 nol 綠與 wor 綠。但是對於貝林摩人來說，我認為就是綠色的東西，他們認為不是 nol 綠，就是 wor 綠，而沒有一個詞彙能夠囊括這兩種綠。湖泊的藍色和天空的藍色，都屬於 nol 綠。

羅伯森接著進行實驗。她讓願意接受測試的貝林摩人看一張有顏色的塑膠片，然後拿走塑膠片，再給他們看一對塑膠片，要他們挑出之前看過的那一片。在每對塑膠片中，兩片的顏色之間的差異程度都是相同的。不過有的時候，原來看到的塑膠片和另一張塑膠片都會屬於 nol 綠或是 wor 綠，或者屬於英語中所謂的藍色或綠色；而另一些時候，塑膠片的顏色屬於英語中的不同顏色，但是在貝林摩語是相同的顏色（例如第一張塑膠片是藍色，另一張是綠色），或是反過來，在貝林摩語中屬於不同的顏色，但是在英語中是相同的顏色（例如第一張塑膠片是 nol 色，另一張是 wor 色）。

羅伯森發現：當顏色類別在貝林摩語中是不同的，受試者很快就能區分出來，速度要比顏色類別在英語中是不同時來得快。在一對塑膠片中，如果一片是 nol 而另一片是 wor，貝林摩人就更容易把 nol 挑出來。但是在一對塑膠片中，如果一片是藍色而另一片是綠色，挑出藍色就沒有那麼簡單。羅伯森後來在倫敦大學的高德史密斯學院對說英語的人進行測試，得到相反的結果。

如果顏色無所不在，而人類對於顏色的感覺又是相同的，那麼我們對顏色的分門別類也該相同，不應該受到語言的影響，但事實並非如此。收錄這項結果的論文刊載於 1999 年的《自然》期刊，對該研究領域造成了大震撼。

羅伯森和博士論文指導教授大衛朵夫（Jules Davidoff）和英國薩里大學的戴維斯（Ian Davies），更直接的測試了顏色知覺。這次為了要避免長途跋涉，他們研究的族群比較近，是在非洲南部納米比亞共和國的半遊牧民族辛巴人（Himba）。

辛巴語和貝林摩語一樣，有一個包括了藍色和綠色的詞彙。羅伯森和同事這次使用了電腦進行研究。他們發現，如果把各種顏色排列成一個圓圈，辛巴人難以在綠色的色塊間辨認出我們顯然會認為是藍色的色塊。但如果是辛巴語中有詞彙加以分門別類的顏色，那麼要他們挑出和周圍顏色不同的色塊，便輕而易舉。

後來其他的研究團隊蒐集到一大堆證據，支持「語言會影響我們所見顏色」的概念。有些受到研究的語言中，藍色基本上區分成不同的顏色。舉例來說，在俄語或希臘語中，沒有一個東西是「藍色」，要不是屬於「淺藍」，就是屬於「深藍」，那些語言中有對應這些顏色的詞彙。

這項發現並不是說，如果更仔細的研究，會發現一個人區分顏色與深淺的能力是由所說語言決定的。古希臘文或許沒有「藍色」這個字，詩人荷馬用「葡萄酒一般深沉」來形容大海的顏色這點或許很出名，但這當然不表示他看不到我所謂的藍色。古代說希臘語的人，只是不覺得需要把藍色的東西說成是藍色的。貝林摩人區分 nol 綠和 wor 綠，並不是因為特別喜歡綠色，而是這兩個詞彙很適合用來區分有營養的植物食物和枯黃植物食物。事實上，英語中許多顏色詞彙也應該是因為類似的用途而產生。

羅伯森還記得有位年長又壞脾氣的貝林摩女性，想要證明她能夠輕鬆辨識出所有的顏色，也把辨認顏色當成娛樂。羅伯森回憶道：「她逐一看了我那組一百六十張塑膠片，並且想方設法把每一片的顏色都用來汙辱村中的每個人。例如她看了某一張塑膠片，就說：這個顏色好噁心，就像是我媳婦皮膚的顏色。」

看到最有用的樣貌，而非最真實樣貌

羅伯森的這項研究提出了證據，說明了文化會藉由語言影響視覺知覺，挑戰了之前我們一直認為的視覺概念。其他的研究計畫針對的不是顏色，而是簡單的幾何圖形，也得到類似的結果。舉例來說，日本京都大學的上田慶行和同事，研究了加拿大人、美國人、日本人，給他們看簡單的幾何圖形，例如一些直線之類的，要他們把奇怪的直線挑出來。有的時候是比較短或是比較長的直線，有的時候是其他線都稍微傾斜而只有一條線是直的。研究人員發現：如果要挑出比較短的線時，北美洲人花的時間比較長，日本人就不會。但是比起北美洲人，日本人比較不容易從斜線之間挑出直線。怎麼會這樣？

研究人員認為這是書寫文字的差異所造成的。在東亞的文字中，許多文字之間的差異在於筆畫長短的細微差異，而西方使用字母的文字，字母中筆畫傾斜的角度很重要。有可能是辨認文字的經驗，訓練了腦部處理經常遭遇的視覺訊息的方式。當一整個文化中都進行同樣訓練時，整個族群全都受到了影響。

語言會影響我們所看見的內容，這點依然還有些爭議。並非所有的研究人員都毫無疑問，認為「語言腦」中這種高階的過程對於感官知覺能夠發揮「從上而下」的影響力。不過對於人類體驗這個世界的方式上，這個概念完全符合一個非常具有說服力的模型，這個模型符合知覺是一種「預測過程」的理論。

在這個模型當中，我們腦中所見、所聽、所聞等的結果，都是目前腦部對於當下狀況的「最佳猜測」。

產生「最佳猜測」時，腦部會用到從感官傳來的源源不絕的資料，同時也會根據過去的經驗進行預測。如果感覺到資料模糊雜亂或不可靠，你的腦部會讓你盡力去得到更清楚的資料（舉例來說，稍微轉頭一下，或是更接近某個物體）。如果你當下辦不到，腦部在產生知覺的過程中，「預測」所占的比重便會增加。在某些時候甚至會為了你好，而稍微欺瞞你。

塔汀（Duje Tadin）是美國羅徹斯特大學視覺科學中心的神經科學家，他評論道：「人類的視覺，其目的並不是要讓我們看到周遭環境的真實樣貌，而是讓我們看到最有用的樣貌。而最有用和最真實，並不總是相同。」

事實上，許多著名的視覺錯覺，都是來自於讓腦部產生「最有用」的環境樣貌，而非「最真實」的樣貌。

1985 年，美國的神經科學家阿德爾森（Edward Adelson）設計了一項測驗色彩感知的著名方法。他用電腦合成了一個綠色圓柱體的圖像，放在淺灰色和深灰色方格棋盤的角落處。在圓柱體投射下來的陰影中，「淺灰色」的方格顏色深度其實和陰影之外的「深灰色」方格顏色深度是相同的。人類的腦部習慣於處理陰影對於顏色深淺所造成的影響，會考量到陰影，以產生對於方格顏色的「最佳猜測」（也就是你的知覺）。如果你的腦部沒有考慮日常生活中的光照強度，很快就會感到混亂。街道上行駛的公共汽車每次進出陰影時，顏色都會改變。一張紙在正午的光線和黃昏的光線下，應該呈現出完全不同的顏色。在預期會有陰影的狀況下，腦部會傾向急於做出相同的假設。出於這個因素，每個人都以相同的方式產生「棋盤陰影錯覺」。

另一個心理學領域的著名錯覺，有助於讓我們知道感官知覺是主動而非被動產生的。這個錯覺稱為「麥格克效應」，是由蘇格蘭心理學家麥格克（Harry McGurk）發現的。1970 年代，他和研究助理意外發現到，絕大多數人看到其他人的嘴唇做出要發出 ba 這個音的嘴型時，同時有其他人發出 ga 這個音，那麼聽到的音不會是 ba 或是 ga，而是 da 這個音。這個效應漂亮的指出了：在處理語言的過程中，人類結合了視覺與聽覺的訊息而產生知覺，而不是只使用到視覺或聽覺訊息。

你有沒有看到大猩猩？

美國偉大的心理學家威廉．詹姆斯（William James）在他 1890 年出版的《心理學原理》中寫道：「我們的知覺有一部分來自感覺到所面對的物體，另一部分（可能是比較大的部分）總是來自於我們自己的腦袋。」英國薩塞克斯大學的認知與計算神經科學教授賽斯（Anil Seth）進一步總結說：「我們對於世界的體驗，來自內在的成分要和來自外在的成分一樣多，甚至超過。」

賽斯在自己的研究中，發現到「周邊視覺」確實會如此。在目光集中注視時，所看的物體會落入視野的中央，這樣能夠看得正確而且充滿細節，但是在視野邊緣的物體就看不清楚了。事實上，視覺提供的視野周遭的訊息非常零散，但是我們通常自認為能夠清楚看到周遭所有事物。賽斯和同事發現到，細節詳細的周邊視覺顯然有部分是幻覺。我們利用視覺的中央區域（我們非常相信來自這個區域的訊息），並且用來建立對於周遭視覺（來自這個區域的訊息所構成的視覺比較模糊）的知覺。

有的時候，我們甚至無法看到在兩眼正前方的東西。最著名的證據來自一項經常受到討論的實驗，心理學家現在通常把這項試驗簡稱為「大猩猩研究」。在這項實驗中，受試者得要看兩隊比賽籃球的影片，一隊穿白色球衣，另一隊穿黑色球衣。研究人員要求看影片的人計算白衣球員的傳球次數。在比賽進行的某個時刻，一位研究人員會扮成大猩猩，從球場中晃盪而過，而大部分看影片的人都不會注意到。

要如何解釋這個現象？人類意識注意力的能力是有限的。在任何時刻，能夠進入意識注意力範圍的訊息都是有限的。處於這個極限時，會出現「不注意視盲」（inattentional blindness）的現象，無法感知到遠出乎意料之外的感官訊息。在大猩猩研究中，受試者的視網膜確實會對穿著大猩猩裝的人出現而產生反應，但是腦部並不認為這項訊息重要到要交由意識處理。

最後一點最為重要。如果你參加了這項實驗，但卻是在現場觀看比賽，不是看螢幕的轉播，而且是有真正的大猩猩在球場上走動，我敢用我的房子來打賭，你的腦部一定會察覺到這件事。所有不會造成威脅的事物出現在背景中，都沒有關係。但是一隻真正危險的動物，或是有人正瞧著你，都會吸引到你的注意力。這種「詭異」的感覺，會讓你在幾乎不自覺的狀況下，把頭轉向那一側，只是為了讓你看到那個你之前不知道在瞧著你的人。會出現這樣的舉動，是因為你的腦部持續注意到的感官訊息，要比你的意識能夠（或是需要）注意到的，還要來得多。如果在周邊視覺中出現可能會危及生存的威脅，像是大猩猩之類的，或是一雙正在瞧著你的眼睛，這時就需要更詳盡的訊息了，意識能夠幫忙得到更多訊息，所以你的注意力便受到吸引了。

絕大部分的視覺錯覺，以及其他知覺上的錯誤、詮釋、或是忽視，所有人都經常會發生。但是因為每個人的生活經驗不同，產生的預測也有差異，因此在日常生活中所知覺到的內容，會因人而異。

毫無疑問，你必然有過完全不顧現實狀況而產生的幻覺，我自己就有這樣的經驗。夏天某個週日清晨，我在清晨四點半熱到醒來，起床打開電風扇。我回到床上時，藉著從窗簾縫隙透過的微光，看到丈夫的手伸出皺褶的涼被之外。五分鐘後，他走進臥室，說他在樓下的沙發上睡著了，剛剛才起來。我並不是每天都會看到他的手在那個位置。會出現這種幻覺，是因為我完全認為他會在床上，我看不到他的深色頭髮，光線昏暗不明（這讓視覺訊息曖昧不明，就會讓人更依賴預測），讓我把床上顏色接近被單的區塊，誤以為是他的身體部位。這時候，如果房間裡還有其他人，他們並不會看到我所看到的幻覺。

控制下的幻覺

絕大多數時候，我們不會預期會有這樣極端個人化的幻覺，我們通常可以認為自己看到的是真實的。由於人類基本上有相同的感官和腦部，也生活在同一顆星球上，對一個人而言的真實，應該大致上和另一個人的相同。你知覺到的那張桌子顏色可能比我所知覺得更紅，但是我們都同意看到的是一張桌子。只是有的時候，彼此所見的差異甚大，足以讓人爭吵起來。

#TheDress 風潮清楚說明了這一點。那是一張在社群媒體上瘋傳的洋裝照片，因為有人說那套洋裝是藍黑相間的，但其他人說那洋裝明明就是金白相間的，而且說的時候往往非常激動，甚是憤怒，這點引起了視覺科學家和心理學家的注意。在這個事件之前，絕大多數人都認為，彩色視覺正常的人，看到的顏色應該都一樣。2017 年，《視覺期刊》專門為了研究這事件，出版了一本特刊，解說了出現這種爭論的原因，可能是：把洋裝看成藍黑相間的人，腦中自動認為照在這件洋裝的是室內光線，而其他人無意識的認為是室外光線。

為何有的人認為是室內光線，其他人認為是室外光線？有研究人員認為：看成是「室內光線」的那群人，童年時期待在室內的時間比較多，而看成「室外光線」的那群人，童年時期待在室外的時間比較多。視覺處理系統是很有彈性的，童年時期的經驗影響了成年時期的知覺。

這種主動建構又充滿彈性的感知形成過程，導致包括賽斯在內的一些研究人員，把人類對現實的體驗稱為「控制下的幻覺」（controlled hallucination），賽斯最早是從著名的認知科學家傅里斯（Chris Frith）聽到這個術語。我們每個人都沉浸於自己「控制下的幻覺」當中，生活在自己的感知圈圈（perceptual bubble）裡，通常會認為其他人都以同樣的方式看待事物，直到遇到一個感知到截然不同現實的人。

那是一個狂風大作的冬季午餐時間，我正全力奔赴利物浦的天主教大教堂。一到教堂裡面，我就受到聲音的震撼。有人在為管風琴調音。先是響亮、低沉、緩慢的低音，之後稍停一下，接著是一個高八度的音，然後是更高八度的音，持續上升，直到第 4,565 根發聲管都調整完畢。過一會兒，回音逐漸消散，教堂大廳內充滿了急促的高音。突然間，管風琴師從最高的八度音接連往低音彈去。

對我來說，沒有旋律，再加上發聲管中冒出的低頻聲音，讓我覺得咄咄逼人，甚至心神不安。但是對於住在利物浦、並選擇在這個地點和我見面的托蘭斯（Fiona Torrance）來說，聲音帶來的體驗非常不同，她說：「我可以在腦中看到聲音。聲音有形狀、會移動。聲音是管狀的，顏色也在變化，會是紅色的，但是變得更深了，接著變成紫色。」

托蘭斯大約七歲時，發現到自己感知到的世界和絕大多數人感知到的不同。不過直到她三十多歲時，一位朋友說她可能具有聯覺（synaesthesia），這時她才去進行正式的科學評估，結果證實了她其實具有一整組聯覺。

奇異的聯覺

聯覺這個現象，鮮明的顯示出人類的腦部在創造所感知到的周遭「現實」時，扮演了重要角色。

聯覺通常給描述成感覺的「混合」。但是在 synaesthesia 的希臘字源中， syn 的意思是聯合、一起， aisthesis 的意思是感覺，字源的意義比起所謂「感覺的混合」其實更精準。對托蘭斯來說，音符的聲音確實會自動生成具有形狀和顏色的圖像，這清楚指出一種感覺（聽覺）觸發了另一種感覺（視覺）。對她個人來說，顏色也會引發觸覺、味覺和溫覺。

除此之外，托蘭斯還有另一種最常見出現的聯覺形式，稱為「字素－顏色」聯覺，其中只涉及到視覺。托蘭斯解釋道：「我看到字母和數字，會有顏色的感覺，聽到從人們口中說出的字母和數字也會。」

聯覺到底有多少種？目前還不清楚，但是有紀錄的已經有幾十種，包括了「字母／數字－顏色」（這種「字素－顏色」聯覺也是研究得最透澈的），以及「詞彙－味道」（語詞和味覺之間的聯覺，其中的關聯可能非常特定，例如，「監獄」這個詞會產生乾冷培根的味道，而「鈴鼓」產生爽脆餅乾的味道）。

要確定自己具備聯覺，必須得表現出持續的感覺關聯。舉例來說，如果有人說對自己而言，P 這個字母是淺藍色、S 是紅褐色，那麼在多次測試中，至少有 80% 的次數中，必須把淺藍色與 P 配對、把 S 與紅褐色配對。不具備聯覺能力的人在配對時，無法達到如此高的頻率。聯覺還有另一個特徵是：配對時完全不費力，而且通常是有特定配對。

以前認為聯覺很罕見，不過現在我們知道聯覺相當普遍。最近有一項研究指出，至少 4.5% 的人有聯覺，代表全世界有三億五千五百萬人有聯覺，比全美國的人口還多。

那麼，聯覺是怎麼產生的呢？托蘭斯為何能夠看見我看不到的東西？

十九世紀初以來，人們就知道聯覺能夠遺傳。最近的研究證實能夠遺傳的，並不是特定類型的聯覺，而是發展出某種類型聯覺的傾向。現在我們也知道了，聯覺是在人生早期階段發展出來的。薩塞克斯大學的辛納（Julia Simner）發現：在具有聯覺的幼兒當中，感官的各種關聯往往非常混亂，之後會隨著年齡的增長而固定下來。

有證據指出，具有聯覺的兒童，他們的聯覺會永遠存在。當然，也有充分的證據指出，聯覺配對在短暫的抑制之後，依然續存。蘇格蘭都柏林三一學院的神經科學家米切爾（Kevin Mitchell）研究了兩個人，他們在一生中有些期間暫時失去了聯覺。其中一位不幸的年輕女子，她的聯覺曾因為種種狀況而短暫受到抑制，包括了病毒性腦膜炎、腦震盪、以及遭到閃電擊中。

對米切爾來說，研究這些案例所得到的主要發現是：當聯覺建立起來後，雖然可能會因為腦部的生化變化而暫時受到影響，但在長時間中是相當穩定的。這代表聯覺關聯一旦建立、並固化了（可能是在童年時期發生的），那麼之後就「固定連結」（hard-wired）起來了。至於，這種關聯是如何建立的呢？能夠看到不存在的顏色或是嘗到文字的味道，又有什麼好處嗎？

聯覺者的感官更敏銳

有個理論指出：在聯覺者的腦中，正常情況下不會彼此溝通的相鄰皮質，實際上卻能夠彼此溝通，或者交換訊息的頻率比正常情況來得頻繁。這種特殊的「超連結」可能會造成異常的跨感覺知覺（cross-perception）。腦部發育期間，個體的差異以及所處的環境，可能決定了哪類感覺會交會，以及哪些類型的聯覺會建立起來。

不過，薩塞克斯大學的另一位頂尖的聯覺研究員瓦德（Jamie Ward）並不相信這個理論。2017 年，由辛納領導的研究團隊報告說，如同被診斷出有自閉症的人那般，聯覺者的感官可能非常敏銳，例如他們往往覺得光線比其他人感覺到的更亮，或是聲音聽起來更大聲。除此之外，一個人具備的聯覺種類愈多，感覺敏銳度量表上的得分就愈高。瓦德說：「如果你有兩種類型的聯覺，在度量表上的得分會低於有三種類型聯覺的人，不管他們所具有的聯覺類型是什麼。」

瓦德認為「聯覺是由腦部異常的連結所產生的」這個理論並不正確。瓦德認為，聯覺源自於所有發育中的腦部所共有的一種驅力：盡可能提高對於感官訊息的敏銳程度，以便更精確掌握環境中的變化。不過，有些兒童的腦部「可塑性」比其他人的腦部更高。在這些兒童的腦部，那種驅力會使得感覺更為敏銳，同時也讓腦神經系統產生某種程度的不穩定，允許通常不溝通的腦部各區域之間的神經元彼此連結。在童年時期，這種交互連結的模式會持續變化，但是腦部的可塑性會隨著年齡的增加而減少，使得聯覺配對「固定」下來。

為了支持這項理論，瓦德指出了各種證據，包括他自己用電腦建立模型進行的實驗結果，以及 2018 年對具有「字素－顏色」聯覺者的研究結果。瓦德的研究指出這些聯覺者具有異常的灰質連結（灰質是大腦皺摺外表之下的一層灰色組織，富含神經元），不只是連結了處理字母與處理顏色的腦區，腦中的其他部分也有這樣的情況。瓦德說：「很多事情都不是他們所期望的。」

瓦德認為「字素－顏色」聯覺者的記憶力更好，很可能是因為腦部的可塑性比較高，使得學習更輕鬆。以我之前提到的那位遭逢過腦膜炎、腦震盪、雷擊的不幸年輕女性聯覺者為例，她不會讀樂譜，但是她只要聽過的音樂，就可以用錫口笛、長笛、鐵琴、木琴和鋼琴演奏出來。米切爾說，聯覺助了她一臂之力，因為「錯誤」的顏色代表了錯誤的音符。又例如，托蘭斯正在學習彈奏豎琴，托蘭斯說她也從同樣的特性中受益：看到她的豎琴發出的音調顏色，有助於掌握新練習的樂曲。

自閉症病人的學者症候群

具有更多類型聯覺的人，往往在「自閉症光譜量表」（AQ）上的分數更高，AQ 是一種評估各種自閉症特徵的篩選工具。聯覺者通常不具備自閉症病人典型的社交困難。這兩類人之間的相同之處，似乎主要是都有一種稱為「高度注意細節」的特徵。這代表一如自閉症者，聯覺者腦袋裡所創建的世界感知表徵中，有更多專注在構築感官場景的元素上（無論是一幅畫、城市中的一條街道、一首奏鳴曲，還是從某人的口中說出的字詞），而不是注意由所有細節構成的「全貌」所代表的意義。這種對細節的敏銳度，可以說明那些有聯覺的人為何能夠發展出非凡的能力。

大約十分之一的自閉症病人也具備某種驚人的能力。美國精神科醫師崔佛特（Darold Treffert）專門研究「學者症候群」（savant syndrome），他證實了學者症候群含括許多種驚人的能力，譬如：能夠快速進行乘法心算、識別質數、馬上說出某天是星期幾，以及繪製出完美透視的圖畫，還有具備絕對音感、或是對於發生過的事情記得一清二楚。這些能力在有自閉症類群障礙的人當中，出現的比例高得超乎尋常。最著名的病例是英國的譚米特（Daniel Tammet），他在自傳中寫道，他能記住圓周率小數點以下超過兩萬兩千個數字。

巴龍－科恩（Simon Baron-Cohen）現在擔任劍橋大學自閉症研究中心主任，當年負責診斷譚米特的自閉症，那時譚米特二十六歲，除了有自閉症，還有一些類型的聯覺。數字在他腦中占據了特定的位置，它們也有獨特的顏色、紋理和形狀。正如譚米特所說，數字順序會在他心中構築出「景觀」，他可在這些「景觀」裡自由移動。他在進行計算時，數字的形狀組合在一起，產生一個新的形狀，那便是答案。

至少在某些狀況下，自閉症加上聯覺，是否有助於解釋學者症候群的成因？對巴龍－科恩來說，那似乎是合理的。在研究了譚米特之後，他更進一步的研究，發現自閉症病人具有聯覺的比例幾乎是普通人的三倍。

辛納和瓦德，與巴龍－科恩、崔佛特及薩塞克斯大學的休斯（James Hughes）共同進行了一項後續研究。他們研究了在有自閉症及學者症候群的人、沒有學者症候群的自閉症病人，以及兩種情況都沒有的人之中，「字素－顏色」聯覺的普遍程度。他們發現只有同時具備自閉症與學者症候群的人，具有聯覺的比例才會高出許多。因此聯覺在自閉症病人中並不常見，而是在具有過人天賦的自閉症病人中較為常見。

研究團隊指出，這個結果有幾種可能的解釋。首先，「字素－顏色」聯覺可以讓他們的記憶力更強，更有可能展現超乎尋常的記憶技能。也有可能是另一些更基本的過程發揮了作用。

辨認出模式和找出不同類訊息之間共有規律的能力提高，是一種可以從其他特徵中發展出來的特徵，那些其他特徵包括極度敏銳的感覺，以及對細節的傑出注意能力。這些能力可能造成學者症候群，也有可能造成聯覺。那麼，我們從那些具有傑出能力的人身上，能夠學到什麼呢？我們的視力和模式識別能力可以藉由訓練，提高到什麼程度？

現在很清楚，如果視覺皮質的某個部分，會對特定事物產生反應，例如臉部或是線條的方向，甚至對於成年人來說，童年時花了很多時間玩遊戲，會無意識的建立出一個專門區域，例如辨認「寶可夢」的各個角色，藉由經驗的累積，你可以更快辨別出各個角色的屬性，以及哪些屬性會相剋。

如何讓你的視力更佳

我們也可以變得能更快速識別其他類型的物體。腦部的不同區域，包括前額葉皮質（prefrontal cortex），似乎並不需要具備專門處理視覺反應的區域，便能夠識別出許多物體，包括汽車、清朝乾隆時代的瓷器。你不具備專門處理視覺反應的區域，並不代表你處理和識別各種視覺圖像的過程沒辦法變得更快。

第二次世界大戰期間，有一種技術就是藉由這種特性，挽救了許多盟軍士兵的性命。在電腦出現之前，心理學家若想要讓受試者看到圖像的時間很短，甚至短到只有潛意識才會注意時，會使用視速儀（tachistoscope），這個詞源自希臘語，tachys 的意思是速度飛快，skopion 的意思是觀看用的工具。美國心理學家兼視覺專家倫蕭（Samuel Renshaw）瞭解到，可以利用視速儀來訓練飛行員更快識別出敵方船艦和飛機。當他們在很短的時間內反覆看到那些飛機與船艦的照片後，便能夠在只瞥一眼的狀況下，更準確的辨別出來。這項技術非常有效，1955 年，倫蕭因此獲得了美國海軍頒發的傑出公共服務獎。

當眼睛運作狀態良好時，會更容易辨識出模式。就我個人而言，雖然還在假裝不需要戴老花眼鏡，但是看電腦螢幕上的文件時，需要放大為 125%，看實體書時也盡可能拿得遠些，並使用手機相機的變焦功能、或是請年輕的朋友來幫助處理餐廳菜單上惱人的細小字體。我應該做的，當然是去配老花眼鏡。

在四十六歲這個老花眼症狀通常會變得明顯的年齡，我發現自己更難對焦在附近的物體上，這當然和我眼睛中的水晶體有關係。水晶體生長的方式很奇怪：在人的一生當中，水晶體外圍邊緣有新的細胞形成，比較老的細胞被往內推，使得中心區域變得更為緻密與堅硬。當水晶體變得愈硬，周圍的肌肉就要愈用力，才能夠把水晶體擠壓成能把焦點對準近處物體所需的較圓形狀。隨著年紀增長，那些肌肉會變得更弱，使得問題惡化。儘管水晶體硬化甚至可以在二十歲出頭時就開始，但是對於絕大多數人來說，需要數十年的細胞擠壓，才會造成真正的問題。

老花眼的最大風險因子是年齡，任何超過三十五歲的人，都很可能有老花眼。但還有其他類型的視力問題，與年齡沒有直接關聯，而與生活型態有關，甚至連年幼的兒童也會受到影響。

位於中國廣東省西南沿岸的陽西縣實驗小學，最近成為獨一無二的實驗教室。這座小學位於周邊空曠的地點，遠離樹木或高聳的建築，也遠離陰影。教室的支柱和橫梁由鋼製成，但是牆壁和屋頂是玻璃做的：每面牆從頂部到底部都是透明的，頂部是讓光漫射的毛玻璃，既可以減少眩光，也可以遮蔽外部世界，保護兒童免於可能的干擾。整個建築設計的重點是盡可能讓最多的自然光進入，目的是保護兒童的視力。

美國阿拉斯加大學費班克分校的人類學家胡佛（Kara Hoover）

認為，全世界各地的人，演化出來的感官運作方式都與當前環境「不匹配」。在視覺方面，這種不匹配狀況再明顯不過了。人類這種動物本來在醒著的時間，幾乎都在室外度過，而現在許多人是躲在家中或辦公室裡，藉由人工光源，看電腦螢幕和書籍。

近視率飆升的真正原因

這種生活方式的改變正在造成影響的證據，來自於近視率的飆升。對於有近視眼的人來說，遠處的物體是模糊的，原因是眼球稍微拉長了些，這代表來自遠處物體的光線聚焦的位置在視網膜稍前，而不是在視網膜上。

根據一些估計資料，美國和歐洲的近視罹患率在這五十年來倍增了。在東亞，現在估計有 70% 到 90% 的青少年和年輕人有近視。在某些國家，近視率更是高得驚人：如果你是一個居住在南韓首爾的十九歲男子，沒有近視，那麼你就屬於極少數人，只有 3.5% 的南韓人如此幸運。在中國，大約十四億總人口中，有六億人到七億人有近視並需要眼鏡，但是許多人沒配戴眼鏡，尤其是農村地區。

眾所周知，近視受到遺傳的影響。但是最近，有近視的人數增加得太快，這已無法用遺傳變化來解釋，顯然是受到環境因素的影響。

問題是哪些環境因素？人們常歸咎於花許多時間在閱讀課本和盯著螢幕。這些關聯看起來當然很強大，例如，與 1920 年代相比，如今生活在歐洲的兒童花在讀書的時間大幅增加。在上海，十五歲的孩子平均每星期花十四小時寫作業，美國為五小時，英國為六小時。然而，就看螢幕而言，正如澳洲國立大學的近視研究員摩根（Ian Morgan）所說的，在 1980 年代之前，臺灣、香港和新加坡等地，近視就已經非常流行了，但當時的人看螢幕的時間很少。

事實上，在美國和澳洲對兒童進行的詳細研究指出：增加近視的最大風險因子，並不是兒童花在看書或看螢幕的時間，而僅僅是他們在室內度過的時間。包括摩根等人在內，有愈來愈多的研究人員認為，在明亮的光線下、在戶外度過的時間才是重點。為了防止近視，摩根估計兒童每天需要約三小時處於至少 10,000 米燭光（lux，勒克司）的光照強度之下。

對於陽光明媚的澳洲來說，在陽光強烈的日子裡，光照強度可以飆升到 100,000 到 200,000 米燭光之間。當地十七歲的青少年當中，大約只有 30% 有近視。

在澳洲布里斯班或是英國倫敦，陽光明媚時的陰影之下，光線亮度約為 10,000 米燭光。然而在陰天時刻，光照強度可能會下降為 1,000 到 2,000 米燭光左右。但即使是這樣的較弱光線，依然勝過教室中的狀況，國際上通常訂定的教室光線亮度標準，僅在 300 到 500 米燭光之間。

摩根參與了陽西縣實驗小學的玻璃教室研究。這項研究計畫的初步成果指出：這種透明教室很實用，兒童和老師喜歡待在裡面，在教室中的光線下，依然能夠輕鬆閱讀。

下一步是看看玻璃教室是否能真正改變近視罹患率，摩根參與了進階研究的設計。在此同時，最好的建議似乎是盡可能讓兒童到戶外。這種方式所消除的近視風險，可能無法超過遺傳所帶來的風險，但是在中國和臺灣的初步研究指出：只要確保學童在下課時間是到戶外、而非在教室中度過，就可以發揮效用。對摩根來說，他認為小學的頭幾年應該有一半的時間是在戶外活動，另一半時間在室內學習。

視力保健之道

還有什麼方法能夠保護視力呢？經常運動可以降低患白內障（水晶體混濁）的風險，尤其是年紀大的時候。運動也能夠降低黃斑病變（macular degeneration）的風險，這是視網膜中央窩及周圍區域的細胞減少所造成的，是已開發國家中失明的主要成因。

飲食也很重要。吃大量胡蘿蔔能讓你在黑暗中看得更清楚的說法，實際上是英國資訊部在第二次世界大戰期間發布的錯誤消息，只是這個假消息成功過頭了。他們當初是為了遮掩戰鬥機上裝了新式雷達，公開宣稱英國飛行員能在燈火管制的夜晚，擊落來襲的德國轟炸機，是因為吃了超量的胡蘿蔔。之後這個說法就流行起來了。不過，攝取能夠提供大量維生素 A 的食物，例如胡蘿蔔、綠色花椰菜、菠菜和甘藍菜，對於視紫質（rhodopsin，桿細胞中對於光線敏感的一種蛋白質）的形成，以及錐細胞的正常運作都很重要。

然而在很極端的情況下，飲食不良會導致失明。2019 年，一個英國少年的案例研究，就成了全英國頭條新聞。這個男孩吃的是「薯片、餅乾、白麵包和一些加工豬肉」等垃圾食品，基本上導致了他的視神經萎縮，以致在十七歲時失明了。布里斯托醫學院的眼科醫師評估他的狀況後指出，他缺乏許多營養素，少得特別嚴重的是維生素 B12。醫師警告說，吃純素、並且沒有充分補充營養素的人，也有這種視神經萎縮的風險。

在戶外活動、規律運動、健康飲食，都能夠保護視力。但是也有證據指出，良好的視力也能夠加以調整，變得更好。

1999 年，也就是羅伯森（見第 30 頁）研究貝林摩人顏色視覺結果發表的那一年，瑞典隆德大學的視覺生物學家吉斯林（Anna Gislén），帶著她的六歲女兒前往泰國，展開一場研究之旅。吉斯林想要研究住在泰國西部沿岸和島嶼上的「海上吉普賽」兒童。人類的眼睛在水面下的視覺很差，但吉斯林聽說那些孩子可以很輕鬆就在海底蒐集到小東西，例如蛤蜊、貝殼和海參。如果這是真的，他們是如何辦到的？

吉斯林測驗了莫肯族（Moken）的兒童。她把印有各種圖案的卡片放在水下，發現莫肯族兒童區分這些圖案的能力大約是歐洲兒童的兩倍。但在陸地上，兩組兒童的表現則是大致相同。很顯然，莫肯族兒童的水下視覺有一些特別之處，但無論這種優勢是什麼，在水下之外的狀況都不存在。

吉斯林推斷，這些孩子在海中可以經由兩種方式增強視力：他們可能會把瞳孔盡可能縮小，讓視覺中的景深增加；或是他們能克服腦部在水下無法調控水晶體形狀的狀況（因為視野中的所有物體都太模糊了），從而使他們能夠聚焦在視野中的圖案。事實上她發現，這兩種方式那些孩子都兼而有之。

在後續的研究中，吉斯林發現歐洲兒童在一個多月中，於室外游泳池接受十一次訓練後，就可以達到莫肯族兒童的水準。他們的腦部會下意識的學到了要縮小瞳孔、並且自動改變水晶體的形狀。在最後一次訓練之後八個月，再次接受測試時，那些歐洲兒童在水中的視覺敏銳度，仍然與莫肯族兒童相同。

隨著年齡增長，我們的水晶體變得沒有那麼有彈性。可能只有兒童才可學到在水下調控水晶體的形狀。（莫肯族的成年人沒有展現出這種能力，他們往往從水面上捕魚。）但是，證明生活方式可以改變像是「看清楚」這樣基本的能力，對視覺研究人員來說，依然深感意外。

研究人員也很驚訝的發現：並非只有兒童可以藉由訓練來增強視力，成年人也行。只不過，訓練所改變的不是眼睛發揮功能的方式，而是腦部處理傳入的視覺訊息方式！

重建立體世界

貝瑞（Sue Barry）生下來就有今天醫師所說的「斜視」，只是當時俗稱「鬥雞眼」。在童年時期對貝瑞的眼睛肌肉所進行的手術，帶來了某種程度的改善。就正常人來說，兩個眼睛傳來的視覺訊息差異，能夠讓我們毫不費力的就感受到景深，但由於貝瑞的兩個眼睛仍無法適當的彼此協調運作，因此難以感受景深。

在貝瑞看來，世界是平的。她解釋說：「我會在鏡子上的玻璃表面看到自己。如果鏡子上面有一個斑點，我會認為那個斑點是在我自己身上。」後來貝瑞在大學修習神經生理學課程時，在一項展示我們的「感知圈圈」是多麼「瞎」的傑出試驗中，她才瞭解到，其他人所看到事物和自己看到的，截然不同。

對天生就能夠看到三維空間的人來說，很難理解貝瑞看到的世界是怎樣。你可以試試看，把一隻手遮住眼睛，只是這樣做也無法理解貝瑞的視覺世界。貝瑞說：「是的，那樣做可能會讓你看到的景深出現些許差異，但你的腦部會使用所有必要的經驗，重建立體世界，所以對我而言，那是一種非常不同的體驗。」一旦貝瑞盡力瞭解到自己缺少了什麼，她也意識到另外一點：自己永遠不會看到具有三個維度的立體世界了。學術界普遍的看法是人類在出生幾年之後，視覺皮質中處於發育狀態的「雙眼細胞」（binocular cell），關鍵的敏感期就會結束。有人認為，成年人的腦部不具備這種劇烈變化所需的可塑性。

不過，貝瑞自己就發生了這樣的變化。

年近五十的貝瑞，發現自己愈來愈難以看到遠處的物體。她去看了驗光師，驗光師告訴她，她正在使用單隻眼睛，交替看她所有距離臉部十幾公分以外的物體。驗光師要她進行一整套的訓練練習，目的是幫助她的雙眼協調運作，希望她能夠把來自雙眼的影像合成為一個。幾個星期後，貝瑞注意到她對自己家的視覺發生了超乎尋常的變化：她廚房的燈具邊緣似乎更渾圓了，她第一次覺得燈具位於她和天花板之間的空間中。

奇特的經驗持續出現。貝瑞很興奮，寫信給神經學家薩克斯（Oliver Sacks），他們是在一次太空梭發射典禮中認識的，貝瑞寫說：車中的方向盤突然從儀表板「彈出來了」，灌木叢的葉子似乎在自身所處的小空間凸顯出來，工作坊的地下室裡，一具完整馬骨架的頭部似乎伸得很出來，把她嚇得大叫、並且跳著倒彈。

後來對貝瑞的視力評估結果，證實了她現在看到的是立體景象。她所經歷的轉變並不是獨一無二的。從那以後，她蒐集了轉變更快的紀錄。沒有什麼比加州大學聖克魯茲分校心理學暨心理生物學教授布里奇曼（Bruce Bridgeman）的案例更不可思議了。

布里奇曼如同貝瑞那樣，生來就沒有立體視覺。2012 年，他六十七歲時，去看了電影《雨果的冒險》3D 版，戴上了看 3D 電影必要的立體眼鏡。一開始的狀況就如同他所預期的，影片看起來依然是扁平的，但是突然間，整個影像立體了起來。布里奇曼離開電影院之後，這項能看到景深的新能力並沒有消失。不過貝瑞說，不只布里奇曼這樣，也有其他人說自己突然間就看到了立體影像。2017 年，貝瑞和布里奇曼把問卷調查的結果發表出來。在問卷中，他們詢問了成年後才出現立體視覺的體驗。大約有三分之一的人說立體視覺「令人震驚」。看到立體影像讓他們的視覺觀感截然不同，貝瑞說：「覺得物體之間有很多空間。」

這個研究領域還在發展中，那些成年人的腦部究竟發生了什麼，目前還不清楚。貝瑞認為，以立體形式觀看世界的「轉變」通常發生在嬰兒期，但也可以發生在成年期。不過，她在童年時可能有過立體視覺的經驗，足以讓一些雙眼細胞發育，使她在成年後發展出適當的視覺深度知覺。

當然，從未看見立體影像者在成年後學會看得見，這樣的想法非常有爭議。與貝瑞交談後，過了幾天，我在朋友的燒烤宴會上和一位眼科醫師交談，她的工作之一是對於貝瑞出生時就具備的狀況進行矯正手術。她強調，為了病人的利益，她希望從未有過立體視覺的人，成年後有可能發展出立體視覺。然而，對於我們具有標準視覺的人來說，可能很快就會發生同樣巨大的轉變。

仿生眼

2016 年，由澳洲人領導的研究團隊報告說，他們開發出一種奈米晶體，可以接收和集中紅外線，並將之轉化為人類可看到的光。理論上，這些奈米晶體可以放到眼鏡中，製造出很輕的夜視鏡（主要用於軍事，不過該團隊認為它或許能讓人在晚上打高爾夫球）。2019 年，麻州大學醫學院的研究人員更進一步，報告說他們把功能基本上相同的奈米顆粒，注射到小鼠的視網膜。這些顆粒把紅外線轉化為波長較短的綠光。該團隊使用腦部掃描和光測試，確認小鼠真的可以偵測到紅外線並且產生反應。即使在白天，小鼠也可以發現紅外線組成的圖案。

麻州團隊設想了動物的用途，首席研究員韓剛（Gang Han）指出：「如果有一隻狗超級厲害，可以看到近紅外線，那我們可以從遠處將紅外線圖案投射到違法者的身上，狗便能在不打擾其他人的情況下，抓住他們。」但是沒有任何理論上的原因，指出不能給人類帶來相同的作用。韓剛說：「當我們用肉眼觀察宇宙時，只能看到可見光。但如果人類有了近紅外線區段的視覺，便能以嶄新的方式觀察宇宙，也許可以用肉眼進行紅外線天文學觀測，或是無須笨重設備，便能進行夜視。」

把人眼換為功能更佳的仿生版，並非不可能。2020 年，香港大學的團隊公布了一種立體仿生眼，由複製自然的眼睛結構而製成，可以進行調整，以產生更清晰的視覺影像和額外的功能，例如紅外線夜視。

眼睛有時候會當成反駁「智慧設計」（intelligent design，亦即由全知全能的上帝所設計）的例子 —— 設計眼睛的那個全知全能者，居然讓神經纖維束穿過視網膜，而在視野中形成一個盲點？然而香港大學設計的立體仿生眼，具有奈米線路光感測器，用不到神經纖維，也就消除了盲點。這種眼睛算得上是智慧設計。不過，該技術還處於早期階段，研究團隊強調，目前的仿生眼依然無法與自然眼睛媲美。

「眼見為憑」未必真

對亞里斯多德來說，視覺是提供外部世界最多訊息的感官。這個想法已經拓展到人們日常生活的語言中，譬如說：一項發現可能會為某個領域「帶來新的見解」或是讓人「看得更清楚」。如果我突然瞭解他人想要傳達的意思，可能會說「我瞧明白你的意思了」。人可能會「看不到」目標，甚至有「黑暗」的念頭，但最終會「看到光明」。

視覺始於用以記錄明暗對比的極簡單的受器，現在不僅成為辨別食物和家人的方式，而且還用來傳達我們最深切的感受。當然，視覺也帶來了美學上的愉悅。對人類來說，視覺不僅僅具有實際用途，例如我們花很多錢，有的時候是天文數字，只為凝視美麗的事物。

儘管如此，著名藝術史學家宮布利希（Ernst Gombrich）在他1961年出版的經典《藝術與錯覺》中寫道：「是預期的力量……塑造了我們在生活中、以及在藝術中看到的東西。」

「預期的力量」…… 多年來，藝術和科學之間的交談一直受到抗拒，或至少是兩方在避免交流這個主題。正如賽斯（見第36頁）在自己的研究中所探索的那樣，「很重要的是要考慮每一個個人對藝術品的感知」，但這想法在藝術史上竟是過時的概念。不過如今，在心理學領域，許多研究的重點已聚焦在視覺的基礎神經科學。

本章所介紹關於「人類腦部處理來自眼睛的訊息」的最新研究，當然能帶來許多啟發。幾十年前，宮布利希就知道視覺不僅僅是處理「外在」的內容。這個想法現在已經獲得了更多學界人士的關注，代表了我們不僅對視覺、而且也對其他感覺的理解，產生了重大的轉變。

十七世紀，法國哲學家兼科學家笛卡兒（René Descartes）認為感覺不可以信賴，因此不是認識世界時可靠的知識來源。他這種說法，直接槓上了亞里斯多德的權威，亞里斯多德認為感覺是人類正確認識世界的唯一方式。但很明顯，如果對於外在世界，真有所謂完整、真實、客觀的資訊，那也不是你所感知到的。同樣明顯的是，你的腦部也無法接受這個事實。

人類活動的基本驅力是生存、繁殖和繁盛。你的感官只會處理能幫助你（也就是地球上的人類）達成這些目標的訊息類型，而你的腦部封鎖在顱骨中，必須用所有可能的資源，盡快解析源源不絕而來的感官訊息。你的記憶（不論是記得床的另一側有枕邊人，或者棋盤上的圓柱體會有陰影）通常都是優異的資源，可以加速訊息處理過程。但是這些讓人能快速得到感覺的優勢，也能讓我們變得脆弱。現在我們知道，絕對有可能看到實際上不存在的事物，以及看不到實際存在的事物。

也正如我們所見識到的那樣，為了瞭解這類情況發生的場合和方式，以及為何有些人的視覺感知比別人更容易出錯……許許多多的科學研究成果，已讓我們更深入認識了視覺。這樣的科學探索過程是很必要的，對於我們接下來要討論的聽覺而言，也是如此。

第 2 章

聽覺

—— 為何玻利維亞人聽到的《舞后》不一樣？

發出聲音的物體…… 讓空氣產生運動，

這種運動一直延續到聽覺器官。

—— 亞里斯多德，《論靈魂》

這點亞里斯多德當然是正確的。你能聽到某些聲音的前提，是聲波必須與你的聽覺器官（也就是耳朵）接觸。

各種生命形式，從植物到蚯蚓，都可以感受人類認為是聲音的振動。嗯，蚯蚓可以感知振動。達爾文著名的事蹟之一便是對蚯蚓的感官著迷，他對蚯蚓進行種種實驗——對牠們大叫、吹金屬哨子，還有兒子大聲吹奏巴松管，然後密切觀察蚯蚓的反應。蚯蚓對那些噪音都沒有反應。後來直到達爾文把飼養蚯蚓的罐子擱在鋼琴上，強大的振動立即讓蚯蚓退回土穴中躲起來。

植物也可以感知我們所謂的聲音。小型開花植物阿拉伯芥，甚至可以區分出錄音播放的風聲、毛毛蟲咀嚼葉子聲、以及葉蟬求偶的歌聲。這項實驗是在美國密蘇里大學進行，研究人員選擇葉蟬求偶的聲音，是因為那和毛毛蟲咀嚼聲有相近的頻率。但是阿拉伯芥並沒有受到欺騙，它們只會針對毛毛蟲咀嚼聲而產生更多的芥子油，毛毛蟲厭惡這種化學成分。這項實驗清楚證明植物具備了聲音感知能力。不過，蚯蚓和植物並沒有耳朵或腦部，他們沒有「聽到」。

人類的聽覺是一種物理感覺，和觸覺有關。

一個運動，無論是他人聲帶的振動，還是一群大象踏著大步朝你走來，都會讓周圍的空氣分子、液體分子、以及固體分子產生傳遞能量的波動。我們可以藉由機械性受器（mechano-receptor）感覺到某些類型的波動。這類受器位於身體各個部位，能夠對物理力量產生反應。想想你從身體深處感覺到的教堂風琴聲，或是特別響亮的低音震撼胸口。對於由刺激這類受器而產生的知覺，會在第 5 章〈觸覺〉的部分討論。

在這一章，我要探討的是：位於你內耳深處的是一種器官，其中含有一群特殊的機械性受器。在演化過程中，這些機械性受器經過了調整，對於重要運動所產生的波動頻率非常敏感。具有點石成金之力的腦部，將這些物理能量波，轉化為某一類特別的現象，也就是聲音。我們並沒有偵測到聲音，我們偵測到的是振動，聲音是腦中製造出來的。

有個著名的哲學思想實驗：「如果一棵樹倒在森林裡，周圍沒有人聽到，那麼倒下時，有發出聲音嗎？」有一個非常明確的答案是：沒有。（當然，還有其他很多答案。）好吧，除非周圍有某種動物的腦部，例如人腦，可以將由此產生的空氣振盪，感知為聲音。

聽覺讓我們能夠偵測遠處的環境，提供了關於自己在哪兒，以及周圍環境中對生存很重要的訊息，即使距離太遠、受到遮擋或是因為在夜間等原因而無法看到，都不會影響到聽覺。睡眠時也可以接收得到聲音訊息。聽覺還讓人類和其他動物之間，更容易進行交流。有許多類型的動物因為具備了耳朵，而得到明顯的好處，我們來看看鯊魚的例子。

人耳有三塊聽小骨

聲波很容易在水中傳播，是比光線更為有用的訊息來源。雖然鯊魚的電感和嗅覺都很出名，但牠們的聽覺也很敏銳。生病或受傷的動物、以及胡亂拍水的游泳者所發出的獨特低頻聲，鯊魚在數百公尺外就能聽見。然而，鯊魚的耳朵與人類的耳朵不太一樣。事實上，哺乳類動物耳朵的演化過程是如此不可思議，看起來幾乎就像漫威世界中的特殊能力。

鯊魚譜系和人類譜系，大約在四億二千萬年前分道揚鑣。演化出鯊魚的那個譜系，演化出了早期的軟骨魚和現今的鯊魚。演化出哺乳動物的譜系，則是先出現了硬骨魚和早期的合弓綱動物（synapsid），這是具有一些哺乳動物特徵的動物。大約在二億三千萬年前，人類的合弓綱動物祖先在下顎部位，演化出了一對額外的骨頭，沒有人知道其中的原因。

接下來的發展更是奇怪：下顎部位的這兩塊多餘骨頭，逐漸變小，並移到耳朵中，變成了槌骨（malleus）和砧骨（incus）。這是人類「中耳」的三塊聽小骨的其中兩塊，這些聽小骨可以把傳入的聲波放大。鯊魚（以及爬行動物和鳥類）只有一塊聽小骨：鐙骨（stapes）。由三塊骨頭（槌骨、砧骨、鐙骨）共同運作，傳遞聲音的效率當然會比只有一塊聽小骨更高，讓聽力變得更為敏銳，對高音也更敏感。如果鯊魚咬你，牠會感覺到你驚慌失措的拍打聲，但聽不到你的尖叫聲。

你現在聽見了什麼？捷運列車尖銳的剎車聲？敲擊在屋頂上的雨聲？這是因為傳入的聲波讓你的鼓膜（tympanic membrane）振動了。鼓膜的位置在「用於蒐集聲音的外耳」與中耳之間。

當鼓膜振動時，會把振動傳遞到槌骨、砧骨和鐙骨，振動因此轉變成為壓力波，傳遞到「內耳」裡充滿液體的耳蝸。耳蝸的英文 cochlea 源自於希臘文的 kokhliās，意思是蝸牛。耳蝸是一個中空的螺旋形骨頭，平均長 8.75 公釐，高 3.26 公釐，形狀像是扭曲雜亂的滑水道，其中布滿了對聽力至關重要的膜和細胞。嵌在基底膜（basilar membrane）頂部的是柯帝器（organ of Corti）中，負責聽覺的毛細胞（hair cell）。毛細胞上細微的毛髮狀「靜纖毛」（stereocilia）豎立起來，其中最高的突出，伸入到上方的另一個膠狀的膜中。傳入的壓力波使得基底膜上出現漣漪。基底膜的不同區域，對某些頻率的反應更為敏銳，例如：靠近耳蝸底部較硬的區域，在高頻聲音（高音，例如尖叫聲）時，移動幅度最大；而靠近耳蝸頂部的區域，對於低頻聲音（例如鼓聲）的反應最大。

當基底膜的一個區域振動時，靜纖毛會被往上推，靠到上面的膠狀膜時就彎曲了，這時產生的機械力，會讓位於連結靜纖毛的細絲中的離子通道（ion channel）打開。這是一種微小通道，能夠讓大量鉀離子通過，藉此讓電訊息產生。電訊息經由聽覺神經傳送到腦部，結果便是你感知到了聲音。

你的腦部首先處理聲音的頻率（有多高或多低）、持續時間以及強度。聲音訊息還會傳遞到腦部的其他區域，讓你知道發出噪音的位置，並且準備做好身體反應，例如頂嘴或逃跑。大腦聽覺皮質的進一步處理，可以讓你適切理解這些訊息，例如認出是來自鴿子的咕咕聲，或者你的前任伴侶在分手前的幾個星期一直反覆播放的那首歌。對於剛出生的嬰兒而言，最重要的是辨認出母親話語的特殊聲音模式。

胎兒已有聽覺

人類出生之前，聽覺已經開始運作了。從妊娠二十週左右開始，胎兒對巨響的反應是反射性瞇起眼睛。（如果可以的話，他們會眨眼，但他們的眼瞼大約還要過六個星期，才會打開。）大約在耳道張開可讓聲音進入的同時，視丘（接受感覺訊息的中繼站）和大腦皮質的感覺處理區之間也建立了連結。甚至在懷孕末期之前，耳蝸就已經開始運作了。雖然子宮與母親身體的其他部分可以封阻噪音，但我們來到這個世界時，已經對自己的家庭、語言和文化的聲音，感到熟悉。

我們之所以知道這一點，有些必須歸功於 1980 年進行的一項實驗。這項實驗招募了十位新手媽媽，當時她們一定覺得整個過程很奇怪，但是現在，我們認為這項研究深富開創性。

十位媽媽生下小寶寶後不久，研究人員要求她們朗讀蘇斯博士（Dr Seuss）所寫的故事書《想想我在桑樹街看到了什麼》。二十四小時後，她們的小寶寶會放在搖籃裡，戴上耳機，嘴裡放了一個安撫用的塑膠奶嘴。奶嘴連接到一臺電腦，電腦又接上喇叭音箱。主持這項研究的心理學家把整套設備都設計好了，如果嬰兒以某種方式吸奶嘴（例如在兩次之間有短暫停頓），研究人員就會播放嬰兒自己的母親說故事的錄音，而另一吸吮速度（例如在兩次之間有長時間停頓）會讓另一位母親的錄音播放出來。

實驗發現：大多數嬰兒是以能聽到自己母親聲音的方式吸吮奶嘴（某一個嬰兒似乎不想聽到自己母親的聲音，另有一個嬰兒似乎不介意聽到的聲音是否來自母親）。當心理學家隨後將每個嬰兒的吸吮速度和聲音之間的關聯顛倒過來時，有些嬰兒甚至學會了另一種吸吮速度，以便再次聽到自己的母親說話。

在這項實驗之前，很少有心理學家對新生兒的行為感興趣。但這項研究確實激起了其他人的好奇心：除了顯示嬰兒快速的學習能力，也非常清楚的指出了我們降生到這個世界時，是知道自己母親聲音的。同一群心理學家後續的研究證實，那是因為胎兒在子宮內就知道，而不是在出生後的幾個小時內才聽出來的。以我們現在對於聽力發展的瞭解，這種現象並不令人驚訝：嬰兒在出生之前，已經聽媽媽的話語聲幾個月了。

如果嬰兒出生時一切正常，耳蝸含有大約一萬六千個聽覺毛細胞。（聽起來可能很多，但是數量上完全比不上視網膜中的一億個感光細胞！）但即使你我生來聽覺毛細胞的數量完全相同，也很有可能以不同的方式聆聽這個世界。

無論你無法忍受輕柔的拍打聲，還是很適應你鄰居新買的爵士鼓的鼓聲，人類聽力的敏銳程度，肯定會受到基因的影響。在大約七十個基因中發生的突變，與聽力損失和耳聾有關。除此之外，基因對於其他類型感覺的變異也有影響，但是聽力敏銳程度的遺傳性是很高的。舉例來說，一項針對芬蘭健康雙胞胎的研究發現，對於聽力敏銳程度的差異中，有 40% 可歸因於遺傳。

這種遺傳變異或許有助於解釋：為什麼人們對日常噪音感到不舒服的程度也有很大差異。有些聲音不論大小，就是很可怕。

例如，人類的尖叫聲會讓腦部負責厭惡和疼痛的區域啟動（最近的研究表明，音量快速而起伏大的變化，是人類尖叫、動物警告聲、以及警笛聲共有的特徵，能夠激化負責厭惡反應和疼痛反應的腦區）。車輛或割草機噪音是否會讓人覺得厭惡，通常是由音量決定的。不過，在聽力正常的人之間，感到「不舒服」的音量大小，可能會相差 20 分貝左右。

請記住，分貝的間距是對數形式的。大多數人覺得更大聲 10 分貝的聲音，響亮程度其實是兩倍。是否「太大聲」，這是非常主觀的。一臺能發出 90 分貝噪音的割草機或吹葉機，對某個人來說可能造成極度的干擾，而對他們的鄰居或伴侶來說，可能根本不是問題。（我想有許多鄰居間的爭執是由聲音有多大所引發的，每個人都困在自己的感覺泡泡中，確信自己是對的。）

但是除了對於音量的感覺有所差異之外，我們對於聲音處理過程和所聽內容上的差異，遠遠超出了音量上的差異，這把我們帶到了「是什麼讓人類成為人類」這個重要的問題。

文化不同，音感不同

創作音樂是人類重要的活動，所有的文化都創造出了音樂。和其他靈長類動物相比，人類腦部似乎對於音樂和語言中的節拍以及音高，特別容易產生反應。儘管人類腦部和獼猴腦部以幾乎相同的方式處理視覺（這代表兩種動物對於世界的視覺體驗可能相近），但你的聽覺皮質中的某些區域，對音調特別敏感，對於無調的噪音無感，獼猴的腦部便沒有這樣的區域。

參與這項研究的美國國家衛生研究院神經科學家和感覺專家

康威（Bevil Conway）說：「這些結果代表音樂和其他聲音對獼猴所帶來的體驗，可能和人類的不同。結果表明，那些含有語言和音樂的聲音，可能塑造了（人類）腦部的基本組織。」

所有人類都能夠創造出音樂，這點確實和其他靈長類動物不同，但是人類創造音樂的方式也不盡相同。傳統的西方音樂，無論是貝多芬的《第五號交響曲》，還是 ABBA 的《舞后》，都是在八度音階上寫成的。在這個音階系統中，音符的音高在升高八度之後加倍。也就是說，頻率為 27.5 赫、55 赫和 110 赫等的音，都是 A，只是位在不同的八度音階中。你唱歌的音域可能比我的高很多，也就是說，如果你要唱《舞后》時，會從與我不同的八度音階開始，但假設我們都是從相同的音符開始，就可以配合上伴奏。

不同的八度音階中，相同音符（例如 A）是等價的，這點在西方音樂中無所不在，以致無法確定這種特性是否真的屬於生物的本質——也就是與「讓耳蝸中特定的區域產生振動」有關，抑或只是太常聽到八度音階構成的音樂而已。要釐清這一點，需要研究一個很少接觸西方音樂的族群所產生的反應。這並不容易，不過在 2019 年，有一項研究結果發表出來了。

研究人員調查了齊曼內族（Tsimane），他們居住在玻利維亞偏遠的熱帶雨林中，主要是在亞馬遜河沿岸。齊曼內族不僅幾乎沒有接觸過西方文化，他們自己的音樂也不使用八度音系統。研究團隊進行了簡單的測試，並把齊曼內族的反應，與一組受過訓練的美國人（其中有受過訓練的音樂家和非音樂家）的反應，加以比較。每位受試者聆聽只有兩個音符或三個音符組成的曲調，並且要重複唱出來。任何給定的曲調都只能在八個八度音階當中選定一個音階唱出來，從最低到最高的八度音階都可以，唱歌的人當然必須在自己有限的音域中唱出來。

結果很清楚。例如，當美國人（尤其是受過訓練的音樂家）演唱三個音符 A-C-A 時，會在適合自己音域的八度音階中唱出 A-C-A，只是那個八度音階可能會比原來播放的更高或更低。然而當齊曼內族唱出 A-C-A 時，前後兩個音和中間那個音相比，音高明顯不同。但是這些音符的絕對音高，與一開始給他們聽的音符的絕對音高無關。也就是說，雖然他們聽到的第一個音符是 A，但他們唱的音高並不是 A。這相當於你重複播放《舞后》開頭的 Oooh，曲調為 C#-B-A，但是我唱的是 F#-E-D。

這顯然代表了：接觸過西方音樂，使我們覺得所聽到各音階中的 A（以及 C 等音符）都是等價的，而和耳蝸的哪些部分受到刺激沒有關聯。對你或我來說，顯然會發自內心認為，另一個八度音階中的 A 仍然是 A。但是這項研究結果指出了：對音符的等價感覺是後天學習而來的，由文化造成，而非生物機制所引起。這是我們所聽到內容深受文化影響的有力例證。

語言影響了音高的感知

然而更值得注意的是：我們的腦部如何處理音樂，不僅取決於所具備的音樂體驗，還取決於所說的語言。

我們用來形容音高的文化差異，會影響我們的想法。我在上面的描述中，使用了西方標準的形容方式，例如將 110 赫的 A 描述成比 27.5 赫的 A 來得「高」，並且說某些音域「高於」其他音域。對於說英語的人來說，這種說法非常恰當。但並非所有語言都用「高」或「低」來形容。說波斯語的人（主要是在伊朗）使用的是「薄」或「厚」。賴比瑞亞的卡佩拉族（Kpelle）使用的是「輕」或「重」。亞馬遜流域的蘇雅族（Suyá）則是使用「年輕」或「年長」。

我在上面針對各種語言族群的敘述中，排列了代替「高音」和「低音」的字彙順序，也就是「高音」在前、「低音」在後，但我確信我不需要逐一指出哪些字彙代替「高音」或「低音」，這也很符合直覺，對吧？

不過英國約克大學專門研究文化對感知影響的馬吉德（Asifa Majid）發現，比喻方式會影響我們所聽到的內容。之前馬吉德在荷蘭的一個實驗室工作，當地通常使用「高」和「低」形容音調頻率。馬吉德讓說荷蘭語和波斯語的人先聽一個音，再唱同一個音。在受試者聽到聲音時，眼前的螢幕上會有一條線。當那條線在螢幕上的位置比較高時，講荷蘭語的人唱出的音，往往會比看到線在低的位置時來得高。但是無論這條線的位置是高是低，都不會對講波斯語的人造成影響。不過對講波斯語的人來說，螢幕上線條的粗細，會影響他們唱出音符的高低，可是對講荷蘭語的人來說，並沒有什麼不同。

然後，馬吉德讓四個月大的荷蘭嬰兒，進行這項實驗的改編版。嬰兒當然不會唱指定的音符。馬吉德要研究的是嬰兒對「音符高低與線條的高度和粗細匹配與否」的關注程度。馬吉德發現所有嬰兒對線條的高度和粗細都很敏感。當嬰兒聽到一個低音的音符時，更喜歡看到低位置或粗的線，而不是高位置或細的線。嬰兒聽到高音時，也比較喜歡看到高位置或細的線。馬吉德的結論是：人類生來對聲音及空間之間的聯想和描述，都很敏感（當然也還有其他的聯想和描述），但隨著成長的過程，在母語中沒有明確描述的聯想，如果不屬於直觀感覺，就失去了影響力。

為什麼高音顯然是「輕」而不是「重」？一種解釋是：身體較重的動物（例如男人較重而女人較輕，大象較重而老鼠較輕，雄鹿較重而牧羊犬較輕），在移動時會發出的音調比較低。這點肯定會影響我們對於體型的判斷，並且可加以利用，得到不尋常的結果。

塔加杜拉－吉美南茲（Ana Tajadura-Jiménez）之前是倫敦大學學院的電信工程師，後來成為心理聲學家。她設計了一雙她稱為「魔法鞋」的涼鞋。

涼鞋上裝了麥克風，與耳機相連。當有人穿著這雙涼鞋走路時，腳踩地面的聲音會由麥克風接收。但是聲音訊息之後會受到過濾，只有高頻部分會由耳機播放出來。

這種裝置使得佩戴者覺得，聽起來自己的身體更輕盈了。塔加杜拉－吉美南茲發現佩戴者的腦部知道這點，並因此調整身體的表現，使佩戴者實際上覺得自己更輕盈、更苗條。事實上，塔加杜拉－吉美南茲說，穿魔法鞋的人也說自己覺得更快樂，步伐也更輕快。塔加杜拉－吉美南茲希望這種自欺欺人的技術帶來好處，或許能激勵人們從事更多的身體活動。

魔法鞋的研究結果指出了：我們所聽到的，會影響自己身體實際的知覺。在這種情況下，當聽到的內容受到操控時，對自己的感覺也就受到了扭曲，會覺得身體更輕盈。

但是，如果不是聲音被外部扭曲，而是自己的腦部無法正確處理聽覺訊息，會發生什麼事？你對自己本身的感覺，以及當下所有的感覺，可能會帶來什麼改變？

幻聽

有許多證據指出，聽覺與視覺一樣（例如當我幻視到丈夫的手時），對預期的依賴甚至可以讓我們聽到不存在的東西。

早在 1890 年代，耶魯大學在實驗室進行的一項研究，就巧妙證明了這一點。在那項研究中，受試者重複聽到一個音符時，也重複看一個顯示的圖像。很快，受試者就報告說，每當看到這個圖像時，就會聽到那個聲音，但其實聲音並沒有播放出來。這是因為受試者已經受到制約，預期那個聲音會出現，而且這種預期非常強烈，以致內耳耳蝸裡的柯帝器在沒有接受到正確感覺訊息的情況下，受試者也聽到了那個聲音。受試者擅長預測的腦部過於看重之前的期望，而不是感官接受的證據。

在日常生活中，你可能也會期待聽到某些聲音，例如手機鈴聲。這種期待是如此強烈，以致你的腦部偶爾會聽到這些聲音，好滿足你的期待。但是，如果這種情況持續發生，生活將會陷入混亂。要瞭解自己的聲音感知中，哪些是真實的，需要能夠改變期待，並且有的時候還要打消期待，而這似乎對某些人來說更容易辦到。

2017 年，耶魯大學精神病學家卡利特（Philip Corlett）和同事再次進行了這種聲音與圖像實驗，但受試者是四組不同的人：健康者、精神病人（與現實失去聯繫）且聽不到聲音的人、能聽到聲音的思覺失調症病人，第四組則是經常聽到聲音、但不覺得這些聲音帶來不安，其中有些人認為自己是通靈者。

在這項研究中，每位受試者都受到訓練，把棋盤圖像與一秒長的 1,000 赫的聲音建立聯繫。在掃描受試者腦部活動的同時，研究人員操控了顯示給受試者的圖像與聲音，但有時不會播放聲音。研究人員發現，「通靈者」和思覺失調症病人聽到實際上並不存在聲音的機會，是其他組受試者的五倍左右。更重要的是，當他們報告確實聽到了不存在的聲音時，信心程度比其他組做出同樣錯誤報告時，高出了約 28%。

腦部造影的結果顯示：幻聽程度最強的人，腦中幾個不同區域的活動程度發生了變化，特別是小腦（cerebellum）的活動減少了。小腦是位於腦部底部的一個團狀構造，參與了身體動作的協調，這個過程需要時時準確得知外在世界的樣貌。研究結果意味著腦部產生聲音知覺時，小腦必須確保感官訊息要納入考量。如果這個過程沒有好好進行，就會脫離現實。

事實上，一些研究人員認為，要理解日常聽到的聲音，尤其是思覺失調症病人聽到的聲音，需要更仔細研究腦部如何處理聲音訊息、以及處理其他感覺訊息的方式。這項研究也為其他人帶來了重要的啟示。我們經常低估自己的感官，但是感官系統卻是我們自身運作的核心。通過仔細研究感官系統出問題時會發生的狀況，可以讓我們意識到感官對於日常生活中理解外在世界與內心世界，有多麼的重要。

我大約從二十歲開始，就會聽到惡魔的聲音對我尖叫，說我該死、上帝恨我、我該下地獄了！那些聲音讓我害怕，深深干擾我，以致我大部分時間都無法集中注意力做事情。

某種程度上，那些聲音通常對我一點都不友善，充滿殘酷的諷刺，直刺內心。

我聽到的聲音混雜了男性和女性的，但沒有孩子的。他們通常告訴我要做一些事情，但不是危險的事情，例如他們會告訴我要把垃圾拿去丟，檢查窗戶上的鎖，或是打電話給某人。有時他們會評論我的所作所為，以及我是否做得好、或是我應該可以做得更好。

以上這三段關於非真實聲音的描述，來自英國杜倫大學費尼霍夫（Charles Fernyhough）領導的一項調查研究。幻聽並不少見，來自世界各地的報告差異很大，但大約有 5% 到 28% 的人親身體驗到那是什麼樣的感覺。

並非罹患了思覺失調症或其他類型的精神病，才能聽到說話聲或其他聲音，但是大約 80% 的思覺失調症病人報告有幻聽。耶魯大學的研究團隊已提出了發生這種情況的一種原因。但除了對感官訊息的顯然依賴不足之外，還有其他理由嗎？

解析思覺失調症

當你大聲說話時，腦部會立即開始抑制聽覺對自己聲音的處理程序，所以你聽到自己聲音的錄音播放出來時，自己的真實聲音可能會讓你感到驚訝。這種自動處理程序可以幫助腦部非常清楚的聽到自己的說話聲，或者其他人的說話聲。

有證據指出，思覺失調症病人無法好好的自動抑制自己的聲音。美國羅徹斯特大學的神經科學家霍克斯（John Foxe）指出，這種狀況可能會導致混淆：如果實際上是你自己在說話，或者聲音來自於自己的腦袋，但是你的大腦卻誤認為是別人在說話，這時你所感知到的內容，只是對所發生事情的「最佳猜測」，其實是很容易出錯的。

根據「感知預期」（predictive perception）理論，如果感官訊息不清晰也不精確（並且你沒有辦法改善），那麼你對於感官訊息的依賴就會減少，這時候你對於所發生事情的預期，將會變得更為重要，會讓最後產生的知覺往預期的方向靠攏。

「感知預期」這個理論可能有助於解釋幻聽，但也可能解釋更多事情，因為有愈來愈多的證據指出，思覺失調症病人的感官訊息往往非常不可靠。

在思覺失調症病人身上可以觀察到，他們不僅有非典型的聽覺處理過程，內感受（感知體內的狀態）、本體感覺（感知各肢體的位置）、以及平衡方面的問題，也很常見。有些罹患思覺失調症的人，報告說有「控制妄想」（delusions of control）：感覺某人或某物在驅使自己的行動。正如某位病人所描述的那樣：「是我的手和手臂在移動，我的手指自己拿起筆，但我無法控制它們。它們所做的與我無關。」這些妄想歸因於難以感知自己的肌肉運動，而內感受的缺陷（出於對身體內部訊息的敏銳程度降低），使得病人判明「發生在自己身上是什麼事情」的能力減弱了。

幾十年來，霍克斯發現了思覺失調症病人的各種感覺缺陷，其中之一是他們的腦部無法好好適應持續而來的視覺訊息和觸覺訊息。舉例來說，如果你正在穿牛仔褲，布料的某些部分會持續或一再接觸到你的腿，可是一旦你穿上牛仔褲後，就不會注意到這一點了。然而，思覺失調症病人受到反覆觸摸時，腦部的反應依然很強烈。霍克斯推測（他想強調這是推測）：「如果你不能適應持續的刺激，那麼很容易就能想像到，那些應該淡出背景的感覺可能會干擾一個人的意識，並且導致這個人對於現實的感覺變得混亂與扭曲。」

妄想蟲蟲症候群

觸覺訊息處理過程紊亂的人，對於感官訊息的加權很輕，但對可能發生事情的預期，加權卻非常重，以致他們最後感覺到了並不存在的事物。

A 女士出現在急診室，宣稱有「蝨子和蟲子」從她的皮膚爬出來。她這兩個星期已經用掉了幾條百滅寧（permethrin）軟膏，但是狀況完全沒有改善。她最初只是發癢，感覺皮膚下有東西在爬行。但是到了得去急診時，她說這些蟲子在她「全身上下爬行」。

這是一位患有「妄想蟲蟲症候群」的女性個案研究的摘錄，該案例於 1938 年在醫學文獻中首次描述。那是一種受到誤導的固執想法，認為有某種昆蟲或寄生蟲正在爬過皮膚、或鑽到皮膚下。患有這種症候群的人通常會到處去看皮膚科醫師，雖然皮膚檢查結果呈現陰性，但他們對於真的受到感染的想法卻完全沒有動搖（根據定義，他們有妄想症）。診斷出患有思覺失調症的人也經常報告自己有這種情況。

還有證據指出，思覺失調症病人與某些自閉症病人一樣，無法正確整合視覺訊息和聽覺訊息，這種特殊的損傷可能使他們難以理解言語。

霍克斯說：「你和我藉以瞭解彼此的方式之一是利用語言，但語言也有韻律，對吧？當我試圖強調某個觀點或者在諷刺，說話聲中的抑揚頓挫、頻率快慢，會表達出來。思覺失調症病人的這種韻律感很糟糕，他們難以察覺說話聲中包含的情緒，或是瞭解他人究竟是在提出問題、還是陳述意見。」

這看來是高難度的問題：病人無法理解別人所說的非語言內容。然而，霍克斯和他的團隊發現，對於難以處理語言韻律的思覺失調症病人，不僅無法聽到話語中的音調變化，甚至連音調都聽不出來。霍克斯說：「當我們只使用簡單的音調測試時，沒有用花哨的詞，只是音調而已，這時缺乏分辨基本頻率差異的能力，就有很強的相關性，那當然是一種感覺處理障礙。如果你聽不到聲音頻率的差異，說話就沒有韻律。因此在這種情況下，可以用非常基本的感官問題，來說明思覺失調症病人的高階社會認知功能出現缺陷的原因。」

霍克斯說，當人們想到思覺失調症時，心中最早浮現的字眼是偏執、妄想和思維雜亂無章。但有愈來愈多的證據指出：思覺失調症病人有許多基本功能都出現了錯誤，例如聽覺處理方式、觸覺感覺過程、看待周遭環境、以及感知來自身體內部訊息的方式等。

我詢問霍克斯，他是否想要說思覺失調症是一種感覺障礙，他說：「我真的確定要這樣說了嗎？…… 不，但思覺失調症肯定牽涉到感覺處理，而且感覺處理要比我們所想的來得重要得多。在每一種感覺形式中，我們都發現了處理過程中有缺陷。所以你可以把思覺失調症想成是一種認知障礙：高階的思維正在減弱，但是你接下來會發現病人有這些感覺缺陷。所以，如果你把問題反過來看，會很有趣，也就是說：『好吧，你最後會發現那些高階思維缺陷，是因為基本感覺處理缺陷所導致的？』實際情況很可能就是這樣。」

聽力退化讓人沮喪、陷入孤獨

思覺失調症是現實扭曲的一個極端例子。但是很明顯，有證據表明（對於能夠聽到的人而言），腦部處理聲音訊息的方式，對自我意識和現實的感知，相當重要。

大多數人一生當中，聽力並非一成不變。突發性耳聾並不常見，但是隨著年齡增長，大多數人的聽力都會退化。現在有證據指出：這種與年齡相關的「典型的」聽力損失，會對身心健康帶來巨大影響。

據估計，六十五歲至七十四歲的人，有三分之一出現聽力障礙。對於七十五歲以上的人來說，這個比例上升到二分之一。正如美國國家衛生研究院所說，無法正常聽到朋友和醫師說話、門鈴聲、或是煙霧報警器的聲音，可能「讓人沮喪、尷尬，甚至帶來危險」。如果你再也聽不到最喜歡的歌曲、花園中的鳥鳴、或者伴侶對你說的話，可能會讓人悲傷，最後陷入孤獨。

潘蜜拉，八十六歲，不會去療養院的交誼區，

因為她聽不到其他人的對話，覺得難以融入團體中。

茱莉，七十歲，由於聽力障礙，覺得和大家交談有困難。

柯林，九十二歲，「在你離開後，這裡就像停屍間那般安靜。」

這些評論來自英國的一項研究，該研究試圖跨過統計數據，直接研究感官喪失如何影響年長者的生活。

天生或是在生命早期就失去某種感官的人，腦部可以適應。這方面的例子很多，包括 2017 年報導的一個特殊病例。一名澳洲男孩由於一種罕見疾病，在出生後不久就失去了初級視覺皮質（見第 28 頁），但是他在七歲時進行了檢驗，視力幾乎正常（腦部其他區域被拉來取代初級視覺皮質的功能）。

對於天生失明或年幼失明者的研究，也發現了他們與有視力的人相比，聽覺皮質有所不同。在最近的一項研究中，研究人員發現：這些差異讓他們能夠仔細區分頻率略有不同的聲音，並且利用聲音追蹤移動的物體，例如汽車或人。這項研究包括了兩位從嬰兒時期就失明的人，在成年後經由手術恢復了視力，但仍然保有強大的聽力功能，表明了聽覺皮質的塑造時期主要是在幼兒階段。對於年長者的腦部來說，狀況就不同了。有數以百萬計的失明或弱視的年長者，聽力也不正常。

潘蜜拉、茱莉和柯林屬於這一類人。這群人究竟有多少，沒人知道。有人認為七十歲以上的人，有二分之一到五分之一在這兩種感覺上都有嚴重缺損。在英國，衛生部估計可能有一百一十萬這樣的人。

針對年長者（大多數為八十多歲）的採訪，指明了各種後續影響。因為聽得清楚對於和家人與朋友之間的交流非常重要，許多人認為聽力障礙要比視力問題對生活的影響更大，讓他們很難和其他人互動：

賈姬，八十八歲，在家中舉行教會成員的定期會議，但有時候難以加入小組的談話。她要求他們說話大聲些，但是一旦他們對所說的話感到興奮或受到他人關注，就又會低著頭安靜說話。賈姬得到了一個助聽器，聽不見的時候就得按開關，但這並沒有多大幫助，她希望有更好的助聽器。在有了新助聽器之後，聽力就改善了。她說，身在群體中，感覺很辛苦，因為其他人不喜歡以那種盛氣凌人（大聲）的方式說話，他們喜歡親近的說話方式。

當然，很難釐清年紀增大對於心理健康中某個面向的影響。感官能力衰退、身體狀況欠佳、失去親人的痛苦、肌肉和骨骼退化、認知障礙等，很少有年長者只有上面種種狀況中的一種。然而，最近對於現有研究的綜合分析得到的結論是：聽力和視力衰退與憂鬱症風險的大幅增加有所關聯。還有其他研究發現，感官能力衰退也可以造成性格變化。

一項在美國進行、為期四年的大型研究，把疾病、憂鬱症和其他因素都考量在內，發現年長者隨著年紀增長，聽力和視力的衰退與外向性、親和性、開放性和嚴謹自律性的急劇下降有關，而且和神經質的正常下降無關（耳聰目明的年長者，通常神經質性格會減少）。事實上，研究人員得出結論：與疾病或憂鬱症程度相比，感官功能更能準確預測人格隨著年齡所產生的變化。

感官衰退使得社交互動變得困難，因此讓人傾向於不從事社交活動，變得比較內向，而且脾氣更暴躁（親和性下降）。聽力和視力不佳，可能會讓老年人遠離熟悉的事物（開放性下降）而沮喪，並且讓他們更難從事對大多數人而言的「小事情」（例如走出家門或打掃衛生），從而可能降低嚴謹自律性。總而言之，正如研究人員所說，聽力和視力衰退與年長者的「適應不良的性格變化方向」有關。

親和性、開放性和外向性的降低，顯然可能會削弱一個人現有的社會關係，以及建立新社會關係的能力。嚴謹自律性降低，可能會對健康產生更直接的影響，使人比較不容易堅持運動或進行藥物治療，更有可能開始飲酒過量。

聽力損失會提高失智風險

這些結果都點明了感官能力深深影響了我們所做的事情、看到的人、展現出的行為方式，以及所感受的內容。如果感官退化了，上面提到的種種事情也會惡化。在聽力方面，有愈來愈多的證據表明：典型隨著年齡而加深的退化，會對更基本的功能，例如記憶，產生嚴重的影響。事實上，愈來愈多讓人擔憂的證據指出：這種類型的聽力損失（從高頻聽力損失開始，到中頻聽力損失，最後是低頻聽力損失），加重了對年長者而言最可怕疾病的風險，這種疾病便是失智症。

早在 2011 年，美國的研究團隊就發表了第一個年長聽力損失和失智症之間存在關聯的研究結果。這項令人震驚的發現，引發了種種後續研究工作，確認了這種關聯，並且進一步探討其中的風險。

2018 年，美國俄亥俄州立大學的團隊報告了一項研究結果，該團隊的研究本來是從另一個方向開始的。他們原本想要比較腦部聽到複雜句子和簡單句子之間的反應。在正式開始研究之前，須先測試參與者的聽力，以確保所有人的聽力都好到足以參加實驗。那些人都算年輕，在十九歲到四十一歲之間，一如所料，全部都通過了聽力測試。但是當最終的數據分析完成時，意想不到的結果出現了。

在健康的年輕人中，腦部的左半邊負責語言理解。研究人員在聽力良好的受試者身上，的確觀察到這種現象。然而輕微聽力損失的人（輕微到甚至不會意識到的程度），在腦部處理口語句子時，右半邊也有活動。對於熟悉的語言，左右半邊腦部都產生反應的狀況，通常不會發生在五十歲之前。

研究人員李永內（Yune Lee）解釋說，對於這群年輕人而言，「他們的腦部已經知道，對聲音的感知與過去不同了，便以右側腦部彌補左側的不足。」這些發現讓李永內擔心：「以前的研究表明，聽力輕度受損的人，罹患失智症風險會倍增，中度至重度聽力受損的人，風險提高到三倍至五倍。雖然還無法確定，我們懷疑之所以會出狀況，是在聽人說話時付出了太多腦力，耗盡了認知資源，對思維和記憶產生了負面影響。」

如果這是正確的，並且輕微的聽力受損會導致認知能力更快開始衰退，就可能會提高失智症的風險，或者至少會讓失智症更早發生。

2020 年，一支德國團隊研究了小鼠的腦部變化後，發表了驚人的結果。我們已經知道，突然發生的感覺喪失，會使得重要的腦部區域展開大規模重組。基本上這是好事，說明了腦部正在發生改變，以應對挑戰。但可能帶來一些短暫的不良影響。

來自感官的訊息對於記憶的形成，至關重要。（想想你昨晚做了什麼……記憶中鮮明的部分是你看到、聽到、嘗到的內容，對吧？）腦中處理感覺訊息的部位，和最重要的記憶區域「海馬體」（hippocampus）之間，有很強的連結，因此突然失去感覺，會為海馬體帶來損害性的變化，呈現出來的便是記憶障礙。最終這種失去感覺的狀況不再惡化，記憶障礙的程度也會受限。

但是，這和逐漸惡化的情形（例如隨著年齡增長而逐漸產生的聽力損失）是不同的。腦部必須持續適應一直在變化的感覺訊息。對小鼠的研究指出：這意味著聽覺皮質和海馬體的功能惡化並沒有盡頭。參與這項研究的德國波鴻魯爾大學的馬納漢－佛漢（Denise Manahan-Vaughan）說：「這很可能是記憶受損的原因。」

這個過程本身不會導致阿茲海默症（或血管型失智症，這種病症也很常見），但是會消耗腦部的資源並干擾記憶，而聽力減退可能會使腦部更難以應對其他困境，例如與阿茲海默症相關的蛋白質斑塊和纏結。研究人員認為這會帶來實際的影響。馬納漢－佛漢說：「我認為我的研究表明了，當聽力損失變得很明顯時，佩戴助聽器非常重要。我不會誇大說這種方式能夠預防失智，那完全是另一種生理過程。但是佩戴助聽器可能會減緩正常老化過程中出現的記憶障礙的進展，因為腦部適應感覺逐漸喪失的需求，會比較少。」

因此，出於以上種種原因，保護聽力至關重要。為此，我們首先要瞭解當今面對的威脅。

過量噪音是公共衛生危機

聽覺毛細胞結構很脆弱，非常敏感、而且又容易受到損傷。不過，突然而來的巨大噪音，例如炸彈爆炸聲，也不一定會剝奪你的聽力。如果在最初的傷害中，中耳的三塊聽小骨倖免於難，毛細胞也倖存下來，那麼由此產生的聽力問題可以迅速解決。但是如果聽小骨受損，或是耳蝸內的膜狀構造產生劇烈的震盪，導致毛細胞死亡，那就是另一回事了。毛細胞死亡後，沒有新的能夠替代。靠近耳蝸基部、偵測高音的毛細胞是最脆弱的。

大多數聽力受損的人，毛細胞已逐漸喪失，是因為長期暴露在會造成傷害、但並非極度巨大的聲響中。至少包括世界衛生組織在內的主要衛生機構，大多發出了這樣的訊息。

根據世界衛生組織的指導方針，聲音對聽力的威脅，依據音量大小和持續時間而定：每天聽大約 115 分貝的搖滾音樂二十八秒，或是使用 100 分貝的吹風機（或摩托車）超過十五分鐘，就可能造成聽力損傷。世界衛生組織估計，全球有超過十一億青少年和年輕人，可能因這類娛樂噪音過多，而身處聽力損失的風險當中。

美國國家失聰暨其他溝通障礙研究所（NIDCD）強調，長時間反覆接觸 85 分貝以上的聲音（電影院中看電影，就是這樣的音量）會導致聽力損失。而噪音愈大，損害發生所需要的時間就愈短。因此，現代生活中，就有許多日常的聲音威脅到了聽力。

我並沒有打算反駁這些說法，但有些科學家認為那並不完全正確。德國基森大學的弗萊舍（Gerald Fleischer）就是其中之一。他多年來一直在評估世界各地人們的聽力，得出了一些有爭議的結論。

如果我問你：誰的聽力可能不好？是德國柏林的建築工人，或者放牧犛牛的遊牧民族？我想你會選擇建築工人，我也這麼認為。但是弗萊舍發現，這兩類人的聽力都一樣差。他不同意「反覆聽到日常聲音（例如吹風機）會逐漸破壞聽力」這個觀點。他認為，突然而巨大的噪音才是聽力的主要破壞者，而且耳朵需要經常接受一定程度的刺激，才能應對大聲的噪音。

雖然我們生來就有聽力，但我們需要花時間培養出快速區分不同聲音的能力。弗萊舍寫道：「幼兒的聽力不好，是因為他們的聽覺系統需要時間和練習，才能正常發育，同時需要各式各樣的刺激。聽覺敏銳度在二十歲之前會持續增加。游牧民族往往只是坐在草地上，看守綿羊或犛牛，聽力便不太好，因為他們生活方式的特點之一是少聽到聲音。」弗萊舍觀察到那些遊牧民族部落偶爾在慶典活動中，會放鞭炮，之前過於安靜的時間會使得巨大噪音造成的影響加重。

但是這並不代表大量的背景噪音一定能夠帶來幫助。任何曾經到幼兒園接孩子的人都知道，一群三歲孩子發出的聲音會大到難以置信。最近對瑞典五千名幼兒園女性教師進行的調查發現，其中 71% 有「聽覺疲勞」（舉例來說，他們下班後連聽廣播都無法忍耐），從事其他不同工作的人，這樣的比例只占 32%。幾乎有 50% 的幼兒園教師表示很難聽懂他人說話，其他女性會這樣的比例為 25%。而有將近 40% 的幼兒園教師表示，他們每星期至少有一次因為聽到日常的聲音，就感到耳朵不舒服或疼痛。以上種種並不代表幼兒園教師的聽力受到了不可挽回的損害（和其他女性相較，她們有聽力損失和耳鳴的比例，和其他女性並沒有很大差異），但幼兒園環境顯然對聽力不好。

需要補充說明的是：現代日常生活中接觸到的噪音，不僅僅傷害了聽覺。世界衛生組織最近另一項報告指出：光是每天的交通噪音，除了造成耳鳴，還會導致睡眠障礙、心臟病、肥胖、糖尿病，甚至兒童的認知障礙。光是在西歐，每年交通噪音造成的影響，就相當於消滅了一百萬年健康的時間。難怪我們生活周圍的過量噪音被稱為公共衛生危機。

如果你想保護你的聽力，避免很大的噪音顯然是個馬上就能想到的策略。不過也有證據表明，一些更令人驚訝的因素能發揮作用。例如肥胖的人更容易聽力損失，規律的身體活動和健康的飲食能保護聽力。但是提高聽力並不僅僅是保護你本來擁有的能力，你還可以訓練腦部，提高處理聲音的能力。

聽力可以訓練

你曾在人潮擁擠的酒吧中，因為聽不清楚談話而洩氣？要想聽懂別人在說什麼，尤其是在嘈雜的環境中，腦部必須精確的處理構成詞彙的聲音模式。我們知道，隨著年齡增長，這項任務通常會變得更為困難。

克勞斯（Nina Kraus）是美國西北大學的聽覺神經科學家，也是業餘音樂家，喜歡深紫色合唱團（Deep Purple）的名曲〈水上煙霧〉，她很喜歡在會議上播放這首歌。克勞斯指出，即使是短期訓練，也可以對聽力產生實際的改進。

在八星期的時間裡，一群五十五歲到七十歲的健康受試者，花了四十個小時在電腦上完成一些非常困難的聽力和記憶任務。例如他們要練習區分發音相似的音節和單詞，像是 bo 和 do、big 和 bid，或是 muggy 和 muddy，而且隨著他們分辨能力提高，聽到的音節速度也愈快。受試者還必須覆誦出聽到的音節和單詞。訓練結束後，克勞斯發現受試者在背景噪音的狀況下，感知說話聲音的能力，明顯優於沒有接受訓練的人。隨著年齡增長而處理聲音的速度變慢的現象，也可以稍微逆轉。

克勞斯指出：在年長者這個群體中，聽覺能力會存在著很大的差異。儘管年長者顯然處於聽力損失的風險階段，但是年長的音樂家（不一定是全職專業人士，而是會演奏樂器且喜歡演奏的人），聽力往往特別出色。事實上，克勞斯發現：音樂訓練可以讓人在聽力測驗中的表現更好。無論在區別聲音頻率的任務中，或是在嘈雜的環境中分辨其他人說話的內容，克勞斯觀察他們的腦部活動影像，都很難區分出誰是健康的年輕人、誰是年長的音樂家。

克勞斯說：「腦部對聲音的反應可以通過經常演出音樂來增強。從生物學來講，音樂家對聲音的反應，可能讓你覺得他們像是年輕人。」對於克勞斯來說，演奏音樂可以訓練和增強理解聲音的能力，這件事是證據確鑿的。

感官知識擴展我們的感知範圍

在良好聽覺的協助下，可以讓人做出超乎尋常的事情。我看過的最吸引人的影片之一，是美國人基許（Daniel Kish）騎著自行車，在交通繁忙的城市中穿梭。基許自幼失明，但只用聽的，他就能感覺汽車駛出，而自己應該要轉彎或剎車。基許每秒會用舌頭猛彈上顎幾次，發出噠噠聲，通過仔細聆聽這些聲波的反彈，他可以如同蝙蝠一樣，瞭解周遭的物理環境。

基許的技能令人難以置信。在影片中，他與節目主持人一起行走時，顯示出他可以很輕鬆的聽出兩座建築物之間的通道。當兩人行經一排細長高大的柱子時，基許說：「基本上我們身邊有東西，高大的東西擋在路上，可能是柱子之類，就在人行道的中間。」他說自己可以從噠噠回聲中蒐集到足夠的訊息，甚至可以確定他步行或騎自行車經過的柵欄，是金屬製還是木頭製的。

如果您是盲人，並且正在聽這本書的有聲版本，即使您之前沒有聽說過基許，您現在可能也會覺得驚訝，因為您自己也運用了這種大師絕技。仔細聆聽周遭的聲音或自己發出聲音，也許是用枴杖尖、鞋尖或嘴巴出聲，並且聆聽回聲，是許多盲人會做的事情，至少許多盲人在基許出名後的回應是如此。

無論你的視力受損還是正常，理論上，都可以學習這種回聲定位技術。杜倫大學心理學系的塔拉（Lore Thaler）研究了基許和其他專家的回聲定位方式，發現他們全都是各自學習到使用噠噠聲，而使用的方式則非常相似。例如，對於塔拉所研究的對象來說，發出大的噠噠聲以「看到」自己背後的情況很普遍。塔拉現在正在教其他人（包括盲人和非盲人）這些技術，塔拉想進一步瞭解這些人學到這種技術後，腦部發生的變化。

有一些證據指出，幼年時期失明的人，往往比最近才失明或是視力正常的人，更容易學習回聲定位。但實驗也表明，能集中注意力也很重要。當然這是有道理的：至少在學習的階段，你必須密切注意聲音的細微變化，才能感知到這些聲音。

如果你的視覺正常，那麼現在我有一個問題：你已經知道了有可能運用自己發出的聲音來感知周遭環境，那麼你會認為自己可能已經這樣做了，只是你沒有意識到？

英國雪菲爾大學的行為生態學家、也是著名的鳥類學家伯克海德（Tim Birkhead）當然也有這個想法。2012 年，他出版了一本很棒的書《鳥的感官》。在為了寫這本書而進行的研究過程中，伯克海德調查了一些鳥類的回聲定位能力，包括生活在厄瓜多爾的油鴟——牠們在進出棲息的黑暗洞穴時，會發出噠噠聲和尖叫聲。蝙蝠在進行回聲定位時，會使用頻率高出人耳聽見範圍的聲音。相比之下，我們絕對能夠聽到油鴟發出的聲納聲。這是一種比蝙蝠所用更粗略、但很方便的系統，足以達成目的。

伯克海德當時想到了油鴟、基許，以及他知道的其他已學會用回聲定位來騎車的視障人士。伯克海德去了他大學辦公室附近走廊上的某個房間。那個房間的家具很少，地上鋪了瓷磚，咬合不正的木門打開時，會發出很大的摩擦聲，在房間裡面迴盪。要看看裡面有沒有人，必須進房間去。伯克海德決定經由密切注意刮門摩擦聲來猜測房間裡是否有人。他猜了許多次，令人驚訝的是發現自己猜對的機率大約是 85%。人體的體積在房間內的空間占比相當小，但也能輕微改變摩擦聲的迴盪。伯克海德聽得見，他對我說：「我對自己的準確程度感到震驚。」

當然，這只是一個個案。不過正如伯克海德和我討論過後的共識：我們獲得感官能力的相關知識之後，能夠擴展我們的感知範圍。也許在你的生活中，並不需要利用回聲來確定房間裡是否有其他人，但是，原則上你可以做到這一點，那真是太棒了！

第 3 章

嗅覺

—— 如何聞出危險、如何改善人際關係？

人類的嗅覺能力貧弱不堪。

—— 亞里斯多德，《論靈魂》

你有香味保存組嗎？

K9 艾利希望你有準備好呢。

昨晚，K9 艾利和領犬員副警督威廉斯，成功找到了一名失蹤而受到危險的年長女性，她患有失智症。她從糖磨森林的家中失蹤了大約兩個小時。

她大約是在兩年半前保存了自己的氣味，這個氣味讓 K9 艾利和威廉斯只花了不到五分鐘，就找到了她。

這位女士安全返回家中，K9 艾利得到了特別的獎勵：一個美味的香草冰淇淋甜筒！

K9 艾利和威廉斯副警督，幹得好！

這篇美國佛羅里達州柑橘郡警察局於 2017 年在臉書上的貼

文，受到世界各地的媒體報導。當然，我們都知道嗅探犬能夠追蹤人的氣味。但那位女性可是在兩年多前，用一塊消毒紗布抹了自己的腋下，然後把它存在罐子裡。幹得好啊，K9 艾利！

不過，狗並不是唯一可以能夠追蹤地面氣味的動物。美國加州大學柏克萊分校的研究團隊，最近要求一群人類志願者在草地爬著，他們的眼睛被蒙上，耳朵裝了耳塞，並且戴上厚厚的手套和護膝，以防止他們用觸覺來感知地形。很了不起的是，大多數受試者學會了聞著氣味在小路上前進，「像狗追蹤野雞一樣，在小路上來回走動。」

這樣的結果若是讓亞里斯多德知道了，恐怕會大出意外。對亞里斯多德來說，人類的嗅覺程度弱到可憐。當然，他覺得人類的嗅覺能力比不上其他動物。他說：「人除了能帶來痛苦和愉悅的氣味外，什麼都聞不到，因為人類的器官是不準確的。」

許多年後，德國哲學家康德，更把亞里斯多德對人類氣味的蔑視更加深一步，很誇大的說：「哪種身體感官最令人厭惡，甚至幾近可有可無？就是嗅覺。為了享受人生而培養或訓練嗅覺，根本不值得，因為噁心的東西多於令人愉快的東西（尤其是在人潮擁擠的地方），即使我們遇到香的東西，來自嗅覺的快感總是轉眼即逝。」

美國羅格斯大學的麥坎（John McGann）把「人類的嗅覺能力貧弱不堪」這種觀點，直接歸因於維多利亞時代，以及法國神經解剖學家布羅卡（Paul Broca）。布羅卡於 1880 年去世，他把人類歸類為「無嗅覺者」，但這並非出自於任何感官測驗的結果。麥坎寫道，那是因為布羅卡認為人類的大腦額葉在演化過程中體積增大，賦予了人類自由意志，但是犧牲了嗅覺系統。這個想法影響了當時的許多科學家，他們宣揚這個看法，衍伸出來的說法是人類只具有微嗅覺（microsmaty）。佛洛伊德認為微嗅覺使得我們容易罹患精神疾病。麥坎繼續說道：「即使在今天，許多生物學家、人類學家和心理學家仍然誤認為人類的嗅覺很差。」那麼，這個想法誤導的程度有多嚴重呢？

動物的嗅覺不見得比人類敏銳

你要聞到某種物體，該物體釋放的分子必須得抵達你鼻腔高處的嗅覺受體。這些受體位於嗅覺神經元的末端，嗅覺神經元會把訊息直接傳送到腦部。到目前為止，沒有人能在看到一個分子時，僅僅根據分子結構，就知道它是否聞起來會有味道，或是什麼氣味。我們所知道的是：某個物體要有氣味，其中必須含有很容易揮發的分子，那些分子在空氣中擴散，並且由鼻子吸入。同時，分子也必須能夠溶解在鼻腔粘液中，那兒隱藏了四百種不同類型的受體。

我們知道化學偵測是一種古老的感官能力，即使是非常簡單的生物也具備相同的能力，並不足為奇。例如，棲息在土壤和腸道中的枯草桿菌（*Bacillus subtilis*）藉由膜上具有「鼻子」功能的分子，偵測到對手細菌釋放的氨氣。

人類的每個嗅覺神經元的末端，只有一種特定類型的嗅覺受體在發揮功能。每種受體都能與結構相似、但數量有限的一群分子結合，而一種有氣味的分子則可以和多個受體結合。每當你走進花園、或是把髒衣服丟進洗衣機，還是打開番茄湯罐頭，這都會產生一種複雜的刺激模式。腦部必須讀取這些氣味的「條碼」

並解釋其中的含義。比如說，人類的嗅覺系統基本上類似大鼠或狗的嗅覺系統。狗能發揮功能的嗅覺受體種類，數量是人類的兩倍，這通常用來解釋為何狗的嗅覺能力如此傑出。但是，人類有更複雜的嗅球（olfactory bulb），這是腦部最先處理氣味訊息的部位，至少在大多數人是如此（約 4% 慣用左手的女性沒有嗅球，其中僅八分之一的人有嗅覺。慣用左手的男性沒有這種現象），而且人類具有優異的額葉眼眶面皮質（orbitofrontal cortex），能夠解讀來自鼻子的嗅覺訊息，並且設想出該如何應對，也許是跑去關掉烤箱，或是換穿上一套新洗過的衣服。

無論如何，動物所具備的嗅覺受體種類雖然比較多，並不足以讓人就直接推論說牠們的嗅覺會比較敏銳。

美國費城莫耐爾化學感官中心（MCSC）的嗅覺科學家梅因蘭（Joel Mainland）指出：乳牛的嗅覺受體種類比狗多，大約有一千二百種，狗只有八百種，但還不清楚乳牛的嗅覺能力是否比狗敏銳許多。此外，人們之前以為人類只能偵測出約一萬種不同的氣味，但現在已經完全改觀。2014 年，一篇刊登在《科學》期刊的論文估計，人類可以偵測到超過一兆種氣味。嗅覺科學家之間關於這個估計值的準確程度，還有一些爭論，但無論真實數字如何，都比任何人所想像的高出許多。

梅因蘭認為：人類嗅覺能力名聲不佳的原因，可能是我們主動聞東西並訓練嗅覺的時間比較少。人類與狗或大鼠不同，不會花太多時間把鼻子貼近氣味濃郁的地面。

然而，人類的基因道出了一個更為龐大的嗅覺故事。觀察和嗅覺相關的 DNA，幾乎就像觀察月球上的隕石坑，讓人瞭解到雖然月球現在看起來平靜而安定，但它有著瘋狂動蕩的過去。

嗅覺有警醒作用

人類每個正在發揮功能的嗅覺受體基因，都還有一個相近的基因，只是後者隨著時間的推移而失去了功能。這應該是出自於人類遠祖在演化過程中所產生的一連串物種，每個物種都需要能夠偵測到某類氣味，才可以生存和繁衍，但是需要偵測到的氣味會隨著演化成不同的物種而改變。

例如，對於身為哺乳動物祖先的合弓綱動物來說真正重要的氣味，對演化譜系中後來才出現的物種無關緊要，因此，當發生了突變而阻止之前負責那些氣味分子的嗅覺受體發揮作用時，對這些後來物種的生存也不會造成任何影響。我們仍然帶有這些基因，只是這些基因是已經受損的包袱。在此同時，新的嗅覺受體也在演化出來。舊基因受損和新基因增加，這個過程最後讓人類具備特定的大約四百種有功能的嗅覺受體。

研究這些受體對哪些分子有反應，有助於瞭解嗅覺的功用到底是什麼。你多少會熟悉其中一些功能，不過其他的功能現在才逐漸揭露出來，而這些功能對人類生理和心理的影響，令人大受震撼。

眾所周知，嗅覺和食物之間有密切的關聯。嗅覺幫助我們確定食物是否安全和有營養，或是危險甚至是致命的。事實上，正如我會在下一章〈味覺〉更深入探討的那樣，我們所認為的「香味」大部分都歸因於氣味，而不是味道。當我們咀嚼食物或喝下飲料時，其中飄散出的氣味化學成分，會從口腔經由鼻咽，進入鼻腔。是嗅覺讓我們能夠認出布丁中有巧克力，並且享受這種味道，或是決定應該要吐出口中的魚肉。

新鮮的魚，腥味不會太重，因此刺鼻的魚腥味會讓人起疑，這份晚餐吃下去是否沒問題。對有氣味的化學物質起反應，看起來是非常直接的程序，但不只是會對行為產生重大影響，也會對思想產生重大影響。

在英語中，如果要表示不相信某個陳述或情況時，可能會說它「聞起來很腥」（smells fishy）。並不只在英語中有這種說法，其他還有二十多種語言使用了相同的比喻。美國南加州大學朵恩塞夫分校的心理學教授史瓦茲（Norbert Schwarz），最近領導的一項研究指出了「魚腥味」這個比喻可以應用得多廣。

參加研究的受試者會拿到一份文件來閱讀，然後研究人員會問和文件有關的問題。受試者閱讀文件時，會坐在噴過或沒噴過少許魚油的辦公桌前。史瓦茲注意到：魚油組更有可能發現刻意放在文件中的邏輯矛盾，他們是否注意到氣味則並不重要。不論有沒有聞到，魚油的氣味似乎都讓人警覺心提高，會更挑剔文件的內容。

還有其他研究支持這項發現，指出即使是微弱的魚腥味，也會讓人對其他人的信賴程度降低。正如史瓦茲所說：「如果我這時缺乏信任感，那麼我會想：『應該有什麼出錯了。』然後思維就會變得更加批判，好找出問題所在。」

這類的研究結果指出了：人類的感官知覺和無意識思維之間有密切的關聯，而這層關聯有時會令人驚訝。這些別出心裁的研究成果傳達出來的實用訊息是：如果你想提高辦公室同仁的批判思維，要做的可能只是到處噴灑一點點魚油，但是要確保在參加會議之前，你得先洗乾淨手。

與此同時，其他氣味（或是更精確的說，是我們通常認為的氣味），可能有助於提高辦公室的工作效率。例如薄荷，就有一些刺激作用。但是正如我會在第 9 章〈溫覺〉所解釋的那樣，那些影響並不是通過嗅覺而產生的。

體味的奧妙

與視覺及聽覺一樣，每個人的嗅覺也存在許多遺傳差異。甚至有人說，如果你想找到兩個具有相同嗅覺受體基因的人，需要的是找到一對同卵雙胞胎。

在許多方面，我們更容易觀察到與基因相關的嗅覺缺陷，而不是嗅覺更敏銳的現象。科學家已經找出許多聞不到特定氣味的案例，但聞不到某一種特定氣味的人其實很少。例如每一百人當中，大約有一人到兩人聞不到香草氣味，但他們偵測其他氣味的能力沒有受到影響。

還有一些遺傳變異可以讓我們對一個重要的嗅覺目標，產生截然不同的認知，那個目標便是其他人類。

二十多年前，我們就知道了光靠聞體味，人們就可以辨識出免疫系統基因和自己不同的異性成員，因此，在其他所有條件都相同的情況下，憑嗅覺可以選擇出適當的伴侶（因為混合免疫系統基因，對後代有益）。從那時候起，科學家就開始進一步研究體味在社交關係中扮演的角色，並且有所進展（但這依然是冷門領域）。法國國家科學研究中心的費登琪（Camille Ferdenzi）專門研究體味在人際互動中的作用，並且得到了一些重要的發現。

費登琪發現：男性和女性從頭部散發的氣味，聞起來非常不同。在她的研究中，男性頭部散發的氣味更常被描述為「油膩、汗味、有麝香和奶油味」，女性頭部的氣味常被描述為「帶有花香、木頭味和礦物味，氣味強烈」。腋下的氣味則又不同。男性氣味更經常用汗味、酸味、黑醋栗味、青草味、礦物味和辛辣等形容詞來描述。女性腋下的氣味比較常使用到的形容詞，則是泥土味、花香、果香、甜味等，但也有糞便味和嘔吐味。

女性的頭部和腋窩氣味強度，與性吸引力的關聯很密切，但是男性的氣味則不然。這可能是因為男性頭部氣味所傳達的訊息和腋窩氣味不同，頭部氣味的訊息可能與社交關係相關。然而，費登琪還發現：嗅覺受體基因的變異，代表了我覺得某人的天生氣味聞起來令人愉悅，但你可能會認為那個人很臭。

在人類對彼此氣味的感覺上面，有一個特別的嗅覺受體，受到的研究特別多，這個受體是 OR7D4，與它結合的重要分子之一是雄烯酮（androstenone，雄固酮）。雄烯酮是睪固酮（testosterone）的衍生物，男性散發的氣味分子中，雄烯酮要比女性的多。紐約洛克斐勒大學的佛謝爾（Leslie Vosshall）領導的研究發現到：人類 OR7D4 基因有兩種主要的變異。對於那些遺傳到了兩個某一種變異基因的人來說，雄烯酮聞起來很糟糕。對於兩種變異基因各有一個的人來說，雄烯酮聞起來要不是沒有氣味，便是像香草。然而，基因中的其他細微變化，讓有些人對雄烯酮更為敏感。對他們來說，雄烯酮的氣味不僅讓人不悅，甚至令人作嘔。

男性產生的雄二烯酮（androstadienone）也比女性多，雄二烯酮和雄烯酮的氣味相似，OR7D4 受體的變異也解釋了不同的人在聞到這種分子時的差異。費登琪自身就可以證明這一點，因為她對雄二烯酮和雄烯酮都非常敏感。對她來說，這些分子的氣味特徵是尿液、汗水和麝香的混合物。

我禁不住問她，是否覺得這種敏感影響了她對男人的看法。她通過電子郵件回覆：

從非常個人的角度來看，我只在男性的泌尿生殖器區域，聞到這種氣味，而不是真正從其他身體部位聞到（不清楚是不是從腋窩）。我不覺得這種氣味令人愉快，但它就像其他令人不快的身體氣味，例如腳臭、睡醒時的口臭等，你得忍受這些氣味：-）

費登琪分享了另一個奇怪的（也是非常私人的）軼事：

我在剛出生的嬰兒頭上，聞到了雄烯酮的氣味（只在我的第一個寶寶身上，第二個寶寶沒有這種氣味）。只在出生的第一天或第二天才有，之後就消失了。有一項研究指出，羊水中含有雄烯酮。

雄烯酮在羊水或男性泌尿生殖器區域的實際作用，以及如何影響到其他人，目前都還不清楚。但是費登琪補充說：

毫無疑問，每個人對於他人體味所造成的知覺，有很大的差異。對於汗臭味中主要分子的感知，在敏感程度或是描述與喜好上，都是如此。體味中還有許多其他化合物，在人際關係中可能很重要，但我們對這方面所知不多。

對於某個特定氣味的敏感程度（而不是在「能否聞到該氣

味」這樣非黑即白的區別上），有許多證據表明每個人之間存在著很大的差異。

嗅覺深受娘胎和文化影響

洛克菲勒大學遺傳學家凱勒（Andreas Keller）的研究團隊，在一項經典研究中，要求五百名受試者，對六十六種氣味的強度和愉悅度進行評分，繪製出的結果為鐘形曲線。然後，當研究團隊用非常些微的那些化合物，測驗受試者的生理反應時（測驗他們偵測出這些化學物質的能力，有時他們甚至沒有意識到自己聞到了那些化合物），結果指出：受試者的反應方式存在著幅度更大的變異，落在鐘形曲線兩邊敏感端的人被稱為「超級嗅覺者」。

然而，人類對於氣味敏感性的高低差異（也就是要有多少氣味分子，你才能夠感知到），並不一定和嗅覺受體本身的功能有關，而是與訊息從受體傳遞到腦部，以及後續的處理程序有關。這些變化有些可由基因造成，但也可能深受嗅覺經驗的影響，這種經驗始於子宮—— 到了孕期的第十七週左右，胎兒有一個橘子大小的時候，氣味受體就已經成熟了。從第三孕期開始（孕期的第二十四週以後），胎兒會吸入羊水，並嘗到其中的味道。由於母親飲食的味道會滲入羊水中，因此胎兒開始漸漸瞭解到哪些東西是可以吃喝的。

大量研究表明：這些非常早期的嗅覺和味覺經驗，會影響到嬰兒最終會喜好與厭惡的固體食物，如果母親餵母乳，也會持續影響。例如，母親在懷孕和哺乳期間喝胡蘿蔔汁，生下的幼兒會樂於享用胡蘿蔔味的穀物片；之前沒有吃下大量胡蘿蔔的嬰兒，便不具備這種獨特的偏好。

你喜歡的氣味和厭惡的氣味，從很年幼的時候起，就受到所處文化中的食物影響了。但是，還有其他重要的文化因素會影響嗅覺：某些社會就是比其他社會更重視嗅覺，這會對個人的嗅覺生活產生巨大影響。從理論上講，我們都有成為「超級嗅覺者」的潛力。

2003 年，也就是吉斯林（見第 51 頁）發表關於莫肯族兒童非凡水下視覺的初步研究結果的那一年，馬吉德（見第 67 頁）還只是荷蘭普朗克心理語言學研究所的年輕博士後研究員。馬吉德對於文化（尤其是語言）對感知可能造成的影響，愈來愈感興趣。她當然對視覺也很感興趣，但在這方面已經有很多人研究了，而嗅覺方面，她瞭解到我們幾乎一無所知。

我遇到馬吉德時，她剛剛開始在英國約克大學擔任教授，行李還在陸續打開整理中，但已經在牆壁掛上了一張由鼻子側面照片拼貼而成的海報，那是馬吉德在荷蘭實驗室的學生送給她的餞別禮物。她解釋說：「是實驗室人員的鼻子！」對於現在因研究文化差異對嗅覺的影響而享譽國際的科學家來說，這是很恰當的紀念品。

馬吉德在蘇格蘭的格拉斯哥市長大，父母親說的是旁遮普語（Punjabi）。馬吉德認為，這使她對文化之間的差異非常敏銳，並渴望瞭解那些差異如何影響人類的行為和思維方式。

馬吉德在荷蘭擔任博士後研究員時，很清楚荷蘭人一如說英語的人，認為嗅覺不如視覺或聽覺重要，這似乎反映在他們的日常生活中，以及在感官測驗中的表現。馬吉德知道，向尋常歐洲成年人展示十種不同的顏色，他們可以毫不費力就辨別出來。但是讓他們聞十種不同的氣味，結果則大相逕庭。馬吉德讀過一些人類學著作，其中指出嗅覺在其他一些文化中更為重要。馬吉德開始懷疑，嗅覺的地位卑微是否並非普遍的現象。

2006年，馬吉德開始與普朗克心理語言學研究所的共同主任列文森（Stephen Levinson）合作，編寫出人類學領域用的感官測驗田野手冊。兩人製作了帶有色卡和氣味瓶的測驗工具組，並且交給研究人員，讓他們出去研究二十多種不同文化的人，每種文化所使用的語言都不同。

瑞典語言學家布倫赫特（Niclas Burenhult）把測驗工具組，帶到一個他已經建立好關係的部落，他很熟悉該部落的語言，那是位於馬來西亞和泰國邊境附近熱帶雨林中的狩獵採集民族：嘉海族（Jahai）。布倫赫特的目的是進行整套的感覺測驗。馬吉德說：「他回來時，因為蒐集到的嗅覺資料而興奮不已，他得到了非常龐大的嗅覺詞彙資料。一開始我並不相信他，我認為他不可能得到那麼多資料。」

為了得到更多資料，2009年，馬吉德頭一次加入布倫赫特的田野調查，之後又參與了數次。她從一開始就清楚瞭解到，嘉海族人對於氣味看重的程度，遠遠超過西方人。

馬吉德解釋說，嘉海族嬰兒是以芳香的東西命名的（通常是花，但並非絕對），成年人選擇裝飾自己的物品，不是取決於外觀，而是取決於氣味。馬吉德說：「所以他們可能戴著一個又大又醜的薑，上面有小小的花朵，沒有什麼好看的，但聞起來真的很香，香味附著在頭髮上和耳朵後面⋯⋯事物的氣味特性很重要。」

嘉海族的許多禁忌也涉及氣味。舉例來說，某些肉類不該在同一堆火上烹調，兄弟姊妹不宜坐得太近，因為他們的氣味混合在一起，就會激怒雷神而發出雷聲。馬吉德說：「多年來，我們已經確定了氣味與他們生活中幾乎每件事情都有關聯。」

布倫赫特和馬吉德瞭解到，嘉海族語言包含十幾個不同的詞來表示氣味的特性。Haʔét 是嘉海語的詞彙，表示老虎、蝦醬、橡膠樹汁、腐肉、屍體、糞便、鹿的麝香腺、野豬、臭汗水、燒焦的頭髮和打火機瓦斯共有的氣味。Ltpit 是各種鮮花、香水、榴蓮和熊狸（聞起來很像爆米花）的氣味；和 cŋɛs 這種氣味有關的是汽油、煙霧、蝙蝠糞便和蝙蝠洞、某些種類的馬陸、野薑的根、薑草的葉子、以及野芒果木。Pʔus 是一種發霉的氣味，像是老舊住宅、蘑菇和不新鮮的食物（Pʔus 是說英語的人可以識別的氣味，也是唯一在荷蘭語中有相同意義的詞彙，稱為 muf）。而 plʔɛŋ 是血、生魚和生肉的氣味。

馬吉德說，嘉海族的案例指出了：氣味可以用精確複雜的詞彙來表達，而西方文化中的氣味詞彙貧乏，是文化造成的，不是人類的生物特性。事實上，當馬吉德和布倫赫特向嘉海族人展示具有十二種不同氣味的化合物，其中包括肉桂、松節油、檸檬、香菸、香蕉和肥皂，嘉海族人都能夠快速說出是哪些基本氣味。比說英語的對照組，嘉海族人更擅長描述那些氣味。儘管他們以前從未聞過其中的一些氣味，但是很快就能夠掌握獨特的氣味性質，把說英語的人甩在後頭。

2018 年，馬吉德和布倫赫特發表了後續研究結果。他們報告說：嘉海族人平均只需要兩秒鐘，就能描述一種氣味，但說荷蘭語的人平均需要十三秒鐘，才能找到更具體的說法，而且說荷蘭語的人並沒有指出氣味的性質，而是把聞到的氣味和其他事物相比較，例如把檸檬的氣味描述為「檸檬味」，但是使用更多詞彙來描述。

然而，不只有北歐人在描述氣味時有困難，生活在馬來熱帶雨林中的其他某些民族也一樣。這點幫助馬吉德瞭解了文化背景對於嗅覺能力的重要影響。

塞莫克貝里族（Semaq Beri）和塞梅萊族（Semelai）與嘉海族生活在同一地區。這三個民族的語言有關聯，他們生活在完全相同的環境中。塞莫克貝里族和塞梅萊族的主要差異，在於前者是狩獵採集者，後者是定居的農耕者。在進行氣味描述測驗時，狩獵採集者塞莫克貝里族表現得和嘉海族一樣好，但是農耕者塞梅萊族的表現和說英語的人一樣。這些結果發表於 2018 年，代表了培養嗅覺表達能力和狩獵採集生活有關，而和語言本身無關。

然而，我們實際上都有可能利用嗅覺來得到優勢，而且有許多人甚至以我們沒有意識到的方式，善用嗅覺。

氣味是疾病指標

（健康的糞便）帶點紅色，而且不會太臭……那些最能預示死亡的排泄物是黑色的、油膩的、青紫色的、稀稀的、或難聞的……那些最能預示死亡的尿液是臭的、黑色的、濃稠的。

公元前 400 年希波克拉底的時代，醫師已經非常清楚糞便和尿液的氣味可以做為瞭解病人健康狀況（或其他方面）的線索。但身體排泄廢物並不是鼻子敏銳的醫師唯一關注的對象，膿液、嘔吐物、耳垢、發燒時和血栓的特殊氣味，也可以提供信息。醫師讓病人咳嗽和吐唾液在燒紅的木炭上，然後聞發出的氣味。

理論上，「聞病人的氣味」這想法可以追溯到幾千年前。而最近的進展，則是瞭解到病人氣味的意義，以及這件事對於我們的影響。

目前已知一些代謝失調疾病和感染症（如肺結核）的病人，會發出非常獨特的氣味。結核病人咳嗽時，會呼出由病原體「結核分枝桿菌」產生的化合物。如果結核病夠嚴重，這些化合物很容易被其他人聞到。

許多疾病會影響細胞中的代謝過程，進而改變身體聞起來的氣味。舉例來說，狗可以從人的血液樣本聞出是否有卵巢癌，從尿液樣本嗅出前列腺癌。2015 年，在英國劍橋舉行了「藉由動物聞出疾病」的研討會，當時我頭一次聽到傳言說，有位女性具有超凡的能力，據說在症狀出現之前，她就能聞到帕金森氏症的氣味。那位神祕女子是居住在蘇格蘭伯斯郡的退休護理師米爾恩（Joy Milne）。在愛丁堡大學研究員庫納特（Tilo Kunath）主持的英國帕金森氏症講習會中，米爾恩提到丈夫被診斷出有帕金森氏症的六年前，她就注意到丈夫身上有一種「麝香」氣味，後來她也在其他病人身上識別出這種氣味。

庫納特很感興趣，他和曼徹斯特大學的學者合作，著手研究米爾恩的能力。首先，他們得確定米爾恩是否真的能聞出這種疾病，所以研究團隊招募了病人和非病人，讓他們穿著相同的短袖圓領衫睡覺。然後讓米爾恩逐一聞那些圓領衫的氣味。她正確辨識出了所有病人，但也把一名非病人納入病人中。只有一個偽陽性，似乎也沒有那麼糟嘛，但是後續發展讓研究人員震驚。這個沒有患病的人後來聯絡了研究人員，說自己也被診斷出有帕金森氏症。這時，對米爾恩能力的疑慮就全都煙消雲散了。

研究團隊繼續調查米爾恩到底聞到了什麼。2019 年，他們報告說：在皮脂（皮膚的油脂）中發現了代表帕金森氏症「特徵」的特定揮發性化學成分，其中包括他們認為代表了神經傳遞物質濃度發生變化的化合物，包括與帕金森氏症有關的多巴胺。研究團隊希望這項研究最後發展出的檢驗方式，能夠在肌肉震顫這個症狀出現之前，便診斷出帕金森氏症。

儘管米爾恩藉氣味辨識帕金森氏症的能力很少見，但大多數人可能也能夠聞出其他人的疾病，甚至根本不知道那就是疾病。還有證據表明，這種下意識辨認出疾病，會下意識的促使我們去做有利於生存的事情：避開生病的人。

莫耐爾化學感官中心的研究指出：小鼠在受到感染後幾個小時，產生的發炎反應就會改變體味，這等於是對其他同伴發出的警報。2017 年，瑞典卡羅林斯卡學院的研究團隊提出證據，指出類似的事可能發生在人類身上。研究人員拍攝了九名健康女性和九名健康男性的面部照片，並從他們身上蒐集了體味樣本。其中一些受試者注射了一種溫和的毒素，引起免疫反應，讓他們「生病」（他們實際上並沒有感到不適，但是身體中有免疫反應產生），其他人則是注射了一種稀鹽水。幾個小時後，這些受試者再次接受拍照，研究人員也採集了他們的體味樣本。

另一組志願者則躺到功能性磁振造影儀（fMRI）中，頭部接受掃描，並在聞到「生病」或「健康」體味的同時，研究人員也展示「生病」和「健康」的照片給他們看。每次，他們都被問到有多喜歡照片中的人。

研究團隊發現：「生病」面孔不太受歡迎。這表示人類多少可以通過視覺，得到感染早期階段的線索。但是當「健康」面孔與「生病」體味搭配時，受歡迎程度也會降低。評分的志願者實際上無法有意識的感知到受試者「健康」和「生病」時蒐集的體味之間的差異。不過腦部造影支持了評分者喜好的反應：當他們聞到「生病」或「健康」的體味時，腦部的活動模式是不同的。也就是說，哪怕是細微的差別，他們也能不自覺的聞出來。

莫耐爾化學感官中心在 2018 年發表的研究又更進了一步，至少是在小鼠實驗中是這樣。研究人員把與人類研究中使用的毒素相似的其他毒素，注射到小鼠體內，其他小鼠與之接觸後，便散發出「生病」小鼠的氣味。這表示接受毒素注射的小鼠出現的生理反應，由同籠的夥伴複製了。這樣看來，氣味似乎可以當成可能受到感染而發出的早期預警，讓你做好準備，能夠展開更好的防禦措施。

死亡的氣味

當動物（包括人類）即將死亡時，體味的變化是否也能當成訊號？

2007 年，美國羅德島州普羅維登斯市的史提爾安養中心所養的一隻貓，登上了新聞頭條，稱為「茸毛死神」。老年醫學專家多薩（David Dosa）在《新英格蘭醫學期刊》發表的一篇論文，描述了貓咪奧斯卡，會在晚期失智病房徘徊，聞嗅病人。有時，奧斯卡會蜷伏在某位病人的床上。那是一個不祥之兆，幾乎不變的是那位病人會在幾個小時後死亡。事實上，奧斯卡一向準確，以致無論何時牠選了某位病人一起打盹，工作人員就會請那位病人的親屬，盡快前來安養中心。

我們當然很想知道奧斯卡聞到了什麼，以及籠中的小鼠疾病氣味轉移的現象，是否會發生在護理師和醫師身上。他們是否也具有發炎症狀嚴重病人的氣味？如果是這樣，這種生理反應是否有助於保護醫護人員？其他人會下意識的在他們身上聞到嗎？未來的研究將會告訴我們。

鼻子以外的器官也有嗅覺

偵測食物散發出來的化學成分、是否有自己的同類存在、以及潛在的危險，這些都是起源得很早的嗅覺功能。在我開始說明人類使用嗅覺受體的其他驚人方式之前，請務必記在心上，那些受體演化出偵測重要化學物質的能力，而重要化學物質並非一定在身體之外。

1992 年，著名的《自然》期刊有篇論文報告了一個超乎尋常的發現。在此之前，人類的氣味受體只有在鼻子中發現的紀錄，但是現在其他部位中也找到了：在產生精子的組織中也有。後續的研究指出，人類精子上便有各種氣味受體。這立即讓人想到了一個問題：氣味受體在精子上有什麼功能？

似乎有多種功能，其中之一是讓精子具有聞嗅的能力，從而跟蹤卵子的化學痕跡。正如華盛頓大學的海洋生物學家巴布寇克（Donner Babcock）說的那樣，海膽和其他海洋無脊椎動物的精子會受到卵所產生的化學物質吸引。這種在體外依靠化學蹤跡尋找卵子的方式，似乎在人體內部也出現了，毫無疑問在其他動物中也是如此。

很長一段時間，精子具有聞嗅能力的發現，幾乎是一種奇怪的現象。大約十五年後，這讓生理學家布魯茲尼克（Jen Pluznick）確信，她剛剛在實驗室觀察到的，並非瘋狂錯亂的現象。

布魯茲尼克當時是耶魯大學的博士後研究員，剛開始研究多囊性腎病變（polycystic kidney disease），那是腎衰竭的主因。在觀察小鼠的健康腎細胞和有病腎細胞的基因活性時，布魯茲尼克很驚訝的發現有些活躍基因的產物是氣味受體。她說：「一開始，我認為這沒有多大意義，因為氣味受體該在鼻子裡，對吧？但是我的指導教授比我聰明多了，他看著我說：『那很酷，對吧？』我說：『啊，確實滿酷的。』」

布魯茲尼克立即把研究重點，轉向腎臟中的氣味受體。到目前為止，她已經找到了十個。其中一種在小鼠上稱為 OR78（在人類身上稱為 OR51E2，命名有點混亂），似乎在調節血壓上，發揮重要作用。

你的腎臟每天過濾身體中所有的血液大約三十次，把毒素移到尿液中，並重新吸收需要保留的成分，例如葡萄糖、一些水和鹽。腎臟還經由調節血液量，幫助控制血壓。當血壓很高時，腎臟會從血液中提取更多的鹽和水，讓血液的體積減少，從而降低血壓。當血壓過低時，會反過來進行。

布魯茲尼克發現：OR78 不僅在腎臟中有，血管裡也有。這個受體可與短鏈脂肪酸結合——腸道中的細菌消化植物性食物中的澱粉和纖維素時，會釋放出短鏈脂肪酸。布魯茲尼克解釋道：「我們認為這個受體可以讓血管舒張，我認為出現在腸道周圍是有道理的。如果你剛吃了一頓飯，食物正在消化，想要腸道的血流量增加，以確保吸收到所有的營養……從這方面來看，我覺得有道理。」不過，做為全身血壓控管系統的一份子，OR78 受體在腎臟中的實際作用還不清楚。

布魯茲尼克和同事還發現腎臟中有另一種氣味受體，會影響某種蛋白質的作用，這種蛋白質能夠調節有多少葡萄糖會再吸收釋放到血液。巧的是，這種蛋白質已經是治療第二型糖尿病藥物的作用目標。（如果血液中的葡萄糖濃度過高，讓葡萄糖進入尿液是一件好事。若能更加瞭解氣味受體對於那種蛋白質的作用，或許能讓人找到更好的糖尿病藥物。）

布魯茲尼克的發現，確實激發了人們對氣味受體在鼻子之外的部位中作用的興趣。許多實驗室正在對此進行詳細研究，研究計畫數量與布魯茲尼克發表這個主題首篇論文的 2009 年相比，已經增加很多了。那些研究團隊也取得了一些引人矚目的發現。

到目前，許多實驗室已在舌頭、皮膚、肺臟、胎盤、肝臟、心臟、腦部、腎臟和腸道等的各種組織中，發現了「鼻外」氣味受體。它們在這些部位中發揮了哪些功能，現在還不清楚。有一些證據指出，在腦中的氣味受體涉及到對損傷的反應。包括帕金森氏症在內的幾種神經退化性疾病，與嗅覺基因的異常表現有關（一些病人在運動方面出現問題之前，就已失去了嗅覺）。腦中氣味受體的問題是否涉及到帕金森氏症的進程？還沒人知道，這是正在研究的問題。

科學家在人類的腸道中，還發現了可由各種食物香料中的化合物所激發的氣味受體。它們似乎在腸道運動（讓腸道中的食物移動）的過程中發揮作用。

布魯茲尼克說：「我認為氣味受體存在於鼻外組織的想法，對大多數人來說，仍然是令人驚訝的事情。但是愈來愈多的實驗室研究這個主題，愈來愈多的論文發表了，我的看法是，這個想法會漸漸變成主流。」

感測重要化學物質是深植於本能的重要驅動力，你把鼻子的嗅覺視為其中的一個方向，是完全合情合理的。但「嗅覺」出現在其他器官，就可能和我們原本想像的不同了。不過，就算你為了科學定義上的精確，而把鼻子聞嗅氣味的能力重新命名為「鼻腔化學感應」，玫瑰聞起來還是一樣的甜美芬芳。

嗅覺喪失案例

嗅覺與聽力一樣，都非常脆弱。只要阻止揮發性化學物質抵達嗅覺受體，或者破壞受體，或是干擾嗅覺神經元向腦部傳遞訊息的能力，都會阻礙到嗅覺能力。在最糟糕的情況下，這可能代表完全失去嗅覺，也就是嗅覺喪失（anosmia）。據估計，有 3% 的人從未聞到氣味，或失去了那種能力，這對生活的影響之深，可能遠遠超乎預期。

強森（Nick Johnson）在白狗餐館瀏覽午餐菜單，這裡位於費城大學城區，有許多小房間和一座前廳。強森點了玉米捲餅，我們點了吧檯現盛的啤酒，稱為「珍釀蜜啤」（Nugget Nectar），是當地的精釀啤酒廠生產的。強森在那家啤酒廠工作了十年，珍釀蜜啤曾是他最喜歡的啤酒。他說：「這種啤酒在甜味和啤酒花的苦味之間，取得了良好的平衡。」然後他的臉沉了下來，說：「對我來說，現在只是沒有靈魂的軀殼而已。」強森還能描述這種啤酒的氣味：松木味、柑橘味、葡萄柚味，但是他再也聞不到了。

三十九歲的強森可以確定他失去嗅覺的那一刻：2014 年 1 月

9日。當時，他正和朋友在賓州科利吉維區父母家的結凍池塘上打冰球。「腳突然絆倒，我的頭部右後方撞到而昏迷了。」他頭骨骨折，腦部流血。

從傷勢嚴重程度來看，強森恢復得非常快，六個星期後便回到工作崗位。不久之後，他參加開會，品鑑一種新啤酒：「我們正在試喝，有人說：『你能聞到其中的啤酒花香味嗎？』我聞不到。然後我又嘗了嘗。有人說：『帶有平淡的餅乾味。』我也嘗不出。然後，我去嘗試聞另一種啤酒花氣味更重的啤酒，還是聞不到。這時，我想到嗅覺出毛病了。」

創傷的壓力和藥物治療或許可以說明，為什麼強森沒有更早發覺到自己已經失去了嗅覺。他說，這令人震驚。頭部撞到冰上的創傷是罪魁禍首。當嗅覺神經元穿到鼻子時，會通過骨頭上的小孔。頭部撞擊會讓神經元的一部分撞到這些小孔的邊緣，使得神經元受到傷害，甚至被切斷。事故發生後，醫院無法評估這類創傷的嚴重程度，因此沒有方法去知道失去的嗅覺是否能恢復。醫師告訴強森，嗅覺恢復的機率在 5% 到 40% 之間。

沒過多久，強森就清楚發現到，失去嗅覺在生活中造成的影響。失去嗅覺的人經常抱怨無法再享受食物和飲料的美味，強森熱中廚藝，並且常招待朋友，當然也有這種體驗。但是對他和其他許多喪失嗅覺的人來說，還失去了其他事物。

事故發生時，強森的妻子懷了第二胎，已經八個月。他說女兒出生後，他還能開玩笑說，他發生意外的好處是聞不到她髒尿布的氣味。但真正打擊強森的是他聞不到女兒的氣味。我們第一次談話是在他發生事故後一年，他對我說：「女兒今天早上四點醒來。我抱著她，我們躺在床上。我知道我兒子嬰兒時期聞起來像什麼，幼兒時期聞起來像什麼。有的時候不太好聞，但依然是很棒的小孩氣味。和女兒在一起時，我聞不到氣味。」

強森與孩子和妻子之間的原始聯繫消失了。

強森發現自己突然失去了嗅覺。但不管是突然還是逐漸的，每個人的嗅覺都會退化，但是新的嗅覺神經元可以長出來，事實上，嗅覺系統的再生能力是讓人不在年輕時就失去嗅覺的原因。

嗅覺老化

如果你仔細觀察你鼻子裡上方的嗅覺組織，可能會發現成熟和未成熟的嗅覺神經元混雜在一起，其中還夾雜能夠分化為嗅覺神經元或支持細胞（supporting cell）的幹細胞。但是那個碎花拼布般的組織，看起來和十年前不一樣了，更不像是出生時那樣。莫耐爾化學感官中心的嗅覺專家柯瓦特（Beverly Cowart）說：「在新生兒身上，那片神經組織非常平整均勻，到了二十多歲，就會變得斑斑點點。」

吸入各種有害化學物質（包括空氣汙染物）造成的損傷，可能會超過神經組織自我修復的速度。原本用於支援嗅覺神經元的區域，被呼吸組織取代了。隨著愈來愈「老」，這些非嗅覺區域不僅會變大，長出新嗅覺神經元的能力也會下降。

那個「老」並不一定代表非常老。根據估計，四十歲以上的美國成年人，十分之一具有嗅覺問題。但是每項關於嗅覺的研究都發現，嗅覺會隨著年齡的增長而衰退。有證據表明，對某些氣味的敏銳程度受到年齡的影響更大。舉例來說，最近的一項研究發現：七十多歲的人對洋蔥氣味的敏銳程度是二十多歲的人的三分之一，但是對於另一些氣味（包括蘑菇味）則和年輕人無差。

同一項研究的另一個發現，也可能有助於說明年長女性為何聞不到玫瑰香味。與年輕人相比，年長者對於玫瑰中主要的香味化合物苯乙醇（2-phenylethanol），濃度要提高到一百七十九倍，才能聞得到。

為什麼對於某些氣味的敏銳程度，相較之下保留得較好（或至少能維持一段時間），而對於另一些氣味的敏銳程度則消失，目前並不完全清楚。但是柯瓦特指出，儘管可能有一些例外，到七十歲、八十歲時，嗅覺會全面衰退。

某種程度上，衰退是可以預防的，或至少可以減緩衰退的速度。現代生活中，有種種狀況對嗅覺來說是難以避免的威脅，尤其是空氣汙染，以及某些呼吸道病毒（當然包括新冠病毒）；但有些受歡迎的消遣活動也會傷害嗅覺。譬如，頭部嚴重創傷與嗅覺喪失之間的聯繫，早已為人所知，然而最近發現，即使是輕微的腦震盪，像是滑雪坡上翻滾、戴著頭盔從自行車上摔下來，或是發生輕微的車禍擦撞，也都會影響嗅覺。

現代人的嗅覺歷練太少

我們經過消毒的現代環境，也對嗅覺造成威脅。嘉海族的經驗指出了經常接觸到各種氣味有多麼重要。當你從乾淨的房子出門，開著剛洗好的車，抵達有空調的辦公室，這樣的生活怎能夠接觸到各種氣味？

要一窺過去豐富的嗅覺生活，沒有什麼比古羅馬文學家馬提亞爾（Martial）對一位名叫泰伊斯的老年婦女的描述更生動了：

泰伊斯聞起⋯⋯裝滿填充物的舊尿罐在大街中央打破的氣味，或是剛交配的山羊、獅子的下巴，或泰伯河對岸過來的皮革工人從狗身上撕下的皮，或是雞蛋裡面未完全孵化的腐爛的雞⋯⋯

布拉德利（Mark Bradley）編輯出版了精采巨著《氣味與古代感官》，他指出：「馬提亞爾的描述，喚起了早期羅馬帝國居民所熟悉的一些難聞氣味。」

現在想要瞭解剛交配的山羊的氣味，並不容易。（你可能想知道「裝滿填充物」是什麼意思：當時的人會把羊毛織品放在久置的人尿中清洗。）這些難聞氣味可能令你避之唯恐不及，但即使是令人愉快的氣味，你仍然會因為文化的薰陶而避開，這點不管你是否意識到都一樣，例如對香水的「道德譴責」。法國歷史學家柯爾本（Alain Corbin）認為這種現象可以追溯到十八世紀後期、中產階級清教徒般過分拘謹的思想。對他們來說，所有的香水都象徵浪費與奢侈，直入腦門的香味更是完全不能接受的，因為這類香味散發著赤裸裸的性感氣息。

然而，香水代表頹廢的想法，更早之前就有了。羅馬作家老普林尼（Pliny the Elder）在他的《博物志》中，對香水的使用大肆抨擊，甚至引用了普羅提烏斯（Lucius Plotius）的案例。普羅提烏斯因為被判死刑而逃亡，身上的香水暴露了他的藏身之處，老普林尼寫道：「誰不認為這樣的人應該死！」

英國牛津大學社會問題研究中心主任福克斯（Kate Fox）在文章中提過柯爾本的想法，且更廣泛討論了對於氣味的態度改變。在最近的一篇文章中，福克斯還提出了發人深省的觀點：

這裡要指出一個有趣的現象。現在從濃重的麝香香水轉向更輕盈精緻的香水的趨勢，也與一種道德趨勢有關，這種趨勢呈現出來的樣貌，是「政治正確」的興起、對「健康」飲食和運動的痴迷、所謂的「新節制」運動，以及其他禁慾的運動。

事實是，絕大多數人即使偶爾使用香水，或是享受餐點的香味，現代生活中的嗅覺活動依然極度缺乏。而且，如果自己處於有惡臭的環境，不論臭味是否代表會對健康造成威脅，仍然很可能對惡臭味掩鼻而棄。

嗅覺不良是健康退化徵象

有鑑於我們知道嗅覺在生活中所具備的功能，當然也就瞭解失去嗅覺帶來的危險。

強森顯然就有過很危險的親身經歷，只是不常發生。他說：「我晚上很晚才回家，走進廚房，然後上床睡覺。第二天早上，我的妻子七點起床，走進來說：『你把烤箱開了一整夜！大半夜在煮什麼？』」

強森沒有煮東西，只是烤爐的瓦斯安全閥壞了，瓦斯已經連續十二個小時散到廚房中。當強森凌晨一點鐘回到家時，廚房中應該有臭味，但他完全沒有注意到。

這是一個直接危及性命的例子。除此之外，嗅覺不良與未來十年內死亡風險增加 50% 相關，這種情況無法由嗅覺解釋，也沒有人完全確定原因為何。一項針對兩千多名七十一歲至八十二歲美國人、為期十三年的研究發現：在研究開始時比較健康、但在嗅覺測試中表現不佳的人，死亡風險最高。研究人員懷疑，嗅覺不良是潛在健康退化的早期跡象。

那麼除了避免頭部受傷和空氣汙染物之外，究竟怎樣才能保護嗅覺或增強嗅覺呢？

當我第一次和強森說話時，他聞不到任何個別的氣味。但他告訴我，當某種氣味特別刺鼻時，最近開始可以聞得到。他能聞到某種氣味很強烈的東西，之前並不會這樣。對嗅覺專家柯瓦特來說，這表示強森有些嗅覺神經元仍然正常發揮功用，並向腦部提供一定程度的訊息。

莫耐爾化學感官中心的嗅覺障礙診所，成立於 1980 年代，該診所有許多研究目標：開發嗅覺障礙測試、確認失去味道感覺的病人中有多大比例是失去嗅覺而非味覺、探究各種傷害嗅覺的原因（創傷、病毒感染、息肉生長等）。

柯瓦特和同事當然也想知道康復率，但他們認為唯一能夠向強森這樣的人推薦的治療方法（也是目前依然推薦的療法），是經常去聞各種氣味濃淡不一的東西。柯瓦特說：「我不認為你聞的物質會很重要。只要你去刺激嗅覺系統，它要麼會產生廣泛的反應，要麼就不會。」

但對於大多數門診病人而言，無法光用手術便可以治療嗅覺障礙。醫師無能為力，嗅覺障礙診所最終關閉了。

然而，一些全新的嗅覺喪失療法正在開發中。例如，莫耐爾化學感官中心的研究人員正致力於使用幹細胞，來培養替代用的嗅覺神經元。其他團隊則從人工耳蝸得到靈感，人工耳蝸能將聲波轉換為電訊息，直接刺激聽覺神經，讓失去聽力的人再次聽到聲音。2018 年，麻州眼耳專科醫院的團隊直接刺激了一群健康的受試者的嗅覺神經，受試者報告說得到了各種氣味感覺，包括洋蔥、抗菌劑、酸性成分、以及水果的氣味。

這項研究還處於非常早期的階段。不過正如領導這項研究的鼻科醫師郝爾布魯克（Eric Holbrook）指出的那樣，目前對於嗅覺喪失的人，幾乎沒有任何有效的療法，但他想嘗試改變現況。

嗅覺復原案例

強森牢記建議，持續嗅聞不同的物質。我們第一次見面時，他談到了自己是如何進行的。他沒有固定規律的程序，但如果他身邊有氣味強烈的物質，例如廚房如果有檸檬皮，他會拿起來聞一聞。他經常拿東西來聞，卻都沒有聞到氣味，真令人難過。

考慮到他所說的話，以及病人復原的可能性很小，當我在上次通話後四年半，再次打電話給強森時，已經準備好聽他說嗅覺沒有改善。

強森很高興的說：「實際上，我已經恢復正常嗅覺了！在大多數情況下，一切都聞得到！」我很驚訝也很高興，馬上就向他道賀。那是美國陣亡將士紀念日長週末後的星期二，對於啤酒行業的人來說是重要的週末，對於強森來說，在他出事之前，這時節他會為家人和朋友做料理。我們之前見面的時候，強森並沒有下廚，但現在他告訴我：「昨天我在做烤肉和煙燻食物，我能清楚聞到那些食物的氣味。」我在電話這邊都可以感受到他的快樂溢滿出來。

強森之前曾嘗試聞氣味強烈的物品，例如檸檬皮，通常不成功，但是對這些物品的嗅覺最先恢復。恢復當然不是一夜之間發生的，但現在，強森的工作幾乎恢復正常，在啤酒品鑑會的表現幾乎和其他人一樣好。在家裡，強森也注意到自己的嗅覺已經有很大的進步。兩個月前，他告訴我，妻子生下了第三個孩子，是次男。現在他可以聞到他在事故發生後不久出生的女兒、大兒子和幼子的氣味了。「這種聯繫回來了。我可以聞到這個小傢伙的所有氣味，有好的、也有糟的。」

強森的工作內容，代表他會受到氣味包圍，談話的內容也和氣味有關。由於聞東西是唯一經證明可以改善嗅覺障礙的方法，啤酒廠的工作環境似乎很可能幫助他的嗅覺恢復。對於因事故或疾病而失去嗅覺的人來說，強森的案例確實表明在某些情況下，全面喪失嗅覺的狀況不一定會永久持續下去。而對於沒有嗅覺障礙的人來說，研究確實表明：無論你現在的嗅覺能力高低如何，都有可能變得更好。

事實上，只要更為注意到氣味，並且花更多的時間與氣味相處，你甚至可以培育出香水調香師那般敏銳的鼻子。

調香師的啟示

倫敦泰特現代美術館與倫敦大學的感官科學家和哲學家，共同組織了一場活動。在雜亂的準備室裡，我遇到了年輕的調香師阿查布（Nadjib Achaibou），並且深深感受到他對於香水的熱情。

阿查布出生於法國，在墨西哥長大，父母是阿爾及利亞人。阿查布目前任職於倫敦的一家公司，負責開發香氣，從香水到洗衣粉用香精，應有盡有。他還喜歡接受其他和嗅覺有關的計畫，舉例來說，他為綠色和平組織重現了亞馬遜雨林的氣味。阿查布解釋說，在去亞馬遜雨林之前：「我預期會聞到『綠色調』，是草葉樹莖之類的氣味。但是雨林中也有腐肉、腐爛食物、死屍的氣味！在叢林中，每走一步都可以聞到不同的氣味。」

當他小的時候，母親精湛的廚藝在朋友間享有盛譽，但阿查布對氣味並不特別感興趣，親戚中也沒有這樣的人。他微笑說：「事實上，在我家族，很多人鼻子有問題。我有些叔伯根本聞不到氣味。嗅覺並不是我的強項。你的鼻子可能比我的還靈！」對阿查布來說，吸引他進入這一行的不是天賦，而是造成深遠影響的經歷。阿查布對於香味的痴迷，可以追溯到他十六歲的時候，以及當時的一個人。他說：「我有一個女朋友，她的香水讓我深深著迷。我當時就像得到了香水的癮，一心想從事相關的工作。我遵循這種直覺，這種熱情。」

阿查布獲得了化學學位之後，在凡爾賽鎮著名的香水化妝品香精研究所（ISIPCA）取得了香水碩士學位。他很快學會了描述氣味的新方式：「當我們小的時候，沒有受過以某些方式描述氣味的訓練，所以我們用食物或顏色的詞彙，有時甚至是音樂詞彙來描述氣味。身為調香師，我必須學習如何給氣味命名。這就是我們在調香師學校經常做的事。」

阿查布強調，自己的鼻子是經過訓練、而不是天生的。他堅決認為，對於沒有時間如同自己這樣學習識別數千種氣味的人來說，增強嗅覺的最好方法就是常使用它，好好加以利用。

阿查布說：「你可能會說，『哦，我喜歡胡椒。』為什麼？為什麼我喜歡胡椒？胡椒為菜餚增添了些什麼？這是增強嗅覺的第一步。如果你看到一朵玫瑰，停下來聞一聞。如果你有朋友擦了香水，請聞一下，並且加以描述。當您購買沐浴乳、浴廁清潔劑或香水時，也要提出問題。閱讀行銷文字之餘，也要相信自己的判斷。你可能會想：是的，他們說裡面有玫瑰，但我能聞到的是檸檬。但那什麼樣的檸檬？你聞過香檸檬（bergamot，香柑）的氣味嗎？」

結果那並不是一個修辭問題。我搖搖頭。阿查布說：「去嚐嚐看吧！找一個來嚐。香檸檬是一種來自義大利南部島嶼卡拉布里亞的柑橘。這是一種非常特殊的柑橘，只有那兒才有栽種，與薰衣草具有相同的香味分子。除了柑橘味之外，還有一些花朵的芳香。」

嗅覺讓人更深刻理解世界

阿查布向我保證，練習嗅覺會改變你對於世界的感覺。練習嗅覺可以為日常行動，例如散步，帶來很大的樂趣。他說：「如果我看到一個戴著黑色面紗的中東女人，總是會跟在她後面，因為聞起來很香。我不跟蹤她們！但如果我只是從她們身邊經過，我就只是聞而已，因為她們具備了我們根本沒有的香水文化。她們使用很多氣味。對她們來說，這是一種交流方式，因為她們別無他法。她們不能露出肌膚，但通過氣味，能以一種非常情色的方式進行交流。」

更精細的嗅覺可以讓人對世界的理解更為深入，即使是難聞的氣味也是重要的氣味，阿查布說：「沒有臭味的生活就像沒有皺紋的臉，沒有皺紋的臉就是沒有生機的臉！」

氣味甚至可以改善你的性生活。我們知道，天生沒有嗅覺能力的男性，性伴侶比較少。2018 年，德國有研究團隊報告說，對氣味更敏感的人，更能享受性愛。

研究人員首先對健康的年輕受試者，進行了標準的嗅覺敏銳程度檢測，接著詢問了他們性生活的狀況。受試者的嗅覺敏銳程度與他們近一個月的性愛頻率、或是每次性愛時間的長度都沒有關聯。然而嗅覺更為敏銳的人報告說，從事性愛時「更愉快」，通常對氣味更敏感的女性，在性愛時會有更多高潮。研究人員在期刊論文中寫道：「對於陰道液、精子和汗液等體味的感知，似乎讓性體驗更為豐富。」

我問阿查布關於他女朋友的香水，那個能夠讓他的腦袋回到十六歲時候的香水，他還記得那是什麼嗎？他笑了起來，像是他不可能忘記的樣子，回答道：「迪奧的癮誘甜心淡香水。」

多聞聞，多想想

我自己所屬的英國文化，可能本身沒有具備任何增強嗅覺的方法（至少我沒有想到），但是其他的文化中有。例如在日本，有 kōdō，也就是香道，在這種儀式中，會吸聞芳香木片的氣味，有時還會吸聞香料和其他植物，那些材料會放在雲母片上，下面以小爐子加熱。

大約在十七世紀初，涉及這種儀式的比賽開始流行起來，有多項比賽延續至今。其中一項是讓客人聞幾種不同的芳香木材，然後主人把木材混合起來，客人比賽看能正確辨認出多少種。不過香道並非僅僅是識別氣味，有些氣味與地點有關，要「正確」聞出來，必須想像自己飛奔到那個遙遠的地方。雖然這不是在比賽中確實要呈現出來的部分，但是把氣味和地點配合起來，能夠讓脈絡更為清楚，幫助腦部把混合香氣中稍縱即逝的氣味給辨認出來。

對於約克大學教授馬吉德來說，練習聞不同的氣味很重要，但有意識的使用文字命名和識別這些氣味也很重要。聞一聞，同時思考那是什麼，加強了氣味與文字之間的聯繫。擁有龐大的氣味術語資料庫，可能會帶來意想不到的影響。

馬吉德和同事列文森（見第 98 頁）在最近的一篇論文中，提到布里斯托郡的一個公租公寓案例。有名男子與在沙發下的朋友屍體共同生活了許多年。在鄰居抱怨氣味難聞後，一名公寓管理員來檢查公寓，她把臭味歸因於溢滿排泄物的馬桶。馬吉德和列文森指出，如果她是薩摩亞人，幾乎一定會發現屍體，因為「腐肉會散發出獨特的氣體，例如屍胺和腐胺，和廁所中的甲烷氣味不同。但是在公寓檢查報告中使用『臭味』這個籠統的標籤，可能會使我們的感官變得遲鈍。在薩摩亞語這樣準確區分氣味的語言中，是不可能發生的。」

因此，嗅覺是一種感覺，如果我們願意，可以讓這種感官能力減弱。但正如我們所發現的那樣，人類有能力利用鼻子做出很了不起的事情。我們可能無法如嗅探犬 K9 艾利那般厲害（至少要先四肢著地，到處爬），但是在生活中有意識的注意到更多氣味，可以把嗅覺發展成能為自己帶來莫大好處的能力，不僅影響飲食和享樂，也能改善健康和人際關係——「男人聞起來很臭」可能是亞里斯多德最嚴重的感官失誤。

第 4 章

味覺

—— 不只在嘴巴中才有

有甜味和苦味，以及油膩味和鹹味，

而在這些味覺之中，還有酸味與辛辣刺激的味道。

—— 亞里斯多德，《論靈魂》

莫耐爾化學感官中心實驗室主任、美國頂尖味覺科學家馬葛斯基（Robert Margolskee）遞給我一個碗，裡面裝了各種顏色不同的軟糖豆。他說：「閉上眼睛，捏住鼻尖。」然後他在我伸出的手掌上，放了一顆軟糖豆要我吃掉，並告訴他是什麼口味。我分辨出不出來。他又拿了另一顆軟糖豆給我。我只得瘋狂猜測。香蕉口味？（並不是。）

你自己也可以簡單嘗試一下，就會發現有多麼難。從上一章〈嗅覺〉的內容可以知道，我們認為的「味道」通常是香味，主要與嗅覺有關。視覺也能讓腦部預期會吃到什麼食物。軟糖豆唯一真正刺激味覺的化合物是糖，可能還加上脂肪。

雖然我們可以聞到許多不同的氣味，但味覺所感知到的就少得多。不過，這並沒有讓味覺變得沒那麼重要。事實上，味覺是主要的營養守門人，告訴我們什麼時候應該把口中的東西吐掉，因為吃下肚可能會造成傷害；或者把口中的東西吞下，因為我們需要它來維持生命。

一如嗅覺，味覺也是化學感覺，兩者之間最大的區別在於：嗅覺是由空氣中攜帶的分子所引發的，而味覺受體則是處理到達口中的化學物質。

嗯，這是味覺的工作之一。因為就如同嗅覺那樣，我們對於人類味覺受體的功能的理解，正處於革命階段。身體裡其實布滿了這些味覺受體，它們以你難以相信的方式在保護你。

從演化的角度來看，我們賴以生存和茁壯所需的主要類別的化學營養素，都可以通過口腔中的味覺受體檢測到，最常見的食物毒素也是如此。回顧一下亞里斯多德對於味覺系統產生的味道分類，整體描述真的一點也不差。事實上在這方面，亞里斯多德不僅超越自己的時代，甚至領先了二十世紀時的概念。

要證明為主要味覺，就像是要加入專屬俱樂部一樣，需要通過嚴格的驗證。首先必須具備一種獨特的味道感知，例如甜味。其次，必須找到能夠帶來這種感知的受體。到目前為止，只有五種基本味覺獲准加入這個俱樂部，並且得到了味覺科學家普遍的認可。這五種味覺分別是甜味、鮮味、鹹味、酸味和苦味。稍後我會仔細說明這五種味道。

（作者注：味覺是一種還是多種？從感知來看是一種，這代表味覺應該只是一種感覺。然而，當科學家開始研究人類的味覺受體的位置、以及這些受體的功能時，味覺應該視為五種獨立感官的論點，就更站得住腳了。但本章為了簡單起見，我把五種味覺歸類為「同一種感覺」，同時也解釋了味覺為什麼值得更深入理解。）

有證據指出，人類可以嘗到澱粉類碳水化合物（不僅僅是嘗到由澱粉分解而成的糖分子）。但是加入俱樂部的第二項標準，也就是特定的碳水化合物受體，目前還沒有找到。也有很多人提倡把「鈣」納入基本味覺，但同樣也還沒有找到專門偵測鈣的受體。「水」味和「脂肪」味（亞里斯多德的油膩味）也是如此。

一些研究人員認為，已經有深具說服力的證據，能夠正式承認脂肪味屬於主要味覺。最近的實驗室測試，已證明了人類可以經由嘴來偵測脂肪，例如各種脂肪酸。這證實了亞里斯多德「油膩味」的主張。而且科學家在人類味蕾中，也發現了一些可能專門偵測脂肪的受體。但是到目前為止，還無法確定是否有第六種味覺「脂肪味」，不過，在現今所有的候選者當中，它最有可能加入崇高的「主要味道」行列。

甜、鮮、鹹、酸、苦

與廣為接受的觀點相符合的是：和證明那五種味覺有關的尊貴受體，布滿在舌頭上，每一種受體以五十個到一百個為一組，形成大約一萬個味蕾。這些味蕾大多聚集在稱為乳突（papillae）的小結構中。如果照鏡子仔細觀察自己的舌頭，你能看到的那些小突起，就是乳突。

當漢堡或奶昔中的化合物溶解在唾液中，流過與外界接觸的味覺受體細胞時，如果有一個味覺受體細胞辨識出所針對的化學刺激物，便會向腦部發出訊息。味覺訊息會傳遞到與情緒有關的腦島皮質（insular cortex）以及腦部其他部位。進食與氣味訊息共同組合成「味道」的知覺，讓我們知道該去找哪些食物（漢堡！

奶昔！），以及避免哪些食物（如果你要問我孩子的意見，那就是令人作嘔的萵苣生菜。）

然而，不僅舌頭上有味蕾，口腔的其他部位也有，包括會厭和喉嚨。沒將阿斯匹靈藥片好好吞下去而卡在喉嚨的人，肯定會體驗到喉嚨感受苦味的能力。

對於數千年前就已經確認的感覺來說，我們對於身為味覺基礎的受體，理解程度非常零散。對甜味的研究可能是最透澈的。現在我們很清楚，許多種糖（包括水果中的果糖、巧克力中的蔗糖和奶汁中的乳糖）是很容易就能夠利用的能量來源，會由腦部標記為「需要的」成分。這些糖能夠刺激甜味受體 T1R2/T1R3。顧名思義，這種受體由兩個單元組成，兩者都需要受到刺激，才能讓人得到完整的甜味感覺。

讓人感到「鮮味」（umami，日語中「美味精華」的意思）的化合物是胺基酸，尤其是一種稱為麩胺酸（glutamate）的重要胺基酸。麩胺酸存在於各種含有蛋白質的食物，包括醃肉、貝類、味噌和乳汁，我們需要它來構建細胞。一個多世紀前，日本化學家池田菊苗從日式高湯中，把麩胺酸分離出來，認為是帶來鮮味的成分，但是要到 1985 年的一次學術會議上，才受到各國味覺研究人員廣泛認可，成為味覺俱樂部的新成員。現在已經確定有幾種不同的受體參與了鮮味的感知，其中之一是 T1R1/T1R3 受體（有一半與甜味受體的一半相同），會對麩胺酸產生反應。我們對這個受體瞭解得最深入。

「鹹味」通常來自於偵測到氯化鈉（食鹽）中的鈉鹽。鈉在適當的濃度下，對生理機能正常的運作，至關重要。毫無意外，我們往往覺得非常鹹的食物不好吃，但喜歡吃低鹹或中等鹹度的食物。研究得最清楚的鹽受體，是幾乎只在有鈉鹽存在時才會打開的離子通道。不過在 2016 年，包括馬葛斯基在內的研究團隊發表了（小鼠中）第二個鹹味偵測路徑的詳細描述。該途徑涉及到通常認為是「酸味」細胞中的某一類，這個種類的細胞會對食鹽中帶負電的離子（也就是氯化鈉中的氯離子）產生反應。

酸味來自酸性化合物，往往代表可能帶來危險的細菌腐敗，這可能是演化成不喜歡很酸食物的主要原因。然而，有些酸味往往很吸引人，有些水果，包括橘子、青蘋果和葡萄柚，嘗起來確實很酸，但也含有大量維生素 C ——人體無法自行合成這種化合物，需要從食物中取得。從分子生物學的角度來看，雖然有些理論解釋了那些分子是如何刺激出酸味，但酸味依然是五種主要味覺中，瞭解程度最粗淺的。

我們對於苦味的瞭解就比較多了，而苦味本身也更為複雜。T2R 苦味受體家族中，有二十五種不同的受體，使得數百種不同的化合物嘗起來的味道都是苦的。人類的某些 T2R 受體調整到只對非常特定的化合物產生反應，而另一些受體普遍對許多化合物都能產生反應。苦味可能代表了蔬菜或水果中含有毒素。所有種類的動物，包括牡蠣，都會拒食有苦味的食物，甚至最原始的原生動物也一樣。偵測出那些代表毒性的化學物質，是動物基本的能力，也是生存的關鍵。

但是對於人類來說，並不是所有苦的食物都應該排除。如果那些食物裡的毒素含量比較低，而且我們也不會大量攝入，那麼帶來的營養正面效果可能會超過負面效果。如果你的嘴特別挑，應該能夠輕易想到一些帶苦味的蔬菜：綠花椰菜、甘藍菜、水田芥、青江菜、大頭菜和蕪菁，這些都屬於帶有苦味、但是可以適量攝取的食物。它們含有大量人體所需的營養物質，不幸的是也含有有害的成分，是一類稱為硫代葡萄糖苷（glucosinolate）的化合物。甲狀腺要吸收到碘，才能夠製造重要的激素，硫代葡萄糖苷會抑制甲狀腺吸收碘的能力，因此基本上是毒藥。

人類的 TAS2R38 苦味受體，能夠辨識出硫代葡萄糖苷（以及其他化合物）。因此那些蔬菜的味道會令人反感，但是以大多數人的食用量來說，是有益身體的。（但不建議早餐喝一杯生甘藍菜汁。）

許多藥用植物也有苦味。古埃及的醫學莎草紙文獻中提到了中亞苦蒿（*Artemisia absinthium*），希波克拉底用它來治療經痛和風溼，是典型的有苦味藥草。效果良好的抗瘧疾藥物奎寧，也是苦的。奎寧最初取自金雞納樹的樹皮，使通寧水具有苦味。英國駐印度軍官發現，加入少許糖、萊姆汁和琴酒，即可有效解決苦味問題。

你可能會認為人類的苦味系統，是演化來幫助辨別藥用化合物和有毒化合物。然而，馬葛斯基認為，我們不太可能用嘗的就能夠分辨出「好」苦味化合物和「壞」苦味化合物。比較有可能的狀況是：人類學習到哪些苦味植物讓我們感覺比較舒服，並且藉由文化傳遞了相關的知識。

許多器官都有味覺受體

到目前為止，我一直在談論通常大家所瞭解的、經由舌頭偵測的味覺。但現在，傳統的味覺故事中出現了轉折，發生的地點就在消化道中。

最近的研究發現：在食道、胃和腸道中，有兩種不同類型的「類味覺細胞」（taste-like cell）。「類味覺」是馬葛斯基很喜歡的術語，因為這些細胞不會聚集在味蕾中，也不會直接導致有意識的味覺感知，這都和舌頭上的味覺細胞有所不同。

然而這些細胞所具備的一些受體，確實和在口中可以找到的味覺受體完全相同。瞭解這些「類味覺細胞」的功能，甚至可以讓我們瞭解如何改善飲食。

在口腔中，T1R2/T1R3 甜味受體能夠偵測糖分。在腸道中的內分泌細胞（釋放激素的細胞）也有相同的受體。這些受體的工作，似乎不是帶來能意識到的甜味感覺，而是辨認糖分，包括碳水化合物分解後產生的糖分，以幫助協調「與消化食物相關的激素」的釋放，例如胰島素可以移走血液中的葡萄糖。胰島素還在釋放代表「飽足」或「飢餓」的化學訊息中發揮作用，有助於調節食慾。

科學家發現結腸細胞具有 T1R2/T1R3 甜味受體。在那裡，它們可能會對幫助消化的益菌所釋放的化合物產生反應。目前認為這些受體的工作，是確保幾乎已經消化完成的食物，在結腸中停留的時間夠久，以盡可能的把營養成分吸收起來。這些受體也存在於身體的其他部位和腦部，包括腦部主控食慾的部位——下視丘。2017 年，科學家找到了下視丘直接「嘗到」血液中營養成分的證據。

英國瓦立克大學的戴爾（Nicholas Dale）和同事報告說：下視丘的伸長細胞（tanycyte）上，有和舌頭上完全相同的鮮味受體，能夠直接偵測到胺基酸。有兩種胺基酸讓伸長細胞的反應特別強烈，分別是精胺酸（arginine）和離胺酸（lysine），這兩種胺基酸在沙朗牛排、雞肉、鯖魚、李子、酪梨和杏仁中的含量很高。戴爾說，眾所周知，飯後血液和腦中的胺基酸濃度是很重要的飽足感信息，吃這些食物可以讓你更快消除飢餓感。

良藥苦口

這些類味覺受體的重要能力並不只有這些，其中一些對健康很重要。科學家在消化道發現的第二種類味覺細胞，屬於單一型化學感受細胞（solitary chemosensory cell）。這群細胞似乎起源得很早，魚的皮膚上有不同的單一型化學感受細胞，用來「嘗」水的味道。在人類消化道發現的單一型化學感受細胞類型，因為具有剛毛狀的微絨毛，稱為「簇狀細胞」或「刷狀細胞」。在顯微鏡下，這些簇狀細胞看起來超像口腔中的味覺細胞。

這種細胞的主要工作（甚至可能是唯一的工作），似乎是保護身體。細胞會製造各種苦味受體，包括 TAS2R38，它對某些蔬菜中的硫代葡萄糖苷和其他苦味化合物，會產生反應。但是在腸道中，科學家認為它可以偵測到可能造成疾病的細菌和寄生蟲所釋放的化合物。簇狀細胞的反應方式是召喚免疫細胞，刺激有殺死微生物功效的胜肽釋放出來，甚至讓體液或黏液釋放出來，沖掉病原體。事實上，最近的研究指出：身體各處的苦味受體在確保健康上，扮演重要的角色，你能夠活著，甚至可能要歸功於這些苦味受體。

苦味受體也存在於氣道中的單一型化學感受細胞上，也就是在肺臟和鼻子中都有。這些細胞似乎也具有保護能力，因為它們能檢測到來自細菌的訊息，其他種類的病原體可能也偵測得到，然後召喚免疫細胞並刺激一氧化氮的釋放。一氧化氮是強力的殺菌劑，它還可以讓布滿在氣道內壁的纖毛的擺動頻率增加，有助於排除入侵者。

甚至在精子中也發現了苦味受體。我們已經知道，精子利用氣味受體追蹤卵子的化學痕跡。苦味受體則可以幫助精子偵測有毒化學物質，好避開來，以免死亡。

某些類型的免疫細胞，包括能夠吞噬與破壞細菌、死亡細胞和受損細胞的吞噬細胞（phagocyte），也會製造出苦味受體，用這些受體偵測入侵細菌釋放的化學訊息。細菌利用那些化學訊息彼此「呼叫」，好聚集在一起，形成具備防禦功能的生物薄膜。免疫細胞可以「偷聽」身體中危險細菌的溝通內容。

中國有句諺語，說「良藥苦口」，這會是巧合嗎？或者某些藥物能發揮作用的原因之一，是和免疫細胞上的苦味受體結合，模擬感染的狀況而刺激免疫反應嗎？這是受到密切研究的課題，尤其現在有人努力想從藥物中去除苦味化學物質，好讓藥物更容易入口。

這幾十年來，對於味覺的研究，主要集中在味覺產生的機制上。現在研究範圍正在擴大，其中一個令人著迷的方向，是研究舌頭上和舌頭之外的味覺受體的活躍程度和敏銳程度，是否讓人下意識的想吃東西，或是有意識的渴求食物。渴求食物通常不能為個人的健康帶來益處，反而會讓人打破元旦時所下定的決心，經常點美食外送。瞭解味覺如何影響我們對於食物的慾望和行為，可能讓人的生活過得更為健康。

當身體缺乏鈉的時候，醛固酮（aldosterone）這激素會使得味覺細胞上鈉離子通道的數量增加，讓人對鹽更有感。不過有各式各樣的案例指出，有些人會吃一些顯然非常奇怪的東西，那屬於飲食失調的一種類型，稱為異食癖（pica）。有異食癖的人，會有想吃非食物的衝動，包括冰、頭髮、油漆、甚至菸蒂。然而，有時這些渴望是針對含有營養成分的非日常食物，例如螞蟻。會不會是缺乏了特定的營養成分，使得口腔或腸道中味覺受體的表現產生了變化，從而影響對於特定食物的渴望？

有可能。

來自腸道（或是腦部）的味覺受體訊息，是否有助於解釋一種大家都有過的感覺：已經吃義大利肉醬麵吃飽了，但絕對還有肚子吃一塊乳酪蛋糕？

大概吧。

馬葛斯基說：「這是非常令人興奮的研究領域，而我們所具備的知識還不完整。」

味覺深受基因影響

前面已經說明了，味覺對於整個身體有多麼重要，也指出了各種受體的重要程度。但是味覺受體之間的運作，也有顯著的差異。在口中是如此（如果你討厭香菜，那可能是因為你的苦味受體 TAS2R50 的基因屬於某個特殊的版本），更重要的是，在身體中更是如此。

在所有味覺受體的變異版本中，與苦味感覺有關的差異，往往會在晚餐時間引發最激烈的爭論。

「我不喜歡綠花椰菜，從小就不喜歡，但我媽媽要我吃。我現在是美國總統了，我不會再吃綠花椰菜了！」

這是 1990 年《紐約時報》所引用美國總統老布希的話。從老布希的這句話來看，他應該是「超級味覺者」。他的遺傳組成如大約四分之一的美國人那樣，具備了兩個相同的 TAS2R38 變異基因，這些變異基因會影響受體對硫代葡萄糖苷的敏銳程度。

和老布希一樣具有兩個相同變異 TAS2R38 的人，嘗起丙硫氧嘧啶（6-n-propylthiouracil，通常縮寫為 Prop）這種化合物也覺得苦。丙硫氧嘧啶是常用於評估苦味味覺的化合物。有些人具有兩個另一種變異的 TAS23R38 基因，對他們來說，丙硫氧嘧啶卻是一點也不苦，所以他們很難理解為何有些人那麼討厭綠花椰菜。兩種不同基因各擁有一個的人，反應往往介於兩者之間，他們會覺得綠花椰菜和其他蕓薹屬（*Brassica*）的蔬菜嘗起來可能有苦味，但並不反感。

舌頭上有多少乳突

有些味覺研究人員認為，超級味覺者所代表的意義遠遠不只有這樣。他們認為，對丙硫氧嘧啶更敏感的人，對蔗糖（嘗起來很甜）、檸檬酸（酸味）和氯化鈉（鹹味）也更敏感，這是因為他們舌頭上的乳突更多。

如果你想知道自己有多少乳突，可以用藍色食用色素、一張紙（最好是蠟紙）、打孔器和放大鏡來檢查。先用打孔器在紙上打一個洞，接著在舌尖滴一滴藍色食用色素，喝點水在嘴裡面漱口，吐掉水之後吞嚥幾次，好去除多餘的水分和唾液。現在面對鏡子，看著自己的舌頭，乳突應該突出於藍色背景之中。把打了洞的紙貼在舌頭上，數一下打孔區域中的乳突數量。如果超過三十個，你應該就可以稱自己為超級味覺者。

這種超級味覺者對於各種味覺都敏銳的概念，引起了相當多的關注。然而，有些研究無法確實發現到舌頭乳突數量與味覺敏銳程度之間的關聯，而且並非所有味覺研究人員都認為有足夠的證據支持這個概念。

對於超級味覺，普遍認同的觀點就只限於 TAS2R38 受體和苦味的知覺，並且有許多研究把苦味知覺的遺傳變異與健康聯繫起來，其中可能涉及到由舌頭產生的味覺。例如，對丙硫氧嘧啶更敏感的人，似乎比較少喝酒和咖啡。然而，真正與健康有關的重要味覺，並不涉及口腔。因為我們是利用苦味受體來偵測細菌之間用來傳訊的化學物質，對苦味沒那麼敏感的人，似乎更容易受到感染。

有一些最明確的證據在 2014 年發表出來。美國賓州大學的一支研究團隊報告說：與對丙硫氧嘧啶敏感的人相比，較不敏感的人更容易罹患需要動手術治療的慢性鼻竇感染，可能是因為那些人的免疫細胞對入侵細菌的化學反應不敏感。馬葛斯基解釋說：「免疫細胞不知道感染正在成形，因此細菌可以站穩腳跟，導致嚴重的鼻竇感染。」

馬葛斯基和同事也發現，嘗不出丙硫氧嘧啶的齧齒動物，更容易患上由細菌感染引起的牙齦疾病。接下來的研究是要確定在人類身上是否也有同樣狀況。（科學家推測：應該很有可能。）也有跡象顯示，苦味受體的遺傳變異可能和癌症有關，不過這方面的研究還處於早期階段。

我們在甜味受體中的遺傳差異，也會影響到健康。這些差異有助於解釋為什麼有些人喜歡甜食，而其他人吃或不吃甜甜圈都無所謂。事實上，並不是每個人都喜歡糖，尤其是高濃度的糖，莫耐爾化學感官中心的研究人員發現：TAS1R2 和 TAS1R3 這兩個甜味受體基因的版本差異，可以預測誰比較喜歡甜食、誰並不喜歡。

研究人員還注意到苦味和甜味的知覺彼此的關係，他們發現遺傳上對苦味化合物更敏感的兒童，也會覺得很甜的化合物更讓人覺得愉快；和對苦味較不敏感的孩子相比，他們更喜歡汽水而不是牛奶。研究人員指出：「總的來說，每個人對基本味道的感知能力有所差異，特定的一些基因和經驗，可能會讓某些人更愛吃會誘發齲齒的甜食。」事實上，有一些證據可支持這個觀點。一群土耳其的兒科牙醫最近報告，具有讓糖感覺更為可口的兩種甜味受體基因變異的兒童，蛀牙的數量更多。

TAS1R1 和 TAS1R3 這兩種受體的搭配，對鮮味味覺也很重要。有一項針對人們對鮮味敏銳度差異的研究，發現了差距介於十倍到二十倍之間，主要與這兩個受體的基因的常見變異有關。例如，具有某一種特殊 TAS1R1 受體基因變異的人，只需要一半量的麩胺酸，就能感受到具有另一種變異基因的人嘗到的鮮味。對他們來說，日式高湯或週日烤肉的鮮美程度會是兩倍。

吃得苦中苦，與黑暗性格有關？

味覺的感知影響了你我對於口味的偏好，從愛吃甜食到厭惡任何用香菜調味的料理，這點毫不意外。分布全身的味覺受體會影響身體健康，這個事實凸顯了那些受體對生活帶來了影響，但也有證據表明那些受體也可以影響性格。

味覺和性格之間最奇怪的關聯，是有些心理學家認為應該將味覺納入人格標準模型的特徵，以形成六大特徵（Big Six）。這種特徵以某人的名字為名，因為在他的著作中，對於多種感覺有巧妙的描述：「人們通常用眼睛而不是用手來判斷，因為每個人都能用眼睛看，但很少有人能夠去感覺。每個人能看到你的外貌，但很少有人能感覺到你的內在。」還有，「如果你不能兼而有之，那麼被恐懼勝於被愛。」當然，也不能忘記這一句：「如果必須對一個人造成傷害，那麼下手就要狠到不必擔憂對方能報復。」

寫下這些話的人是文藝復興時期的義大利作家兼外交官馬基維利（Niccolò Machiavelli），他的名聲不佳，因為他認為在維護政治權力時，可以只問結果不問手段。用「馬基維利主義」來描述人格特質，最早出現在 1970 年，指的是願意利用狡猾和欺騙手段以達成目標的人，他們很輕視大多數人重視的道德精神。

評估馬基維利主義程度的標準量表，會詢問你對於下面這些敘述的同意程度有多高：「如果不在這裡或那裡偷工減料，就很難成功」和「大多數罪犯和其他人之間的最大差別，是罪犯愚蠢到被抓。」這種人格特質與精神病態（psychopathy）和自戀（對自己的重要性過度膨脹，而且別人必須認可他的重要性，否則後果自負），合稱人格特徵的黑暗三合會。

奧地利因斯布魯克大學的薩吉歐格魯（Christina Sagioglou）和葛雷特梅爾（Tobias Greitemeyer），在對大約一千名美國人進行的兩項研究中發現：喜歡苦味飲食的人（例如偏愛黑巧克力或濃咖啡），往往具備研究人員所說的「高度施虐傾向」。這些人更容易在馬基維利主義和「日常施虐狂」的性格評量題得到高分，這兩種特質都和涉及讓他人痛苦而獲得快樂。其中一個評量題目讓我想起了一個典型的例子。我八歲的孩子喜歡給他哥哥出一個問題：你寧願把蟲子壓扁，還是把手放在一桶冰水裡或是去把骯髒的廁所洗乾淨？日常中就嗜好施虐的人會選擇殺死蟲子，如果他們當下沒有選擇如此，之後會說自己後悔了。

正如薩吉歐格魯和葛雷特梅爾所觀察到的，這項結果指出苦味味覺系統與黑暗人格特徵之間的關係密切。事實上，據研究人員所知，這是第一個把口味偏好與反社會人格特徵聯繫起來的研究。他們指出：「總的來說，把人們喜歡吃的東西與人格特徵建立關聯的研究，還處於起步階段。」並且補充說道：「考慮到飲食是如此必要與普遍的現象，這項發現讓人有些驚訝。」

為什麼偏愛苦味會與黑暗人格特徵有關？對大多數人來說，造成他人痛苦會帶來負面感覺，但馬基維利主義者可能會從這種感覺中得到報償感，也會從苦味受體傳遞的「厭惡」刺激中得到報償感。但是這種偏好能夠直接影響到性格嗎？除此之外，研究人員還想知道：持續產生的苦味感知，是否會影響人們對他人的感受，並且展現在待人的行為上？

苦苦相逼的人

在英語中，苦味和威脅之間當然有明顯的關聯。我們在言談中會有「苦苦相逼的敵人」和留下「苦澀的眼淚」。事實上，正如薩吉歐格魯和葛雷特梅爾所指出的，雖然我們往往不會對每日常見的景象或聲音產生強烈情緒反應，但會自然而然的認為食物和飲料嘗起來是「好」或「壞」，雖然我們可以享受某些苦味，但苦通常是「壞」的。

薩吉歐格魯和葛雷特梅爾為了探索苦味如何影響人們在社交互動時的感知，首先給一組受試者喝很苦的龍膽茶，另一組喝糖水，接著讓他們填寫各種問卷和進行測試。喝過龍膽茶的人，敵對感顯然大幅提升（他們厭惡這種飲料的程度，並不影響這個結果）。在另一項實驗中，喝過茶或喝過水的受試者會和研究人員互動，研究人員告訴他們要完成一項創造性任務。這項研究的重點是之後的步驟，當受試者針對研究人員的友善程度和工作能力進行評分時，喝過茶的人比喝過水的人更為嚴格。

我們知道，在下判斷時（例如買哪間房子），會下意識的受到身體狀態的影響，例如心跳速率（在第 8 章〈內感受〉有更多相關內容）。有科學家認為，人們在對他人下判斷的過程中，也會有類似的現象：如果我們感覺「不對勁」，那可能是因為某人有些「不對勁」。由於苦味（如同強烈的魚腥味那樣）會引發嘔吐，所以食物或飲料中的苦味所造成的厭惡感，可能會歸罪到錯誤的對象上，讓我們厭惡其他人及他們的行為。

其他研究確實支持這個想法。在今日已經聲名卓著的 2011 年一項實驗中，紐約的研究團隊向受試者展示了一組六個有道德疑慮的場面，其中包括：有人吃自己的狗（狗已經死了），學生偷圖書館的書，以及兩個表親發生合意性交。受試者必須對每個場景的反感程度進行評分，從 1 分到 10 分。那些之前先喝苦味飲料而不是甜飲或水的人，評分比較苛刻。更重要的是，研究人員要求每位受試者表明自己在政治上是保守派、自由派、還是兩者都不是，結果發現到比較苛刻的人都是保守派。也就是說，自由主義者無論喝到苦的還是甜的飲料，都沒有更嚴厲，但保守派人士卻會。

研究結果引發出了許多實際問題，例如陪審員是否應該避免太苦的飲料或食物？政治態度和取向可以經由特定的飲食來調控嗎？研究人員還引用了維多利亞時代的藝術評論家拉斯金（John Ruskin）的看法，他寫道：

品味不僅是道德的一部分以及道德的指標，而且還是唯一的道德。對於所有生物而言，同時是最初與最終考驗自己的問題是：「你喜歡什麼？」

告訴我，你喜歡什麼，我會告訴你，你是什麼樣的人。

在日常用語中，我們很明確的把身體上的厭惡和道德上的厭惡聯接起來。譬如，卑鄙的行為讓「嘴裡留下怪味道」，不道德的行為就是「噁心」。發表在《科學》期刊上的研究表明：無論我們嘗到苦味，還是親眼看到他人遭受不公平的對待，臉上都會出現同樣的「噁心」表情。研究人員懷疑道德上的厭惡，例如對亂倫的排斥，是從原始對於苦味味覺的厭惡演變而來的。

在愛情關係上，似乎也是如此，「甜蜜」的味道和對某人的「喜愛」之間，似乎也有某種關係存在。「甜心」、「蜜糖」之類的詞，都是愛人之間的用語。許多研究結果都能把甜味與吸引力或愛情的心理感覺聯繫起來。例如有一項研究發現：相比於無味道的飲料，喝甜飲料的學生對於虛構的可能約會對象，評價會比較高。2019 年，中國的一支研究團隊發表研究結果，指出甜味能夠促進腦部處理與浪漫有關的詞彙。研究人員寫道：「這些發現支持甜與愛之間有具體的效應。」並且補充說，這是一種明顯的「跨感覺知覺效應」（cross-modal effect）：某種感覺（味覺）影響了我們處理詞語的方式。這種效應引發了各式各樣的結果，能夠解釋為什麼巧克力和芬芳的鮮花是絕佳的情人節禮物，而異國蔬菜或發酵魚罐頭則可能會被扔回你臉上。

味覺會受其他感官影響

為什麼我們會把甜味與愛或吸引力建立起關聯？因為甜的食物和理想的伴侶，的確都會刺激腦部的報償系統。然而，跨感覺知覺效應不僅涉及感官知覺和另一種腦部活動之間的聯繫，某種感官的知覺也可以影響另一種感官的知覺。事實證明，這種感官之間的聯繫在體驗食物的美味時，非常重要。其實在感知食物飲料的味道時，我們都一直用到跨感覺知覺。對於跨感覺知覺的運作深具心得的廚師，可以成為高超的操縱者。

英國牛津大學的史賓斯（Charles Spence）是「多感官感知」領域最著名的心理學家之一，這個領域研究的是腦部如何統合來自不同感官的訊息。史賓斯特別著迷於多感官感知如何影響我們對食物和飲料的感覺，並在這個領域中得到了有如自助百匯般豐富的發現：

- 同樣的一杯里奧哈葡萄酒，在綠色照明並且飄盪「酸性」音樂的房間被喝下時，會說成是「更新鮮」，而在紅光房間裡播放連綿的「甜美」旋律時，被認為是「水果味」。
- 吃品客洋芋片的人，如果只能聽咀嚼聲中的高音部分，感覺洋芋片的脆度似乎提高了 15%。（這項研究首度證明了單是操縱聲音，就可以改變對食物的知覺，為史賓斯和合作者贏得了 2008 年搞笑諾貝爾營養獎。）

- ▶ 用白色杯子喝咖啡時，咖啡的苦味幾乎是用透明玻璃杯裝時的兩倍，但甜味只有三分之二。
- ▶ 在飛機上會讓甜味的感知減弱，但是對鮮味的感知增強。

多感官廚藝大師

傳統上，心理學家和神經科學家僅研究單一種感官，但過去幾十年的研究結果清楚的指出，跨感覺知覺效應確實非常強大。

除了在實驗室進行研究外，史賓斯還與廚師、航空公司和食品公司合作，把他的研究帶到餐館、飛機和超市。住在倫敦北部的年輕廚師尤瑟夫（Jozef Youssef）是史賓斯的合作對象之一。

每個月，尤瑟夫都會為十名顧客提供多感官晚餐。當然是提供給能夠找得著他的顧客。這並不容易。使用公共交通工具從倫敦市中心到達他那裡，需要乘坐地鐵到北線終點站高巴尼特，之後步行十七分鐘，即可到達一座由廢棄工廠改建的分租大樓。走上碎裂的磚製階梯，會看到一扇六角形金屬門，和一個向訪客保證「電梯正常運作」的標誌。那是一座速度非常緩慢的貨物升降機，陣陣抖動令人不安。關於這一點，尤瑟夫指出，他的客人大多數經常光顧高檔餐廳，這時會搞不清楚他們到底在怎樣的餐廳訂了桌。但那是體驗的一部分，因為走進一間天花板高挑的白色房間，一側有類似珊瑚礁的雕塑屏風，另一側則是開放式廚房，讓人感覺會發生顛覆感官的事情。

尤瑟夫聽過史賓斯的一次演講，之後在愛爾蘭布雷市的肥鴨餐廳實習時，看到史賓斯與餐廳主廚布魯門塔（Heston Blumenthal）一起研究，這讓他大開眼界。尤瑟夫說：「不只有烹飪的方式是一門科學，我們用餐的方式也是。味道，是由心智建構出來的。只要能夠影響到感官模組，不論是哪一種，都可以改變個人的用餐體驗。」

當然，尤瑟夫無法改變客人的基因和已經具備的經驗，但是他很清楚遺傳變異會造成對苦味的差異感受。所有食客都得到了一張丙硫氧嘧啶試紙，讓他們思考和交談。我和尤瑟夫說話時，他指著我旁邊白色圓底的咖啡杯，說道：「每個人所處的味道世界都不同。這杯咖啡的味道是從你一生當中喝過的每杯咖啡，所積累出來的。」

不過，尤瑟夫能夠利用一些每個人共有且不變的知覺特性，其中某種感覺會影響其他感覺。尤瑟夫說：「史賓斯教授談論與研究的內容，構成了我們設計用餐體驗時的基本原則。」

在我造訪時，菜單上的第一道菜是「四色彩球」（尤瑟夫如是說）。四種球分別是綠色、黑褐色、白色和紅色。品嘗之前，用餐者要只根據外觀來說哪個球是鹹的、苦的、酸的、甜的。

大多數客人認為白球是鹹的（可能是因為鹽是白色的），黑褐色球是苦的（可能因為咖啡、茶和黑巧克力都是黑褐色的），綠球是酸的（可能因為未成熟的水果是酸的），以及紅球是甜的（大概是因為成熟的水果是甜的）。這道料理的靈感來自於早期對味道與顏色之間關聯的研究，但尤瑟夫自行設計的實驗，成果納入了與史賓斯等人共同完成的論文中，於 2016 年發表。

我們似乎學到了把紅色與甜味及水果聯繫起來，綠色則代表酸味和新鮮，白色帶鹹味，黑色帶苦味。這些下意識的聯想，應該可以解釋為什麼同一杯里奧哈葡萄酒，在紅光下飲用時，果味更濃郁，但在綠光下飲用時，感覺更新鮮，以及凸顯咖啡深棕色的白色杯子，可以增強對苦味的感知。

尤瑟夫菜單上的另一道菜稱為「波巴奇奇」（Bouba Kiki），是以經典的跨感覺知覺效應來命名的。這道菜有兩個主要元素，其中一個元素是以生鱸魚、萊姆、大黃、青蘋果、香草和玉米製成。另一個元素的材料包括番薯、凝乳、石榴糖漿、帕瑪森乳酪油、辣椒粉和鼠尾草。如果你必須標記某一個元素為「波巴」，另一個為「奇奇」，哪個會是哪一個呢？

如果你標記第一個元素為「奇奇」，第二個為「波巴」，那麼你就與絕大多數客人相同。這道料理的靈感也來自史賓斯領導的研究。史賓斯發現，「波巴」這個詞引發了更圓潤、更甜和更肥美的味道感覺，而「奇奇」則激起了更明晰、更清脆、更新鮮的味道感覺。

這項工作的基礎，可以追溯到 1929 年，德國心理學家科勒（Wolfgang Köhler）針對說西班牙語的人進行的一項研究。科勒發現圓形、水滴狀，往往會和 baluba 這個詞匹配，而有尖角的星星形狀，則和 takete 匹配。現在更常使用的「波巴」和「奇奇」，來自於很久之後才在美國進行的研究，那項研究發現：美國大學生和印度說泰米爾語的人，對於語詞和形狀配對的結果中有 95% 是相同的。

進一步的研究發現：人們還傾向於把含有碳酸的汽水與尖角形狀配對，把非氣泡水與圓形配對。似乎「圓」或「尖」所帶來的感覺知覺，有某種程度的一致性，甚至和情緒也有關聯：「波巴」和「奇奇」哪個是生氣的，哪個是平靜的，我打賭我們的看法都相同。

但為什麼會這樣？

與鹹味搭配的顏色是白？是黑？

直到 2019 年，哈佛大學的西弗斯（Beau Sievers）領導的一系列研究，才給出了有說服力的答案。那種關聯來自「頻譜質心」（spectral centroid）這項概念。

研究團隊認為：影像和聲音可以分解成頻譜，頻譜中含有許多頻率各自不同的組件。組件的差異取決於形狀或是聲音。舉例來說，具有平滑曲線的形狀所構成的頻率比較低，由許多直線和尖角構成的形狀，頻率就比較高。頻譜質心實際上是那個頻譜的平均值。

要求人們（就像研究團隊所做的那樣）畫一個「憤怒」的形狀，人們往往會畫一些很像「奇奇」的東西，而會為「悲傷」畫一個「波巴」類的形狀。西弗斯和同事還發現：當人們生氣時，他們的言語和動作一定會比悲傷或平靜時，有更高頻率的頻譜質心。高頻譜質心不僅是憤怒跡象的特徵，也是尖銳形狀的特徵。例如，死亡金屬樂團的標誌和野獸派建築設計，就有「奇奇」的特徵。相較之下，低頻率的頻譜質心則常見於波巴形狀、bouba 這個詞的發音、雲朵，搖籃曲和日式花園中的枯山水，這些都讓人有平靜的感覺，在某些狀況下甚至有悲傷感。甜美「圓潤」的味道也很容易讓人聯想到雲朵，而「尖銳」酸性的「音符」則帶來不同的感覺。

儘管尤瑟夫的大多數客人都同意哪些食材應該是「奇奇」，哪些又屬於「波巴」，不過顏色和味道的關聯程度比較低，而且有些明顯具有地理差異。例如亞洲人往往把黑色（而非白色）與鹹味搭配，可能是因為那兒經常用到醬油。但就像俄國生理學家巴夫洛夫（Ivan Pavlov）受到制約的狗那樣，之前有食物時，鐘聲會響起，之後狗聽到鐘聲時，就會流口水。長年吃甜食、紅色草莓和其他水果，也會讓我們在吃紅色食物時，感知到甜味。同樣的，聽到高音時，會感覺到口感「清脆」，是因為我們已經學會把這種聲音與咀嚼新鮮食物（例如蘋果）聯結起來。

就像耶魯大學的受試者在看到棋盤圖像時，會聽到一種音調（見第 69 頁），持續維持一致的多感官體驗，也會讓人對於食物的味道建立起強大的期待。這種期待感的力量非常強烈，足以引導我們感知到不存在的事物，而不是感知到存在的事物。

歷史悠久的波爾多大學，位於世界最著名的葡萄酒產區之一的中央，修習葡萄酒釀造學的學生，要學習從種植葡萄到以五官品評葡萄品質的所有知識。2001 年，波爾多大學葡萄酒釀造學院的布羅謝（Frédéric Brochet），對其中的五十四名本科生進行了測驗。每個學生都拿到了兩杯上等波爾多葡萄酒，一杯是紅葡萄酒（卡本內－蘇維翁葡萄和梅洛葡萄混合釀成），另一杯是白葡萄酒（榭蜜雍葡萄與白蘇維翁葡萄混合釀成）。學生可以嗅聞和品嘗葡萄酒，之後在條列各種描述的表格中，勾選符合兩種葡萄酒的選項。一如所料，這些學生傾向於選擇用「蜂蜜」、「檸檬」和「葡萄柚」等詞來表示白葡萄酒，而「李子」、「黑醋栗」和「巧克力」則用於描述紅葡萄酒。

一個星期後，同一批學生再次拿得了兩杯酒。這次的白酒和之前一樣，但「紅」色的酒本身卻是白酒，只是用一種無味的染料染成紅色。學生這次描述白葡萄酒時，選擇了和之前相同的詞語，也仍然使用黑醋栗和巧克力等「紅葡萄酒」的描述，來形容這次「染紅」的白葡萄酒。

他們只是學生。可能是因為知道「應該」用什麼詞語描述，他們有意識的壓過了嗅覺和味覺所傳遞的訊息，轉而採用典型的紅酒與白酒的味道術語。這是可能的。但是布羅謝認為：學生對紅葡萄酒應該是什麼樣子的期望，已經受到了制約，這種制約如此強烈，以致來自眼睛的訊息壓過了傳統上認為負責感知味道的那些訊息，使得學生聞到並嘗到了他們所看到的東西。

在這種情況下，學生對於所嘗食物感知到的「最佳猜測」，並沒有多準確，因為先前的知識壓過了實際感知。對於準確聞出和品嘗葡萄酒的能力而言，最大的危險就是我們自己。但是就味覺系統本身而言，還有其他更大的威脅。

保護味覺，有益健康

我肯定你會熟悉這樣一個有深具說服力的說法：西方世界中有許多人體重過重，原因在於攝食高熱量甜味食物的慾望，這種慾望幫助人類的祖先為生存而奮鬥，但是在現代社會中，這樣吃已經不再對我們有利。在很容易就能夠得到食物的世界中，找到含有大量糖分、鹽分和脂肪的餐點與零食並不困難，我們很容易就吃得過多。現代的飲食加上缺乏運動，正在讓人發胖，而這點對味覺來說，也是個壞消息。

人們之前就已經知道肥胖會阻礙味覺。2018 年，美國的一支研究團隊提出了到目前為止最有說服力的證據，來說明原因：由超重或是肥胖造成的全身性輕微發炎，破壞了味覺細胞死亡和更新的正常平衡，最後使得味覺細胞的數量減少。由於進食能夠帶來報償的感覺，傳遞到腦部的味覺訊息對報償感至關重要，因此有人認為，味覺較弱的人必須吃更多食物，獲得的報償感才能與味覺系統健康的人一樣多。肥胖和味覺不良是釘牢在一起的，並且會彼此加重，讓情況螺旋式惡化。

然而也有證據指出：明顯超重或肥胖的人，體重減輕後，味覺能夠恢復，推測是味覺細胞更新而讓味覺恢復正常。但即使你的體重正常，也要注意吃了多少糖。有一些證據指出：高糖飲食會降低甜味受體的反應，會使得相同的一片蛋糕嘗起來沒有那麼甜，這會讓你吃得更多。

相反的，低糖飲食可以使甜食嘗起來更甜，敏銳程度的改變有助於讓你辨識出含有糖分的食物，也可能代表只要更少的食物就會讓你覺得「吃飽了」。這方面我有親身經驗。我在懷第二個兒子時，診斷出有妊娠性糖尿病，必須停止食用所有加工糖類，並且限制水果的攝取量。過了一陣子，我注意到食物嘗起來的味道改變了，草莓變得異常甜美。

對我來說，大幅減少糖的攝取量，確實讓我對甜食的味覺產生了很大不同。但是除了少吃會讓味覺敏銳度降低的食物之外，你可能無法把味覺訓練得更為敏銳（至少不能像訓練嗅覺那樣，來訓練味覺）。莫耐爾化學感官中心的柯瓦特（見第 109 頁）說：「嗅覺是比味覺系統更具有彈性的系統。味覺是根深蒂固的。」

要盡情享受味覺所帶來的感覺，代表要留意所吃的東西，好保護味覺。所以我們該慶幸，能有這些遍布全身的味覺受體，以各種方式來照顧我們 —— 引導你吃下美味的食物，同時保護你免受傷害。

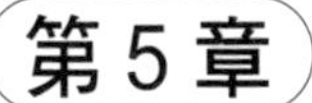

觸覺

── 如何利用舌頭爬山？

觸覺不是一種感覺，而是多種感覺。

──亞里斯多德，《論靈魂》

想像一下，在美國南卡羅萊納州大王松森林的沼澤地上，一株捕蠅草靜靜等待。當一隻漫不經心的蚱蜢落在捕蠅草的紅色葉片上時，掃過了一根感覺毛，這個時候牠還有一線生機：如果蚱蜢能夠在不再次觸動感覺毛的情況下跳開，那就能安全保命。但只要再掃過一次，有陷阱功能的葉片會馬上閉合。現在，捕蠅草正在計算感覺毛的觸動次數。

第一次接觸代表可能遇到了昆蟲。第二次則是確認接觸到可能的獵物，這時葉片會馬上閉合！第三次與第四次則要開始製造消化酶。第五次則要加強消化，現在可以吸收液化食物中的營養成分了。

捕蠅草只用到觸覺訊息，就可以適時進行殺死獵物的各個階段。它還可以估計獵物的大小，從而確定分泌出足夠的消化酶讓獵物變成美味的一餐，但又不會分泌過多而浪費了珍貴的酵素。

對捕蠅草來說，它著名的觸覺讓自己能夠捕食昆蟲和蜘蛛。但是最重要的是，觸覺為生物帶來了一種感覺：身體的界線是什麼，外在的世界從哪兒開始。

這是最基本的重要信息。不出所料，從細菌到海馬，從苔蘚到條蟲，所有生物都有觸覺。事實上，亞里斯多德認為，觸覺是所有感官中最重要的，因為沒有觸覺的動物將無法生存。亞里斯多德在《論靈魂》中主張：觸覺不是一種單一的感覺。

關於這一點，亞里斯多德當然是對的。不過也只是在當時是正確的，因為他認為對於熱和冷的感知也屬於觸覺。現在我們知道，那些分屬於不同的感官，而且知道觸覺本身就是很複雜的。

鑑別性觸覺 & 情緒性觸覺

對於人類來說，觸覺演化成具備兩個個別的面向。第一個面向是鑑別性觸覺（discriminative touch），基本上這是捕蠅草或花園中任何植物都具備的觸覺，只是更為複雜而已。鑑別性觸覺是一種實際的觸覺，讓我們知道：與什麼接觸了，身體的哪個部位接觸到，以及如果我們不想讓玻璃杯掉落、或是在岩石上滑倒，是否需要調整身體的肌肉。但即使是這個面向的觸覺也不是真正的單一種感覺，而是兩種——我們使用不同的感覺受器，分別感受到壓力和振動。

觸覺的第二個面向是很不同的。當你輕輕撫摸嬰兒的臉頰，或者你的愛人慢慢撫摸你的脖子時，皮膚中不同的觸覺感測器會產生反應，這是情緒性觸覺（emotional touch），是從其他人那兒得到的觸覺。直到 1990 年代，情緒性觸覺才正確受到描述，它對人類的健康發展和福祉至關重要。世界上有無數人獨自生活（光是在英國就有七百七十萬人），處於情緒性觸覺極度貧乏的悲慘狀況。

因此，瞭解所有形式的觸覺，對於身體與心理的健康都非常重要。然而我們不要操之過急，得從基本原理開始瞭解觸覺：當我們接觸到其他東西時，會發生哪些事情？

想像一下孩子的遊戲。在遊戲中要閉上眼睛，只用摸的來辨認出物體，可能是葡萄、樂高積木、撲克牌、茶匙。很容易吧！

1842 年，德國科學家穆勒（Johannes Müller）認為：不同類型的觸覺，可能是由不同類型的受器引發的。當你用指尖觸摸而區分物品時，四種感受機械力的感測器，讓我們能夠區分沙堡與絲綢，或是區分茶匙與葡萄。

生理學家把人類的皮膚，分為兩種主要的類型。一種是「有體毛」的類型，覆蓋了身體表面的大部分，無論看起來是否真的很多毛。另一種是在指尖、手掌、腳趾尖、腳底、嘴唇、乳頭和陰蒂，以及陰莖的頂端和包皮。這種皮膚的名字相當平凡，叫做「無體毛」皮膚。

這兩種皮膚在觸覺中扮演了不同角色。特別是位於指尖的光滑皮膚，專門用於判斷摸到的東西是什麼。在口腔中，觸覺讓我們感測出嘴裡物品的位置和質地，還有舌頭的位置，後者對於說話非常重要。在陰莖和陰蒂中，無體毛皮膚調整成能夠對性刺激產生反應。而在有體毛皮膚中，機械性受器的主要功能是在其他東西與我們接觸時，發出通知：大致接觸到身體的哪些部位了，以及接觸後可能造成的情況。接觸對象可能是陣雨、海風、手，或是一條蛇的舌頭。

皮膚中的四種觸覺受器

指尖、乳頭、陰蒂和陰莖等無毛的皮膚中，特別密集的受器是巴齊尼小體（Pacinian corpuscle），以十九世紀義大利解剖學家巴齊尼（Fillipo Pacini）為名。用顯微鏡觀察，這些受器是多層的，幾乎像洋蔥一樣。巴齊尼小體由單根神經纖維組成，外面由一層又一層的支持細胞包裹著，就算是微小的振動也能敏銳察覺到。要說明巴齊尼小體的作用，我還是用指尖當例子好了：從廚房的櫥櫃裡，拿出一個葡萄酒杯。

玻璃對手指所造成的最輕微細小的拖動，都能夠刺激到手指皮膚中的巴齊尼小體，讓你知道你確實拿著一個光滑且質地均勻的物體，而不是一個木杯。正如德國戴爾布魯克分子醫學中心的神經生物學家雷文（Gary Lewin）所解釋的那樣：「如果你的手指在一個物體的表面上緩緩移動，物體表面的粗糙質地，加上手指的移動速度，意味著你讓巴齊尼小體振動起來。」

不過，我們沒有演化到閉上眼睛還能辨識出那是葡萄酒杯，但發展出握住物體和使用工具的能力，對我們的生存至關緊要。對於深壓和高頻振動很敏銳的受器，可以讓你覺得一支堅固的工具就是你自己手部的延伸。

現在想像一下，你的手指在葡萄酒杯上輕輕滑動，這時候，靠近皮膚表面的梅斯納小體（Meissner's corpuscle）對於滑動的感覺非常敏銳，會立刻產生反應。這種球狀結構受到擠壓時，即使是非常輕微的擠壓，也會發出感覺訊息，迅速傳到脊髓，從而引起反射動作，調整手指肌肉的收縮程度，讓手稍微握得緊一點，酒杯就不會掉到地上。

第三種受器也發揮了作用。1894 年，義大利解剖學家魯菲尼（Angelo Ruffini）首次描述在貓的皮膚中，觀察到了他最初稱之為「小體」的神經末梢——後來科學界命名為魯菲尼小體。（魯菲尼甚至把自己當成實驗對象：一個與他同時代的人報導說，魯菲尼獻身於研究，曾用手術刀血淋淋的切下自己手臂的皮膚，製作成顯微鏡切片，其中含有那些小體。）魯菲尼小體偵測到拉伸時，會傳出訊息，例如玻璃杯對手掌產生的壓力所造成的手掌皮膚伸展。與魯菲尼小體連結的是一種「慢適應」神經纖維，只要受到刺激，就會繼續發送訊息。相較之下，巴齊尼小體是「快適應」的受器，只有在刺激發生變化時，才發送訊息。

第四種受器是梅克爾細胞，有時稱為梅克爾盤，它存在於所有脊椎動物的皮膚中，最早於 1875 年由德國人梅克爾（Friedrich Merkel）所描述，梅克爾自己稱之為「觸摸細胞」。在指尖上，梅克爾細胞會聚集在一起，一群最多可以有一百五十個，對於壓力的反應非常靈敏，可以讓你感測到物體的尖角、邊緣和質地。手指輕輕掃過酒杯的邊緣，就足以刺激這些梅克爾細胞。事實上，就算你閉上眼睛，拿到大小和形狀都相同的杯子，也能夠輕易的區分出材質是玻璃、木材、金屬、或塑膠，原因之一是這些材質從手指上吸走熱量的速率並不相同，而你正是倚賴梅克爾細胞的訊息來分辨這些輕微的差異。

梅克爾細胞與慢適應感覺神經元相連，讓指尖具備精細的辨別能力。然而，梅克爾細胞在手指頭以外的其他無體毛皮膚中，密度要低得多，正如約翰霍普金斯大學的林登（David Linden）所解釋的：你可以用指腹來閱讀點字，但用生殖器就辦不到。

直到最近，我們才發現指尖比科學家所瞭解到的更加敏銳。

2017 年，加州大學聖地亞哥分校的研究團隊，調查了人們是否可以用摸的，就能區分外觀相同、但表層幾乎為氧原子，或是表層由氟與碳原子構成的矽晶片：受試者用手指輕輕撫摸，有 70% 的機率正確挑出了有異的那一種。人類似乎可以檢測到只有一個分子厚度的表面差異！

手指的觸覺比腳趾敏銳

腦部的體感覺皮質（somatosensory cortex）負責處理觸覺訊息，其中特定類群的神經元讓你能馬上感覺到質地的差異。2019 年，芝加哥大學的研究團隊指出：其中某些類群的神經元會對粗糙的質地產生反應，其他類群的神經元則對更細緻的質地、或是皮膚上特定的壓陷模式產生反應。領導這項研究的班斯馬亞（Sliman Bensmaia）解釋說：「天鵝絨對某一群神經元造成的刺激，會強過其他群，而砂紙對於另一群神經元的刺激比較強。這種對於反應的差異，讓我們有豐富的觸覺。」

順便一提，由於腦部解釋皮膚觸覺的方式，建立在長期經驗上，這可能會讓人產生一些有趣的觸覺錯覺。有一種觸覺錯覺甚至以亞里斯多德為名，很容易就可以試試看：你拿一個小型的球狀物體，例如冷凍豌豆。中指和食指交叉，把豌豆放在兩根手指都能觸碰到的位置，然後閉上眼睛，觸碰一下。你可能會感覺好像在觸碰兩顆豌豆。為什麼？因為兩根手指的外側同時接觸到物體時，根據手指未交叉時的經驗，如果有這種信號模式發生了，必定是有兩個個別的物體。

如果說手指的感覺很容易受到混淆，那麼腳趾的感覺就更糟糕了。事實上，根據牛津大學西克米爾（Nela Cicmil）領導的研究指出：即使腳趾保持在正常位置，也很容易弄錯哪一根腳趾受到觸摸。西克米爾團隊首先要求受試者閉上眼睛，伸出手，然後研究人員用一根手指觸摸受試者的手指，受試者正確指出受觸摸手指的機率是 99%。現在，你找一位朋友幫忙，讓他拿一根鉛筆，你自己則脫掉鞋子和襪子，讓朋友按任意順序，用鉛筆一次碰觸一根你的腳趾。當西克米爾的團隊對受試者進行這項實驗時，如果受碰觸的是大腳趾或是小趾頭，受試者指出正確腳趾的機率是 94%，這就表示受試者偶爾也會出錯。但對於中間的三根腳趾，從大腳趾向外算，正確的機率分別只有 57%、60% 和 79%。沒有一根的正確機率會是 100%。對於大多數人來說，大腳趾旁邊的兩根腳趾尤其容易出錯。

為什麼會這樣呢？

西克米爾說：「我們提出了一個模型，在這個模型中，腦部不會分別感知每根腳趾，而是當成五個區塊。但實際腳趾之間的空隙，與那些區塊的邊界並不對應。」這樣似乎便會造成混淆。除此之外，我們習慣穿鞋，這會削弱腳部的感覺訊息。

在有體毛皮膚中，除了沒有梅斯納小體，其他類型的觸覺受器都有，只是分布的密度不同——這就是為什麼我們常用指尖去辨識出物體，而不是用手臂的外側。但是在有體毛皮膚中，有特別的感覺神經末梢，圍繞著毛囊底部。當毛髮彎曲時，彎曲的程度決定了訊息往腦部傳遞的速率。腦部可以從訊息傳遞的速率和模式，區分出是微風拂過、或是蜘蛛在皮膚上爬行。 所以如果你脫毛了，你會體驗到毛髮脫落而導致的觸覺敏銳程度下降。

但最重要的，仍是特定觸覺受器的密度差異，這代表了身體的某些部位就算有毛髮，觸覺也比較不敏銳。胸部和背部的皮膚每平方公分所含有的觸覺受器數量，少於指尖的百分之一。

你可以讓剛才的朋友再來試驗看看，這次讓他拿兩枝筆，你自己閉上眼睛，請對方把鉛筆尖併在一起，用兩個筆尖輕輕戳你指尖的一點，然後請朋友逐漸將兩支鉛筆尖的距離拉開，你則是注意何時可以開始區分出有兩個戳觸點。平均而言，當鉛筆尖相距二公釐到四公釐時，我們可以感覺到指尖上的兩個獨立的壓力點。但是在背部，可能要間距三公分到四公分，才感覺得到。

充滿情感的觸摸

儘管如此，相較於梅克爾受體分布稀少的背部，我們的頸部和額頭富含一種之前沒有提到的獨特觸覺神經纖維——慢速傳輸的「C 觸覺纖維」，這些纖維專門針對「大約攝氏 32 度的物體緩緩輕柔的碰觸」而產生反應。皮膚的溫度通常是攝氏 32 度，也就是說，這類型的觸摸通常來自另一個人，因此這種在 1990 年代才發現的纖維，有「愛撫感測器」之名。它們的作用不屬於鑑別性觸覺，而是情緒性觸覺。

愛撫感測器不僅將訊息發送到體感覺皮質（負責處理觸覺的腦部區域），還發送到和情緒有關的腦島皮質（見第 122 頁）。這種形式的觸摸，似乎與恆河猴彼此的理毛接觸有關。因為這種觸摸（在需要的時候）感覺很好，鼓勵我們與他人親近，彼此共同相處一段時間，並且建立聯繫。因此，利物浦約翰摩爾大學的麥格隆（Francis McGlone）認為：這種觸摸無異於「生物必需品」。

曾經接觸過嬰兒的人都知道，他人的接觸（近距離接觸嬰兒裸露的皮膚），最能讓嬰兒平靜。此外，沒有什麼比握手或是擁抱，更能表達出「我在你身邊」的感覺了。而且麥格隆還認為：這種帶有親密、包容感覺的觸摸，從子宮時期就開始了，並且對於「社會腦」（social brain）的健康發展，極為重要，同時還有助於早產兒的成長，讓他們體重增加得更快、更早出院。這是科學家在 1970 年代發現的，然而身體和腦部的情緒性觸覺系統，要再過二十年才會發現。

如此重要的系統竟然這麼久都沒有人知道，似乎會讓人覺得奇怪。但這反映了「感覺生物學」這個研究領域的傳統。神經生物學家雷文說：從 1960 年代到 1980 年代，絕大多數的感官研究都是關於視覺的，「我們專注於視覺系統，因為很明顯，人類是非常視覺導向的。但我認為這種專注，導致我們低估了觸覺的重要性。」

觸摸是如此重要，以致觸覺敏銳程度的差異，會對日常生活造成深遠的影響。舉例來說，觸覺不太敏銳的人，不太可能靈巧的使用手術刀。對觸覺不太敏銳的兒童來說，可能會覺得用鉛筆學寫字比較困難。還有，由於口中精確的觸覺對說話能力非常重要，觸覺敏銳程度的差異可能解釋了：為什麼有些幼兒需要比較長的時間，才學會說話。

雷文發現，在擁有健康觸覺的人當中，有些人的觸覺超乎尋常的敏銳。雷文的研究團隊使用頻率約為 125 赫的振動，刺激受試者的梅斯納小體，在每百人中總能找到一些人，能夠敏銳到可感受振幅只有 300 奈米的振動。然而有些人完全相反，連 3 微米的振動（300 奈米的十倍）都難以感受到。其他人的敏銳程度介於兩者之間，人數形成常態分布。雷文坦承說：「我們真的不知道為什麼會這樣，可能和受器末端有關，有些人的感覺神經元更為靈敏。除此之外，他們的神經系統可能更擅長感測來自皮膚的訊息。」

聽力好的人，觸覺也更靈敏

雷文和同事研究了同卵雙胞胎和異卵雙胞胎，想要瞭解基因對於觸覺敏銳度和聽覺敏銳度的影響，因為兩者都需要用到機械性受器，結果發現兩者都具有高度可遺傳性，有大約 40% 的觸覺表現歸因於基因。雷文的研究團隊還指出：聽力比較好的人，往往觸覺也更為敏銳，反之亦然：聽力相對較差的人，觸覺較不敏銳。

我們該如何理解導致這些差異的原因？

就像一個人坐在足球場的看臺上，周圍有其他觀眾，皮膚中的機械性受器也受到其他細胞的包圍，但此外也受到支撐結構包圍。在足球場內，有樓層和座位。在皮膚中，用雷文的話來說：細胞之間由細胞外基質（extra-cellular matrix）「黏在一起」。雷文研究團隊已經證明：這種基質對於那些「對機械作用很敏感的離子通道」相當重要。畢竟，必須有某種東西將基質與離子通道連結起來，雷文的證據指出，其中牽涉到一種叫做 Usher2A 的蛋白質，雷文說：「想像一個裝滿水的水槽，槽底有一個塞子，上面有一條鏈子。你可以把塞子看成是離子通道。打開該通道時，離子會流入細胞並啟動細胞。」雷文認為，Usher2A 是基質中能夠拉動鏈子的蛋白質。

雷文也發現到 Usher2A 基因有特定變異的人，不僅觸覺比較不敏銳，還會有先天性耳聾。（正如我們所知，在耳蝸中，與毛細胞連結的神經纖維中的「對機械作用很敏感的離子通道」，對聽覺能力至關重要。）

美國加州斯克里普斯研究所的帕塔普蒂安（Ardem Patapoutian）進行了最新的相關研究，雷文的團隊也有參與。他們的研究結果指出：另一種名為 Piezo2 的蛋白質，對觸覺非常重要。之後科學家發現到，Piezo2 是梅克爾細胞中重要的離子通道。機械作用會改變 Piezo2 的形狀，使鈉或其他帶正電的離子流入細胞中，進而引起電脈衝，電脈衝會沿著感覺神經元，經由脊髓傳達到腦部。Piezo2 無法正常運作的人，有體毛皮膚能夠感受到緩慢刷過的觸覺，但難以感受到輕觸。

2016 年，美國的研究團隊在期刊論文中，首度描述了 Piezo2 發生變異的兩個人，一位是九歲的女孩，一位是十九歲的女性。其中一位如果不用眼睛看，就無法分辨測徑器的尖端是有兩個、還是一個，牢牢的壓在她的掌心中。雖然她們都感覺到東西輕輕刷過有體毛皮膚，但其中一人說那是刺痛的感覺，讓人不愉快。

理論上，幫助 Piezo2 有缺陷的人感受觸覺是有可能的，讓正常觸覺的人變得更敏銳也是。雷文的團隊最近發現了一種可以阻止觸覺感知的藥物。雷文說，生物學的原則之一是：如果藥物可以抑制觸覺，那麼使用藥物來增強觸摸，這種反向的程序必定也是可行的。除此之外，其他團隊還發現了能夠刺激類似 Piezo2 離子通道的分子。雷文說：「如果你可以這樣影響類似 Piezo2 的離子通道，就有可能也影響 Piezo2 本身。還沒有人設計出可以讓你的觸覺更敏銳的藥物，但這種可能性是存在的。」

雖然藥物還沒有出現，但是觸覺能夠經由訓練加強，你甚至可以訓練一個指尖（更精確的說是腦部）對觸覺反應更為敏銳，而且，透過奇異的交互作用，還會讓其他手指變得更敏銳。

牛津大學的哈拉爾（Vanessa Harrar）團隊首先測試了受試者在每個指尖受到兩次不同力道碰觸時，辨別其中細微差異的能力。然後研究人員不斷的碰觸受試者，每次都碰觸同一個指尖。研究人員會詢問受試者每次碰觸之後的感受，並且告訴他們，感受是對是錯。受試者會愈來愈厲害，那個指尖的觸覺變得更敏銳了。之後他們的每個指尖都再次接受測試時，研究團隊發現，那根手指相鄰的手指，以及另一隻手上的同一根手指，雖然沒有經過訓練，竟然也變得更敏銳。事實上，那些手指敏銳度提升的程度，和訓練過的手指相近。

這怎麼發生的？研究團隊認為，因為那些手指的觸覺訊息會傳到體感覺皮質中的同一塊區域。當那塊區域處理觸覺訊息的能力提升了，其他手指的觸覺也跟著變得更為敏銳。

人與人的實質接觸很重要

或許還有更值得注意的事。另一支研究團隊發現：重複觸摸右手食指指尖，可以讓嘴唇的觸覺更為靈敏。可能的原因是在主要的體感覺皮質中，處理臉部訊息的區域比鄰處理手部的區域，但是兩者之間的區隔並不明顯，因此一個區域更靈敏了，會稍微帶動旁邊另一個區域。（事實上，有些人因為受傷或截肢，在失去一隻手後，腦中體感覺皮質相鄰的手部與臉部區域之間的神經連結發生了變化，這會使一些病人的臉部受到觸摸時，會覺得實際上受到觸摸的是已經失去的「幻手」。）

如果反覆觸摸右手食指尖可以提高嘴唇觸覺的敏銳程度，我不禁想知道，工作中需要經常打鍵盤的人，接吻是否會更厲害？或許你可以自己進行這方面的研究。

觸覺顯然可以訓練。當然在基本層面上，這種訓練甚至在出生前就開始了。但是兒童需要時間來磨練觸覺，他們經由觸摸不同物體而練習得愈多，觸覺就會愈敏銳。但今日我們生活在充滿螢幕的世界，螢幕在不同程度上取代了傳統的實體玩具，這讓一些研究人員很擔憂。

有些研究人員還擔心在許多文化中，身體接觸不如過去那樣受到認可。身體不接觸是出自於一些非常好的理由。但是，不鼓勵教師和學生、工作場所同事之間身體互相碰觸的一個後果，是這種人與人的接觸減少了，就會缺乏身為人類的感覺，而人與人之間的網路戀愛而非「親身體會」戀愛關係，則更是如此。由於社會聯繫和支持的感覺非常重要，這個研究領域中，有些科學家對此深感憂慮。

人與人之間的實質接觸有多重要，以及如果沒有了，日子會多艱苦——這對於一位英國作曲家來說，是個意外的發現。在工作過程中，她和多年來沒有受到其他人觸摸過的人交談，深深為他們的故事所觸動。她沒有其他方法來表達這種感動。她向我描述時，我很容易就理解到原因為何。

辛格（Steph Singer）是 BitterSuite 這個機構的創意總監，很年輕、充滿活力。該機構創作了多感官交響樂。這些多感官交響樂在設計時，不僅考量到聽覺，還考量到味覺、嗅覺和觸覺。參加 BitterSuite 演出節目的人，會接觸到各種氣味和味道，同時有一名指導員相助，在管弦樂團演奏時，帶領觀眾做身體動作。

在倫敦東部的一間工作室裡，我親身體驗這種節目。辛格讓我坐在高腳凳上，要我閉起眼睛，然後她將一隻手掌平放在我的胸口，另一隻手掌平放在我的背部。這是一種深刻包容的接觸。我站起來時，她轉身摟住我的腰，所以我們並排在一起，骨盆對骨盆，她的手護著我的腰，我們走路時，她會引導我。我閉上眼睛，注意力放在她帶來的觸覺上，她（溫和體貼的）控制我的動作、我的身體，甚至我的意志，都受控於她。

辛格很快就注意到：在表演過程中，音樂會的聽眾和指導者之間的這種身體上的夥伴關係，可能會變得非常密切。起初工作團隊在節目中並沒有特別關注觸摸，她說：「但後來我們意識到這是一種非常親密的交流方式，代表著你可以在一個房間中的兩個陌生人之間，建立這些非語言的關係，最後你感受到的共享體驗，會洶湧溢出。人們想談論自己剛剛的感受，並且想去和其他聽眾交談，瞭解他們的經歷。每個人經歷的動作都相同，但肢體上獲得的體驗截然不同。」

人們的情緒反應讓辛格感到特別震驚，他們說這是自己好長一段時間以來，頭一次受到另一個人的觸摸。在一場多感官音樂會上，一位三十八歲的男子透露，這是他七年來第一次受到他人觸摸。辛格回憶道：「我們有另一位女性觀眾，約三十歲出頭，她說她剛搬到城裡，在過去八個月裡，並沒有真正被任何人觸摸過。她提到每個人都討厭人潮擁擠的地鐵，但她在搭乘地鐵時，會稍微靠向其他人，因為她懷念那種身體接觸的感覺……我並不是說每個人都應該一直受到觸摸，但觸摸是人類的天性。」

辛格與倫敦國王學院的研究人員合作，更仔細探究多感官音樂會聽眾對於觸摸所抱持的態度。在音樂會結束後，會發給聽眾問卷，有個提問是：「你是否懷念生活中的觸摸？如果是這樣，你感覺如何？」聽眾的回答非常坦率，並且令人難忘，例如：

是的。這讓我感覺身體不那麼靈活，變得更僵硬。我受到觸摸時，我感到心痛，我記起（或盡力想記起）受到觸摸是什麼感覺。我記得當我生病或沮喪時，母親撫摸我的頭髮和耳朵時的感覺。

是的，非常孤獨，但直到我（在瑜伽課結束）受到觸摸時，我才意識到這點。我哭了。

當然，人與人之間觸摸的程度，怎樣才算正常或可以接受，存在著文化差異。一些研究人員認為，這些差異有助於解釋其他類型的社會行為變化。

父母必須多觸摸自己的孩子

美國邁阿密大學觸覺研究所的所長菲爾德（Tiffany Field），在邁阿密和法國巴黎觀察遊戲場上的幼兒和麥當勞中的年輕人時，注意到一些明顯的差異。在幼兒這個年齡層，法國的孩子比邁阿密的孩子更常受到父母的觸摸。菲爾德指出：法國青少年比美國青少年更常彼此觸摸、擁抱和打鬧。法國青少年在口語和身體上的攻擊性也比較低。當然，其他因素或許也能解釋這種差異，但菲爾德認為，兩國國民身體互相接觸的差異很關鍵。

根據菲爾德多年觀察人們在公共場所相互觸摸的狀況，她認為與智慧型手機出現之前相比，兒童受到的觸摸減少了很多。父母親塞給幼兒智慧型手機，或許很快就能讓孩童安靜下來，但這樣他們就不會與父母或手足有身體互動了。事實上，無處不在的科技反而代表了我們必須意識到，兒童更需要經常得到他人的觸摸。菲爾德說：「我認為父母必須特別努力，盡可能的觸摸自己的孩子。」

應用觸覺的新科技

到目前為止，觸覺並不是能在相隔一段距離之外造成作用的感覺。舉例來說，要感受橘子表面的凹凸，你必須把橘子放在手掌上。

但情況可能很快就會不同，電子遊戲產業是推動這方面研究的主力。那些公司希望遊戲玩家不僅能看到和聽到他們設計出的虛擬世界，而且還能親身感受到。在瑞士洛桑聯邦理工學院的重構機器人實驗室（Reconfigurable Robotics Laboratory），工程師團隊正在研究實現這一點的方法。他們用具有彈性的塑膠，製作成一種柔軟的人工合成皮膚，其中有微小的氣室，每個氣室都能夠在一秒鐘內多次充氣和放氣。這種人工合成皮膚可以製成手套，甚至覆蓋住整個身體，讓人感覺到一拳打在胸口，或者輕輕一戳。

其他團隊正在研究開發更複雜的人工機械性受器，甚至是人工觸覺神經元，可以檢測按壓的力度，並依此傳出訊息，用於控制真正的肌肉。

有些團隊關注的是其他利用觸摸的新方法，就像是以非比尋常的方式利用聽覺，例如盲人基許（見第 84 頁）利用回聲定位，觸覺應當也可以有其他用途。其中一些研發結果非同凡響，例如把佩戴式攝影機的影片，轉換成各種輕微刺激舌頭模式的觸覺儀器，讓盲人能夠用以爬山。美國的韋恩梅爾（Erik Weihenmayer）在十幾歲時，因遺傳疾病而失明，他用這樣的設備在猶他州和科羅拉多州登山。韋恩梅爾甚至還去爬了聖母峰，在攀登過程中，他「只」使用了觸覺，外加一名嚮導。

有些研究人員認為，有可能利用觸覺而啟動新的「感官」。史丹佛大學的神經科學家伊格曼（David Eagleman）的看法，有著濃厚的科幻色彩：「我們對於現實的體驗，不需要受限於人類的生物特性。」

伊格曼的實驗室最初設計了將振動式多功能超感官傳感器，做為聽障者的感官替代設備。這種儀器像是背心，要穿在身上，其中含有振動馬達（最新的成品有三十二個振動馬達），設計理念是：當有人說話時，話語可以轉化為刺激身體觸覺的模式。之後這項工作已擴展到其他領域。

五感之外的新世界

理論上，幾乎任何你想要的東西，例如股市漲跌趨勢，或是自己的血壓、可見光譜之外的光，都可以轉化為人類這種出色的模式發現者和學習者所能解讀的觸覺刺激模式。這一開始需要刻意努力去注意。但隨著練習，伊格曼說，這些轉化模式會變得能夠自動產生，「並且會帶來一種新的感官。」

不過，這真的能夠算作一種新的感官嗎？或者只是一種通過觸覺接收新訊息的方式？能夠流利使用點字的人，可能會不再意識到這是藉由觸覺訊息讀取文字，而是毫不費力的「感知」到文字，但這還是利用到了觸覺。又譬如，你對股市的漲跌產生了一種新的感覺，但那不是你的「第六感」，這點你也很清楚。

不可否認，除了視覺、聽覺、嗅覺、味覺和觸覺之外，我們還有其他自然感官。現在是時候，超越陳舊受限的亞里斯多德五感模型，進入更為廣大且不可思議的人類感官世界了。

第二部

新發現的感覺

除了五種感官之外，沒有其他種類的感官。

——亞里斯多德，《論靈魂》

我們知道，亞里斯多德認為人類有五種感官、且只有五種，是其來有自的。我要再三聲明，亞里斯多德是一位傑出的生物學家。有位十九世紀傑出的解剖學家甚至盛讚他：「動物學研究建立在他的研究工作之上，我們幾乎可以認為，那就像是智慧女神密涅瓦，從宙斯的頭上誕生出來那般，已經是宏偉與成熟了。」

然而事實證明，感官世界中有很大的領域尚未受到探索，那些感官讓人感受到從憤怒到狂喜間的種種情緒，讓你的身體處於單用觸覺或視覺無法達到的境地。那些感官和之前提到的種種感覺一樣，讓人類得以成為人類，甚至正在成為人類所有體驗的核心。不過，我們現在先從皮膚表面之下開始。

第 6 章

本體感覺

—— 成為最頂尖芭蕾舞者的方法

站起身、閉上眼，舉起右手讓食指接近額頭，但是不要碰到額頭。現在往前走一步，讓掌朝下和頭頂接觸。

你辦到了嗎？如果辦得到，那麼在亞里斯多德的五感中，只有觸覺在剛才的動作中發揮了作用，讓你知道你的手掌接觸到頭顱，以及腳離開地面後又重新接觸到地面。但是如果心裡面不知道自己身體各部位的位置，就無法知道手指是否接近了額頭，然後當你將手伸到頭上方時，你的手可能會四處揮動，要靠運氣才能夠放到頭頂上。如果沒有了腿部肌肉活動的訊息，那麼你在走路的時候，可能會跌坐到地上。

我們人類在接觸物體和移動時，深深仰賴視覺去協調動作，但是在沒有視覺的狀況下，依然能夠接觸物體和移動。不過在失去了身體各部位所在位置的感覺時，情況就截然不同了。在這一章，我將會說明這種重要的感覺，稱為「本體感覺」，以及本體感覺的運作方式。改善本體感覺，對於身體和心智都有很正面的影響。

對於一種「新的」感覺來說，本體感覺並不太新，大約一個世紀之前，我們就知道本體感覺運作的基本科學原理了。1860 年代末，英國解剖學家巴斯提安（Henry Bastian）就認為有「肌肉感覺」存在，他稱之為 kinaesthesia，這個詞來自希臘文，kinein 是移動之意，aisthesis 是感覺，合起來就是肢體移動的感覺。巴斯提安認為「移動感覺」在腦部控制身體移動時非常重要，但是沒有人知道這種感覺是怎麼來的。

然而，當時人們對解決這個問題有著濃厚的興趣，同時也有這樣做的科學動力。1876 年，英國生理學會成立，領導人物宣稱從解剖學、實驗生理學和臨床醫學等得到的發現，應該可以彼此參照。當時也開始瞭解到大腦皮質（腦部的最外層）分成不同的區域，各區域有專責的功能。到了 1881 年，甚至有人開始提到腦部有所謂的運動區域、或是「感覺－運動區域」。

當時德國的生理學家認為，腦部監測了發給肌肉的運動指令而得到運動知覺。但是如果有別人移動你的手臂、舉高過頭的狀況時，會是如何呢？你依然覺得你的手臂移動了，而且知道手臂的位置。一如英國生理學家薛林頓（Charles Scott Sherrington）爵士所說的，就算身體靜止不動，我們也能自然而然知道身體各部位的位置。薛林頓決心要瞭解這是怎樣辦到的。

薛林頓發展出了「肌肉感覺」這個概念，後來很快就成為本體感覺的基礎理論。薛林頓和後繼的感覺研究先驅魯菲尼（發現了偵測拉伸的魯菲尼小體），以及其他許多生理學家，勤奮不懈的研究，拓展了我們對於感官世界的認識。他們得到的發現包括了各種受器、受器傳遞訊息的方式，成果都很了不起，就像是把珍貴的事物從血肉中提煉出來（我們知道魯菲尼取了自己的血肉做實驗）。

薛林頓後來到利物浦大學任教，最後到牛津大學，他都一直戮力研究肌肉、脊隨和腦部之間的連結，後來在 1932 年獲頒諾貝爾生理醫學獎。到最後，薛林頓提出了確鑿的證據，指出了來自身體各個部位的姿勢與運動的感官訊息會進入腦中。

人體是分節的倒單擺

你大概不曾想過自己是「分節的倒單擺」── 你的脊椎是由個別的脊椎骨組成，然後頭部非常大，的確就像是分節的倒單擺。倒單擺系統本身很不穩定，需要幾乎時時刻刻調控姿勢，才能夠維持直立。薛林頓的研究指出：絕大部分時候，都是由反射路徑（不需要意志就能夠自動反應、產生動作）完成這件事。

但是不論是無意識的在公車上站直身體，或是攀爬聖母峰，都需要倚賴本體感覺。薛林頓在 1906 年描述這種感覺是「感覺到關節與身體的移動，以及身體在空間中的位置。」基本上，本體感覺就是對於身體各部位在何時移動得多快，以及彼此位置關聯的感覺。

你坐著嗎？如果是坐著，請閉上眼睛。如果你能夠本能的感覺到腳的位置在胸部之下，那就是本體感覺。如果現在你舉起手臂，能夠感覺到手臂在動，那也是本體感覺。

老實說，「本體感覺」並不是平易近人的詞，也不是眾所皆知的感覺，但並不表示它不重要。本體感覺就像是讓每件事情順利進行的員工，所得到的注意卻少得可憐。你很少注意到某人所從事的業務，並不代表那個人可有可無，而是他受到了忽視。事實上，我們時時刻刻都用到本體感覺。

現在為了能夠打字，我的腦部需要知道我的手指在空間中的精確位置，以及手指彼此之間的相對位置。我剛開始學打字的時候，注意力都放在視覺上，緊盯著我的手指在鍵盤上的位置。由於視覺占據了大量的意識，我幾乎不太會注意到手指位置的訊息。但是在我的打字技術練得很純熟之後，如果我閉上眼睛繼續打字，我就會感覺到手指的位置。

現在回想你學習接球的時候，我賭你當時也和我一樣，被教導說要看著球，而不是看著自己的手。這是個好建議，因為我們具有本體感覺，你的腦部知道手在空間中的位置，而不知道的是球的位置，這時候就需要視覺的協助。要接住一個東西，你不需要注意手位置的訊息，但是這些訊息一直有傳遞到腦部。

人類和其他所有哺乳動物的全身中，有三類不同的受器，讓我們有這種本體感覺。一如觸覺與聽覺中的受器，這三類受器也屬於機械性受器，會受到拉扯或擠壓之類物理作用的刺激。

在肌肉中，有稱為肌梭（muscle spindle）的受器密布著，這種小體由結締組織構成，能夠感測伸展，小體裡面還有特殊的肌肉纖維，緊密連結到感覺神經元的末梢。這些神經元會把訊息傳遞到腦部，指出肌肉開始拉伸、拉伸的速度，以及停止拉伸。

肌梭是在 1851 年發現的，不過要到了 1892 年，當時在義大利波納隆大學的魯菲尼，才首先瞭解到那是一種感覺受器。順便一提，雖然薛林頓發現了這種新的感覺，但是魯菲尼沒有。他的工作是調查這種結構，並且教授身體組織顯微解剖課程。在這項工作中，皮膚和肌肉中的受器變成他熱愛的研究對象。（他也很喜歡研究兩生類的胚胎，不過這又是另一個故事了。）

魯菲尼研究這些受器時，花了很久的時間，只有他一個人在做，而且幾乎沒有人知道。他突破性的論文很難發表出來。不過薛林頓很崇敬他。對薛林頓來說，這個領域如果有問題，就該去問魯菲尼。有一次，薛林頓的一位神經學家朋友和他說，自己手臂有一塊皮膚「有些麻木」，薛林頓馬上寫信給魯菲尼，非常激動的詢問他是否檢查了樣本：

> 如果您能為我檢查，請好心立刻告知⋯⋯並且請寫信詳告保存切下皮膚液體的配方。也請您告知是否需要一片或數片皮膚樣本，以及樣本的深度⋯⋯我確信您是這個領域最好的研究人員。

這兩人的友誼建立在通信之上，可惜兩人從未實際會面過，不過合作撞擊出來的火花，照亮的不是皮膚受器的研究，而是魯菲尼的肌肉研究。魯菲尼宣布肌梭屬於感覺受器後的隔年，薛林頓發表研究結果，他找到連結在肌梭上的神經纖維，而且這些纖維一路延伸到脊髓的背根（dorsal root），感覺訊息就是從背根傳入脊髓的，因此也就確定了肌梭傳來的是感覺體驗。這時「肌肉感覺」已經有十足的證據了。

1900 年耶誕節前數個星期，薛林頓把這消息傳出去，他寫信給魯菲尼：

> 我一直忙於準備我國國立大學研究生的生理學課程。這些學生之後將會教導學校中的孩子瞭解身體與感覺正常運作的方式，我認為這是非常重要的。

然而絕大多數的學校課程中，依然沒有教導本體感覺。

反覆練習可強化本體感覺

肌梭是本體感覺產生的起點，當然這個故事中還有其他的重要配角。如果你把這本書放下，再舉起來，這時在肌肉與肌腱的接合部位裡密集分布的高基氏肌腱受器（Golgi tendon organ），會感測到這種變化，並且把你舉起東西時產生的肌肉張力，轉換成訊息傳遞出去。（魯菲尼對高基氏肌腱受器的研究，也很有貢獻。）

第三類重要的本體感覺受器，屬於機械性受器，位於關節囊（這種結構包圍著骨頭與骨頭相鄰而成為關節的部位）。在關節囊中，有巴齊尼小體（見第 148 頁），之前提到皮膚中也有許多這種受器。關節囊中的巴齊尼小體，功用是把骨骼傳來的細微振動，轉換成訊息傳遞出去。關節周圍也有偵測伸張的魯菲尼小體，會在你的關節（例如膝蓋或手肘）轉動時傳出訊息。

魯菲尼小體和高基氏肌腱受器如果受到刺激（在關節以某個角度彎曲時，受到的刺激最大），將會持續把訊息傳遞到腦部。腦部能夠利用刺激程度，加上其他本體感覺受器傳來的訊息，時時得知肢體目前的位置。儘管如此，早期德國人認為「腦部向肌肉發出的運動命令，對於我們感知肢體運動很重要」，這點並不是完全錯誤的。我們已經知道聽覺、視覺等感覺在腦部產生時，不只需要依賴感覺訊息，同時也會受到「預期」的影響。在本體感覺中也不例外。

由六位勇敢的澳洲志願者參與的實驗，提供了清楚的證據，支持上述論點。這項實驗在雪梨威爾斯王子醫學研究院進行，受試者同意自己的右手受到麻痺和麻醉，因此手無法動，也無法得到感覺。研究人員要他們盡力翻動手掌，結果受試者報告說感覺手掌移動了，而且愈是用力翻動時，感覺手掌移動得更多。他們腦部發給手部肌肉的運動訊息，無法產生真實的運動，但是有鑑於過往大量累積的經驗，腦部完全預期手部會移動。深信不疑的預期想法一如往常，傳到腦部的肢體定位系統中，讓受試者產生了知覺。

我們做很多事情時，都需要用到肢體定位。請回想第 5 章說明觸覺時，從廚房櫃子裡拿出葡萄酒杯的例子。在你摸到杯子之前，手臂和手掌必須移動到正確的位置，才能拿到杯子。首先，你的腦部會盤算所需要進行的動作。這時腦部會根據肢體目前的位置，以及以往的經驗，預期了向手臂和手掌特定肌肉下達指令的結果。接著靠著本體感覺和視覺，控制手伸向杯子，之後觸覺訊息會加入來引導，並且讓動作更為精確，這樣你的手指就能夠穩當的抓到杯子的細柄。在這個過程中，肌梭和高基氏肌腱受器傳來的訊息，能夠讓你拿起杯子時所發出的力道剛剛好。換句話說，你會輕輕拿起杯子，而不是像綠巨人浩克那樣用力過猛，把杯子高舉到櫥櫃上面而撞破。

不論是拿起葡萄酒、接球，還是彈鋼琴，經由重複練習，腦部因為知道了預期的結果以及要傳達的指令，會愈來愈能夠把動作協調得更好。剛開始的時候動作緩慢笨拙、慎重多慮，到後來變得熟練流暢。2019 年，匹茲堡大學的研究人員發表一項研究結果，指出了在這個過程中，腦部發生的重要改變（這篇論文研究的是恆河猴腦中的改變）：恆河猴在一項實際操作的任務中，由新手變成老手的過程裡，腦部出現了新的神經活動模式，這些模式似乎最先由練習而刺激產生，再經由練習而強化。

我們當然是利用視覺來協調動作。如果你認為自己能夠在閉上眼睛的情況下，順利的走進廚房，並且從櫥櫃中拿出一個葡萄酒杯，那必定是經過了相當多的練習。實際上，就算閉上眼睛，你可能在自己的廚房裡也能夠行動自如。但是如果你突然失去了本體感覺，就不可能辦得到。我們怎麼會知道這點？有部分來自於真正失去本體感覺者的親身經驗。

失去本體感覺的慘況

1971 年，瓦特曼（Ian Waterman）十九歲，在英國澤西島擔任肉販。他受到了病毒感染，身體的反應失去正常，造成災難性結果。他體內的免疫系統攻擊傳遞觸覺與本體感覺的神經途徑，雖然瓦特曼還保有其他感覺，能夠感受到疼痛與溫度，但是脖子以下的本體感覺和觸覺都消失了。

由於瓦特曼的運動神經元還能夠運作，因此沒有癱瘓。但是他無法站立，甚至連坐直都辦不到。無法感覺到自己肌肉和關節的活動，他甚至無法拿起一個杯子。他躺在醫院的病床上，感覺到自己的肢體被舉起來，撞到旁邊的人或是敲到病床邊的櫥櫃。醫師說他的狀況無法治癒，可能終生要在輪椅上度過。

瓦特曼拒絕接受這個慘況，最後他學會依靠視覺追蹤與監控肢體的位置和動作。不過這個過程要耗費許多心力，他必須先看清兩三公尺長的路徑，然後盤算接下來所有的狀況，這樣才能夠知道腳要放在哪裡。他也要持續注意腳的位置，總是得注意身體各種動作會造成的結果。

瓦特曼花了一年，才學會安全的站立，花了三年，才學會這樣走路。而且學會了之後，走起路來也不輕鬆。在永久失去了本體感覺的情況下，他再也不能夠利用肢體位置訊息和動作訊息來幫助運動了。

沒有了觸覺，也讓瓦特曼無法藉由本能，分清自己身體範圍和外在事物（不論是道路或是叉子）之間的區隔。失去了傳遞本體感覺訊息的神經纖維，讓他無法藉由本能，就瞭解到自己身體各部位的位置和動作。

瓦特曼是成年之後才失去本體感覺，前一章談到缺乏 Piezo2 蛋白質的女孩與女性，則是從小就沒有了觸覺，她們走路幾乎是正常的，可是在測試中，她們若蒙起眼睛走路，便會走不穩而跌倒。研究人員移動她們的肢體時，她們完全感覺不到發生了什麼事。在天生就失去本體感覺的狀況下，她們的腦部發生了巨大的改變，適應了這種狀況——主要是由視覺大力協助，有效的監控肢體在空間中的位置。

這兩位病人也有骨骼畸形的狀況。她們有脊椎側彎，臀部和腳部的角度異常，因此研究人員猜測：本體感覺對於正常的骨骼發育也很重要。肌肉必須持續發出說明自身形態的訊息，同時接收腦部的指令，才能夠讓你的身體維持應當的姿勢。如果這個過程受到破壞，那麼你就無法站直，或是維持肢體在適當的姿勢，如此一來，正常的骨骼發育就會出現偏差。

不過，如果你的本體感覺正常，就算你的骨骼架構出現了異常，人類擅長適應的腦部也能夠從容處理。科學家研究了身體有額外部位的人，得到了扎實的證據。

生下來就有第六根手指的人，通常出生後就會經由手術切除多出來的手指，因為大家認為多餘的手指沒有用處，而且有可能使得兒童的注意力，不知不覺就放在那根手指上。

不過在 2019 年，兩位在拇指和食指之間多出一根發育完全的手指的人，讓科學家進行了生理學和感覺運動方面的研究，發現他們多出了手指也多出了好處。

這些多出手指的人，不但在日常生活中用到了多出的手指，在進行需要額外按鍵才能夠進行的電玩時，他們用一隻手就完成了正常手指數量的人要用兩隻手才能夠完成的動作。這項研究指出了人類的神經系統和腦部完全能夠接納多出的手指，並且加以適當的運用。這也是首度證明了：如果不算上外貌與眾不同所造成的心理影響，多出來的手指不應該切除，而且，所有人應該都可以運用額外的仿生手指。

強力姿勢

本體感覺訊息對於知道身體各部位位置的本能來說，相當重要，這同時也會影響到我們的心理狀態。

「姿勢會影響感覺」這個想法，最著名的提倡者是哈佛大學社會心理學家柯蒂（Amy Cuddy）。她在 2012 年 TED 關於「強力姿勢」（power posing）的演講，有八百萬以上的觀看人次。強力姿勢是一種伸展擴張身體的站姿，你可以把兩腿開展，兩腳牢牢貼在地面上，雙手放在臀部側面。相較之下，低頭垂肩，手臂交叉，看起來就像是遭受失敗的姿勢。

當然有些心理學家，根據自己的研究以及對文獻的見解，並不認為腦部對於擺出強力姿勢時，本體感覺訊息的模式能夠產生所宣稱的種種效果。而柯蒂本人後來對於「強力姿勢」的效用，也有比較寬鬆的解釋，不過依然有證據指出，強力姿勢會讓人覺得自己比較有力量。理論上來說，這能夠影響會議或是協商的結果。

現在想想看，紐西蘭國家男子橄欖球隊「黑衫軍」與女子橄欖球隊「黑蕨隊」，以及他們在國際比賽開賽前，會演出的戰舞「哈卡」（haka）。哈卡源自於戰事前的準備儀式。橄欖球員不太容易因為誤判自己手部和腿部在空間中的位置而喪命，但是參與戰鬥的士兵幾乎就會。我們很容易就可以想像，充滿力道與節奏的反覆動作，能夠刺激本體感覺受器，讓人更靈活的運用自己的身體。也就是說，哈卡可以讓本體感覺做好準備。而且這種舞蹈動作簡單扎實，同時又發出低沉吼叫，氣勢咄咄逼人，或許也能夠讓人在心理上覺得自己更強悍。

哈卡的唱詞有深刻意涵，而且文字的效用和動作是必不可分的。恩加塔－艾倫加馬塔（Te Kura Ngata-Aerengamate）在 2017 年世界盃女子橄欖球賽中，帶領自己所屬的球隊進行哈卡舞。她當時對一位記者說：「這就像是讓自己的心沸騰起來，好像讓你得到額外的能量，就像是提升到了另一個層次。」

大腦以視覺訊息為優先

對大多數人而言，本體感覺通常是一種溫和的感覺，除非自己的肌肉緊繃，或是負擔到了沉重的物體，否則幾乎不會意識到或專注於本體感覺。這點就和視覺截然不同。而且由於本體感覺不如視覺那樣受到注意，也沒那麼精確，這代表如果本體感覺傳遞出的訊息和視覺傳出的訊息不一致，腦部往往會認同自己最為信賴的傳訊者，也就是視覺，而不理會本體感覺。和本體感覺一樣使用到機械性受器的觸覺，同樣也不受到腦部的偏愛，也經常會被視覺所凌駕。而這種互動變化，能夠引發出一些非常怪異的錯覺。

你能夠找到一個可以放在桌上的小鏡子嗎？如果找到了，可以親自嘗試一下這個和身體有關的錯覺：將鏡子放到桌上，一隻手放在鏡子前面，手掌朝上攤開，另一隻手放在鏡子後面，手掌朝下，不過你看不到。現在兩隻手都反覆握拳、張開。

過了一分鐘，你應該會感覺到放在鏡子後面的那隻手突然翻過來，好和另一隻手的鏡中影像相同。美國德拉瓦大學的麥迪納（Jared Medina）描述了他在實驗室進行這項實驗的狀況：「突然間你會聽到因為驚訝而發出的輕笑聲，因為他們感覺自己的另一隻手翻過來了，但其實根本沒有動。」

如果你自己嘗試，應該也會這樣。觸覺和本體感覺會一直告訴你，你藏在背後的手維持著原來的姿勢，但是從眼睛得到的訊息卻不是如此。由於關於身體各部位的方位，視覺通常是比較正確的訊息來源，因此為了解決各種感官之間的衝突，你的腦部會很有把握的選擇相信視覺。

橡膠手錯覺

這種錯覺屬於一類涵蓋範圍更廣的錯覺，其中還有其他種類的錯覺，例如「橡膠手」、「橡膠身體」和「橡膠舌頭」，全都是因為人類身體的本體感覺容易受到操控。

「橡膠手」錯覺的簡單例子，最早在二十多年前，首度有人描述。情況是這樣的：受試者坐下，雙臂放在桌上，有個簾幕遮住右手臂。一隻橡膠手臂放到右肩正前方對齊，整隻橡膠手臂都用衣袖遮住，僅露出手指。研究人員會用軟刷子同時刺激隱藏起來的真手手指，以及志願者注意力所集中到的假手手指。沒有多久，絕大多數的受試者會說塑膠手感覺開始像是真的手，是身體的一部分，而遮起來的那隻真手反而不像是真的。我最近也嘗試了這實驗，但是沒有這樣的感覺，不過那時候是在一場晚宴上，喝了幾杯葡萄酒後，我的心跳混亂，我非常在意血液的奔流和我真實手臂上的顫動，因此假手沒有機會能夠取而代之。

也有實驗讓人覺得整個人造身體都像是自己的，看到假人的胸口遭受一戳，會覺得自己胸口也遭受一戳。在另一個稱為「成為芭比」的實驗中，甚至有可能讓人產生自己如同三十公分寬、八十公分高的娃娃那樣的錯覺（使用的方式是同時觸摸受試者和娃娃），讓日常接觸到的事物看起來都變大了。英國牛津大學的史賓斯（見第 137 頁）則是發現：同步戳動還能讓偽裝的橡膠舌頭感覺像是自己的舌頭，當檸檬汁滴到假舌頭上時，有些人甚至嘗到了酸味。

認知神經科學家爾松（Henrik Ehrsson）是研究這些身體錯覺的專家，他說大多數人（通常七成到八成）會出現這樣的錯覺，但不是所有人都會。目前還不清楚為何有些人不會受到愚弄，可能是因為他們的本體感覺更強。爾松說他的兩個兄弟中，有一個和自己一樣感受到鮮明的橡膠手錯覺，另一個並不會，後者剛好是一位傑出的吉他手，很習慣利用本體感覺來瞭解自己手部的動作。

對於容易產生這類錯覺的人，錯覺具有強大的生理影響力。感覺到橡膠手像是自己的手的人，真手的體溫會下降，雖然下降的程度有限，但是測量得到，這代表流到手部的血液減少了。除此之外，負責區分身體本身細胞和非本身細胞這項極端重要工作的免疫系統，也會產生反應，使得真手的組織胺（histamine）濃度增加了。罹患自體免疫疾病（免疫系統攻擊自身正常細胞所造成的疾病）的人，體內組織胺的濃度也比較高。這個結果足以指出：錯覺讓人的免疫系統開始不認識自己真正的身體部位了。

雖然視覺強過本體感覺，不過來自肢體的訊息也能夠影響視覺，這不只是因為感覺訊息，也是因為預期心理，兩者共同影響了知覺。在所有展現這種影響的研究中，對我而言，有一項研究特別突出。

這是另一個理論上你自己也可以嘗試的實驗，需要一個能夠讓你眼睛睜開、但是又完全看不到外界的器具，虛擬實境的頭罩就很適合。

坐下來，但戴上完全遮住視線的頭罩，舉起手，手肘彎曲，讓手慢慢的在臉前面來回揮動，從頭部的一側到另外一側。你看見了什麼？如果有看見，看到了動作嗎？如果有看到動作，動的物體是什麼形狀？

原始的實驗是由美國羅徹斯特大學的塔汀（見第 35 頁）團隊所設計，如果是研究人員在蒙上眼鏡的受試者面前揮手，沒有人說自己看到了東西。這當然沒有什麼好訝異的。但是如果要受試者自己揮手，有一半的人說有看到什麼。有看到的受試者當中，許多人說看到了移動，通常說是影子或黑影在移動。如果這些手位於視野外圈時，看到移動的感覺會更為強烈，在視野中心區域時，反倒比較弱。

他們真的「看到」了什麼嗎？或只是他們說自己看到了？

當你的眼睛在追蹤真實物體時，眼睛移動的方式和追蹤想像的物體時，會有些微的不同。塔汀使用小型攝影機確定了自己的實驗中，蒙住眼睛而手在揮動的人說自己的眼睛真的看到有東西在移動，他們是真的覺得有看到。他們的腦部和眼睛肌肉所展現的行動，就像是眼前的的確確有東西。這些知覺在視野外圈比較強的原因，可能如同英國薩塞克斯大學的賽斯（見第 36 頁）所發現的那樣，在建構那個區域的視覺知覺時，能用到的視網膜訊息比較少。

這項研究顯示了對許多人來說，本體感覺的訊息加上特定的動作，就足以產生一種通常和那種動作有關的視覺知覺。塔汀認為這種現象可能有助於解釋看到鬼影，特別是在晚上的時候。抓鬼的人在黑暗中胡亂揮動時，可看到奇特的影蹤一閃而過，就解釋成鬼影了，但其實那只是自己手臂的動作，讓大腦產生了幻覺而已。

為何有人運動能力超強、有人笨手笨腳

顯然本體感覺對於日常生活很重要，但是你能讓本體感覺更為敏銳嗎？如果可以，又有什麼好處呢？

我們目前對於本體感覺敏銳程度因人而異的現象，所知道的內容遠遠不及本書之前談到的那些感官知覺。有鑑於觸覺敏銳程度高低範圍很廣，本體感覺可能也是如此。這有助於解釋有些人手眼協調能力和運動能力為何特別好，以及有些人為何那麼笨手笨腳。

某些人的本體感覺能力似乎特別傑出。我丈夫帶了一個朋友

去打高爾夫球，那個人之前是英格蘭足球超級聯賽球隊的球員，從來沒有打過高爾夫球，但是他初次上場便表現得不可思議，擊球的方式就如同多年的老手。我確定他應該有「很棒的」本體感覺基因。

我詢問雷文（見第 148 頁）的看法，他說：「我不知道有什麼很好的方式，能夠直接從受器的層面上，判斷某人的本體感覺是好是壞。但是我認為動作非常敏捷與精確的運動員，幾乎應該具有不可思議的本體感覺系統。打網球或是從事其他動作快速的運動時，需要肌肉和肌腱的即時回饋，才能夠發出動作的指令，因為你必須知道肌肉和肌腱在任何時刻的位置。毫不意外，你無法把每個人都訓練成頂尖運動員。要成為頂尖運動員，和天生的本體感覺系統有關。」

不過就和我們其他的感官一樣，練習對於本體感覺的發展來說，也至關重要。有證據指出，胎兒就已經開始有本體感覺了。胎兒揮動肢體的模樣看起來雜亂無章，但是在孕期的後期階段，當胎兒的手往嘴巴移動，嘴會先打開，以便吸吮手指。這種動作如果沒有本體感覺是辦不到的。

但是嬰兒的動作顯然很不協調，幼兒也必須經過很多練習，才能夠把杯子端到嘴邊而不灑出杯中的水，或是把積木堆成塔，更別說是爬樹了。有些研究人員擔心，幼兒愈來愈常使用 3C 產品，會危及本體感覺與觸覺的發展。花太多時間在室內，而不是在外面奔跑、吊在樹上擺動、以各種方式全力活動肢體，那麼兒童只會增強操縱電玩搖桿的能力，如果身處現實世界中，就會很辛苦。

而成年人呢？人類的祖先是經常活動的狩獵者和採集者，現在有許多人大部分的時間是坐在書桌前、沙發上或車子裡。對於年長者來說，行動不便更是大問題。如果老人家不知道自己的腳到底在哪，而且不能察覺自己身體的姿勢是否正確，就很容易跌倒。

最頂尖芭蕾舞者

好消息是本體感覺就如同其他知覺，能夠加以訓練。

位於英國里茲市的北方芭蕾舞團，正為巡迴演出做準備。裝箱的道具中，有鵝毛和銅燭臺，那是在演出《三劍客》時要使用的，塑膠製烤雞和可頌麵包會在《胡桃鉗》中用到。這些道具都堆在走道上，旁邊是放芭蕾舞鞋的木箱子。許多舞者都會修改自己的鞋子，例如用小刀把鞋墊堅硬的邊緣修掉，以及在鞋尖的部位增加縫線，好更為牢固。

芭蕾舞鞋和運動鞋截然不同，平放在地上時，堅硬且不穩，很難維持平衡。但是芭蕾舞者經常要擺出以足尖站立的姿勢，整個身體的重量都放在一雙鞋子的尖端上，有時甚至是一隻鞋子的尖端。為了在表演時能夠不晃動而維持優雅的姿勢，舞者必須要有強大的肌力與耐力，以及超強的本體感覺。

北方芭蕾舞團的排練總監是一野洋子，她在漫長的職業生涯中，和許多著名芭蕾舞星共演過，包括巴里什尼科夫，她笑說：「由於他個子矮，所以要找一個身材矮的舞者和他搭配，不過他可不認為自己矮。」其他合作過的芭蕾舞星，還包括紐瑞耶夫，兩人在萊特爵士製作的《睡美人》中共演。《睡美人》中的〈玫瑰慢板〉一舞，因為需要特別保持平衡而著名。一野洋子點頭說道：「保持平衡的時間很長，而且幾乎都用單腳，會很疲勞，有時還會抽筋，需要好好的控制身體。」

1980 年代，一野洋子設計了一項訓練技術，用來增強自己控制身體的能力。現在她在北方芭蕾舞學校教年輕學生這項技術，當然也傳授給舞團的同事。其中一項重點在於學習深刻意識到自己身體姿勢的準確性。（如果你頭部端正的位於脊椎之上，那麼需要讓這個「分節的倒單擺」維持平衡所需要的力氣就最小。）本體感覺是這項技術的基礎。訓練本體感覺，不只是要讓姿勢準確，同時能夠增強在舞臺上的控制力。為此，一野洋子參考了古巴「最頂尖芭蕾舞者」阿隆索（Alicia Alonso）的經驗，「最頂尖芭蕾舞者」（prima ballerina assoluta）的頭銜是只有真正傑出的舞者才配擁有的。

閉上眼睛，訓練本體感覺

阿隆索出生於 1921 年，孩童時代便在哈瓦那學習芭蕾，但是到了二十歲時，視力開始退化，她接受了手術，治療視網膜剝離。在休養的時候，需要長時間躺在床上，同時眼睛得遮起來。在這種狀況下，同為芭蕾舞者的丈夫，幫助她學到了以想像動作的方式，演練《吉賽兒》女主角的角色。最後她眼睛半盲、而且沒有周邊視覺，但厲害的是，她在美國芭蕾舞劇院的演出備受稱譽。

一野洋子說：「我們曾在許多群星表演和藝術節同臺演出。我最先的疑問是：『你無法看得清楚，那麼你要如何演出呢？』所以我試著閉起眼睛，在自己的公寓中走動，看看是否能夠記得東西的位置、以及有多少空間留下來。然後我發現，我們太常使用眼睛了。我們也需要運用其他所有的感官，但是由於眼睛一直都睜開著，我們就無法好好發展其他感官。所以我把這個概念放入自己的訓練中，然後放到培訓課程裡。我發現這能讓舞者學習的速度加快。」

一野洋子帶我到四號訓練室，早上十點鐘她在那裡有本體感覺課。訓練室裡已經有最近加入舞團的幾名舞者到了，還有一些研究生。訓練室燈光明亮、天花板很高，三面牆上都有練習芭蕾用的扶手，第四面牆很長，有黑幕從天花板垂到地板，這是為了擋住鏡子。

在這堂課上，一野洋子不希望舞者看到自己的姿勢。只有比較年輕的學生偶爾允許看到自己的身影。一野洋子解釋說：「我要他們感覺到自己的動作。」這種做法和其他學校的訓練方式完全不同，那些地方一直都能照鏡子。

一野洋子穿著紫色長袖上衣和灰色運動褲，背對著黑色簾幕站著。當舞者站好定位，鋼琴師彈奏出音樂，她開始用簡潔的手勢和不明所以的詞彙發出指令。身為外行人的我，當然不瞭解那些指令的意思，但舞者似乎全部都懂。不過一開始的地方我懂：「我們要進行下蹲，你們做這個動作時，要閉上眼睛。」

我看著阿士克羅夫特（Adam Ashcroft），他二十二歲，身材高挑，在英國皇家芭蕾學校接受訓練，最近離開了愛沙尼亞國家芭蕾舞團，加入北方芭蕾舞團。他先站著，然後蹲下，腳伸出去，腿再伸直，從肌梭、關節的本體感覺受器和高基氏肌腱受器發出的訊息，奔流入腦部。阿士克羅夫特的眼睛是閉上的，他知道自己的腿在移動成為下蹲的動作，完全依靠本體感覺。

當舞者移動肢體和變換姿勢時，一野洋子會仔細觀察，並且在舞者之間走動，面帶微笑、但是經常提出指正：「你的肚臍位置在哪？縮進去！」「身體對角線！」「閉上眼睛！」

她要學員都拿起膠合木板製的凳子，舉到頭頂上（「閉起眼睛！手臂打直！」），然後進行足部必須翻動的庫佩（coupés）動作，這時不只是有新的本體感覺訊息傳出，新的觸覺訊息也進入了腦部。阿士克羅夫特的肌肉所負擔的重量，代表了他手臂中的高基氏肌腱受器、肌梭和其他本體感覺受器，都受到了刺激。凳子的重量讓他的身體姿勢和平衡，受到了負擔。舉起凳子的姿勢愈直，就愈容易保持平衡。在眼睛閉上的時候，他的注意力集中到來自肌肉和皮膚的訊息。現在他要參考的不是自己身體外觀，也不是外在世界的模樣，而是來自身體內部的感覺。

八十分鐘長的課程結束後，我問阿士克羅夫特對於這種訓練方式的看法，他說這和以前受過的訓練截然不同：「跳舞的時候如果閉上眼睛，會讓缺點明顯暴露出來。你可以輕易看到維持平衡時的扭曲之處。」在接受一野洋子幾個星期的訓練之後，阿士克羅夫特說自己的舞姿已經更為平穩了。

發展本體感覺，可帶來許多報償

跟著音樂動作是訓練本體感覺的好方法，能夠增強穩定度和控制力。當然，有些文化看重這樣的練習，而且也達到更高的成就。奈及利亞的蒂夫族（Tiv）在演奏舞蹈音樂時，會使用到四個鼓，每個鼓發出的節奏都不同，配合身體不同部位的舞動，是對於本體感覺的超級訓練。

對於不是舞蹈者的人而言，還有其他增強本體感覺的方式。想像一下兒童遠離螢幕的玩樂方式。通常在遊樂場中會有梯子、猴架、障礙物和攀爬牆，這就是訓練本體感覺的地方。事實上，兒童喜歡去遊樂場的原因不難想到，因為他們需要好好發展本體感覺，這種感覺對於生存至關重要，因此，從事能訓練本體感覺的活動會有報償感。

爬樹、走平衡木、穿越障礙、走石板步道（在家中可以用小墊子自行製作）等，都需要用到本體感覺。北佛羅里達大學的研究人員讓成年受試者從事這些活動，發現不僅能夠增進肢體協調能力，對於工作記憶（腦海中保存資訊與處理資訊的能力）也有幫助。

專門讓年長者訓練本體感覺的運動計畫也已經設計出來了。最近，中國上海的運動復健醫療團隊，比較了健康的七十歲到八十四歲年長者中，分別進行太極拳和本體感覺訓練的結果，訓練過程為期十六週，每週兩次，每次四十五分鐘。太極拳是中國古老的運動，需要平緩穩定的運動身體和頭部，訓練過程由經驗豐富的太極拳教師帶領。本體感覺訓練則由物理治療師帶領，引導年長受試者暖身，然後進行二十分鐘的靜態運動，例如深蹲，接下來是十五分鐘的動態運動，例如路邊慢跑、倒退走路、或蛇行跑動，最後是放鬆運動。

到了最後，研究團隊評估了受試者踝關節的位置感覺，發現兩群受試者的進步程度相似，但是從事太極拳的那一組更喜歡所受到的訓練。

或許你可以參考一野洋子的做法，找時間閉上眼睛在家中走動。而且，如果你知道一些瑜珈或是皮拉提斯動作，可以閉上眼睛做做看。我自己的皮拉提斯教練，經常讓我們眼睛閉起來做動作，這深具啟發。關上了視覺，你馬上就會更注意到來自身體的訊息。遮住陽光之後，這種如月光般輕柔的感覺，才能夠彰顯出來。

閉上眼睛走動或是爬樹，訓練到的不只有本體感覺，還會加強其他感覺，這是額外的好處。人類的感官鮮少獨立運作。要維持平衡，需要的不只是來自於肌肉的訊息，還需要有內耳的前庭系統傳來的訊息。當你想到耳朵時，也會如同亞里斯多德那樣，馬上就會想到聽覺。但是你的內耳一開始可能不只是為了聽覺而演化出來，而是為了其他重要的感覺。

前庭感覺

—— 如何像旋轉托缽僧那樣旋轉冥想而不跌倒

想像你坐在載滿乘客的客機中間位置，看不到窗外，正等待飛機起飛。噴射引擎的振動透過你的座椅傳來，但是你可以感覺到是坐在飛機而不是計程車上。雖然你看不到窗外，但是你絕對能夠感覺到飛機往前奔。聲音和振動幫助你瞭解到現在飛機正在沿著跑道加速，但是這種證據實際上都是間接的，然而你確實知道自己很快速的在地面上前進。

突然間，你發覺到機鼻往上抬起來了。來自眼睛的訊息並沒有改變，相對於所見到周圍的每個人和物品，你的位置完全沒有改變。但是你現在能夠堅定不移的確定自己往上飛起，為什麼？

這個讓你不需要靠視覺也能知道飛機起飛的感官系統，同樣也讓你知道地鐵開始轉彎、電梯開始往上移動，或是坐雲霄飛車的時候頭下腳上，或者對芭蕾舞者來說，正在用腳尖站立旋轉、或是慢慢蹲下去。

這個感官系統隨時都能提供頭部方位與移動的精確訊息。在人類漫長的演化過程中，身邊盡是丘陵和洞穴、崎嶇的地面、以及夜晚的黑暗，飛機、雲霄飛車和電梯要到很晚近才出現在環境中。如果沒有前庭系統，人類的祖先可能連站直身子都不容易，在夜晚可能也不知道怎樣才是方向朝上。

前庭系統的構造與功用

前庭系統位於內耳，就在負責聽覺的耳蝸旁邊，由三個半規管（semicircular canal）和兩個耳石器官（otolithic organ）組成。耳蝸和前庭系統兩者都使用了基本的感覺構造：浸在液體中的毛細胞，能把機械訊息轉換成腦部能夠解讀的電訊息。位於耳蝸中的感覺毛細胞，會對傳來的壓力波產生反應；前庭系統中的感覺毛細胞，則會因為頭部的移動、或是重力而產生反應。

我們先來看看三個半規管，那是三個相連在一起的彎管，彼此之間的角度呈九十度。你在點頭、搖頭，或是頭部傾斜，例如坐飛機和雲霄飛車時，半規管裡面的液體會晃動，讓感覺毛彎曲而發出訊息。如果你的頭部沒有移動，液體集中在一處，腦部同樣也會知道這個狀況。頭部靜止不動時，連結到半規管中的感覺毛細胞的神經，每秒會發出脈衝九十次。頭部運動時，運動速率的變化會與半規管中液體的加速度成正比，這讓腦部非常清楚頭顱的運動方向及速率。

在半規管和耳蝸之間，有兩個耳石器官，其中有一些囊狀構造，囊裡面有對於力量敏感的毛細胞，毛細胞的尖端深入膠質的膜中，膜裡面含有大量碳酸鈣結晶——那就是耳石。

囊狀構造分為球囊（saccule）與橢圓囊（utricle）兩種。在球囊中，膠質膜是垂直的，因此對於重力非常敏銳，同時也能夠感測朝上和朝下的運動。在橢圓囊中，膠質膜將近水平。當你走在街上或是開車時，橢圓囊傳出的訊息會讓腦部知道你在移動，以及移動得多快。

能夠感測重力的球囊，讓我們從直覺上，就知道哪個方向是「上」。這對於原始動物來說，也是非常重要的訊息。事實上，有證據指出，可感覺重力拉動方向的球囊狀受器，也存在於早期的生物中。貽貝、海螺、甚至是植物，都有類似的構造。櫛水母可能是最早演化出來的多細胞動物，牠們也具備了簡單但是高效能的球囊。

烏賊和章魚的系統就比較複雜了，能夠感測左右以及上下移動。雖然這些動物沒有聽覺，但是牠們的平衡囊（statocyst）確實對於低頻聲波造成的振動很敏感。這項發現來自 2001 年和 2008 年突然有大量死亡的巨型烏賊，被沖上西班牙西部海岸。檢查烏賊屍體後，並沒有發現明顯的死亡原因，不過巴塞隆納的生物聲學研究人員注意到：這兩次事件發生時，同海域都有海床地震調查活動，地震學家進行調查時，會發射強力的低頻聲波。生物聲學研究團隊發現，這種低頻聲波會破壞平衡囊，受害者不只有烏賊，還包括章魚和墨魚。研究人員指出，聲波會讓巨型烏賊無法判明方向，他們認為烏賊非常有可能是因為浮到了海洋表面，無法進食而死亡。

這項研究和其他的研究加總起來，顯示了沒有聽覺系統的動物也會受到噪音振動的影響。同時也讓我們更清楚瞭解到內耳的演化始於重力感測系統，後來才有感受振動的前庭系統，之後才有聽覺系統。

如同肢體定位系統當年的狀況，科學界很久很久之前，就知道了前庭感覺。1889 年，剛好是薛林頓爵士（見第 166 頁）準備開設感覺運作課程的十年前，美國心理學家兼數學家拉德－富蘭克林（Christine Ladd-Franklin）在《科學》期刊發表一篇論文，標題是〈一種未知的感覺器官〉，其中寫道：「許多科學界之外的人可能不知道，最近幾年發現了一種新的感覺器官，以前從來沒有人想到有這種感官。」

拉德－富蘭克林繼續解釋：實驗已經證明，在 1824 年於內耳中發現的半規管，和聽覺沒有關係，而是一種讓我們能夠「不論是否意識到」都能夠知道頭部方向與轉動程度的感覺。

本體感覺加上前庭感覺，對於有時稱為「平衡感」的感覺非常重要。畢竟要站直，你需要知道朝上的方向，而身體傾斜時，你需要知道身體有多斜。當一野洋子訓練的舞者，毫不費力就能夠把軀幹壓到大腿上，或是在地板上跨步跳躍（這時他們可以睜開眼睛），本體感覺讓他們知道自己的身體所從事的動作，前庭感覺則對於能夠好好站立很重要，也讓人知道身體在空間中的移動以及頭部位置。這些訊息的精細敏銳程度，能夠讓有些人完成驚人成就。

走在高空鋼索上

法國高空鋼索藝術家佩提（Philippe Petit）經常在世界各地表演可能讓自己喪命的走鋼索藝術。其中最著名的事蹟應該是 1974 年沒有經過核准的表演。那是在 8 月 6 日凌晨，佩提和工作人員上到了紐約雙子星貿易大樓中，某一棟的第一百一十樓，用弓射出繫上了釣魚線的箭，射到另一棟大樓上，釣魚線的尾端接上鋼索，對面那棟樓上的工作人員把鋼索拉了過去，這條鋼索距離地面四百一十公尺。到了早晨七點鐘，佩提拿起了平衡桿，踏上了鋼索。底下的人群大為驚訝，紐約市警局也受到震撼。佩提走動了四十五分鐘，期間甚至還在鋼索上跳舞和躺臥。

佩提為了準備這次走鋼索，他在各種最糟糕的狀況下練習。因為他可能得在霧中走，平衡桿可能太重而讓他身體傾斜，他的朋友可能會撞到鋼索，以及風速可能非常高。佩提嘗試在各種極端狀況下保持平衡，內心盼望表演當日天清氣朗，微風徐徐。

佩提踏上鋼索時，眼睛是睜開的。視覺能夠幫助我們在環境中看清方向，因此對於平衡也非常重要。你可以自己試試看那有多重要。現在請你站起來，單腳離地，你能夠維持這個姿勢嗎？接著眼睛閉起來。如果你剛才能夠單腳站立，我賭你現在閉上眼睛時，一定會搖搖晃晃。令人吃驚的是，佩提在鋼索上走動時，有時會把眼睛蒙上。

不過呢，最令人讚嘆的蒙眼走高空鋼索的表演之一，是由美國空中表演者瓦倫達（Nik Wallenda）所呈現的。2014 年，一群記者簽署了就算最糟糕情況發生時也放棄表達悲傷情緒的聲明書，才能觀看瓦倫達的表演。瓦倫達戴上眼罩，踏上芝加哥的並排摩天大樓馬利納城之間、約一百八十公尺高的鋼索，不到一分鐘，他的生命就掌握在自己的前庭感覺和本體感覺上，許多人甚至不知道人類有這些感覺。

通常腦部會利用視覺和前庭感覺的訊息，來完成這類需要平衡感的任務。這會利用到眼睛，同時也會用到身體其他部位。前庭感覺告知你頭部的運動，同時也會發出運動指令，輔助眼球的運動，好讓你不論看什麼目標時，目標都能夠維持在視野中央。這個過程稱為前庭－動眼反射（vestibulo-ocular reflex），你現在就可以嘗試體驗這種反射動作。請伸出一根手指在眼前，注視著它，接著頭部左右搖動。如果你的頭部向左，眼睛會自然往右移動，反之亦然，而你的手指依然會維持在視覺焦點上。

暈船暈車的原因

如果來自前庭系統和眼睛的訊息彼此不相符，便會讓人產生反胃的感覺，這是目前最多人認同的動暈症（motion sickness）原因。從古希臘時期的希波克拉底開始，醫師就著迷於這個現象，他們注意到「在海上航行時，會讓身體的運動出現異常」。

1968 年，美國佛羅里達海軍航太醫學研究所的團隊，研究了二十名健康的人和十名兩耳前庭系統有嚴重缺陷的病人，這些人當時在一艘位於北大西洋的船上，處於一場暴風雨中。研究人員沉著冷靜的觀察到：絕大多數人都心生恐懼，不過所有健康的人都出現了標準的動暈症現象，例如嘔吐，但是病人一個都沒有。這個結果代表了前庭訊息對於動暈症的發生，至關重要。

如果你坐在搖晃的船上，但是所處的船艙沒有窗戶，而且你的前庭系統健康無礙，那麼前庭系統會明明白白的告訴腦部，自己在搖來晃去，但是由於周遭的物體和你晃動的程度相同，你的眼睛會認為自己是靜止不動的，科學家認為視覺和前庭感覺發生了衝突就是動暈症的原因。這時大腦會疑惑：為什麼感覺這般搖晃呢？一定是有毒素或是酒精，擾亂了視覺和前庭感覺訊息。如果是吃下了毒素，那麼把毒素吐出來，顯然就是個好主意。

但是為何每次海上旅行時，你都會看到，有些人臉色蒼白的窩在角落呻吟，有些人依然高興的談天說地，絲毫不受影響呢？

沒人知道確切的原因。但是有另一項關於動暈症的研究，對象包括了魚（沒搞錯，確實是魚），得到的結果是：對於健康的人來說，左耳與右耳的耳石器官中，耳石的質量不同，可能決定了哪些人會急著找嘔吐袋，而哪些人不會。

目前已知唯一能夠預防或是克服動暈症的方式，就是化解不同感官之間的衝突，這樣，來自眼睛和前庭系統的訊息才能夠達成一致。如果你在沒有窗戶的船艙中，那麼就要到甲板上，這樣你在感受到海浪波動的同時，也能夠看到海浪。如果你在車子裡面，就要放下手中的書本或是手機，把視線放到窗外的世界。這些簡單的方式對於前庭系統很管用，但是還有更為誇張的控制方式，影響的範圍可能更廣。

我們都知道輕微溫柔的搖動有催眠效果，這也和前庭系統有關。2019 年，瑞士的研究團隊指出：成年人如果躺在一張每四秒鐘前後搖動一次、搖動距離十點五公分的床上，睡得會更安穩，而且之後在記憶測驗中的表現也比較好。此外，針對小鼠的研究結果也非常類似，輕微溫柔的搖動對於健康小鼠也有很好的催眠效果，但是對於天生耳石器官就沒有功能的選育小鼠，便無法帶來同樣的功效。研究人員還無法完全確定到底為什麼，但是他們認為：有規律的搖動能讓耳石器官發出規律的訊息，可能讓腦部發出一種同步的動作指令，讓睡眠更為深沉。

同年稍後，另一支研究團隊發現：刺激前庭系統可能有助於緩解焦慮。研究人員把電極連接到受試者的耳朵後方，電刺激會讓耳石器官與半規管將訊息傳輸到腦部，每次電刺激維持三十八分鐘，進行了三次之後，受試者焦慮的程度減少了四分之一（接受假刺激的受試者並沒有出現這種效果）。有些受試者指出：在接受電刺激時，有傾斜或是旋轉的感覺，但是沒有人覺得有動暈現象。

在這項實驗中用的電流非常微弱，只能引起輕微的感覺。如果你真的開始轉圈圈，由於有前庭－動眼反射，你的眼睛移動的方向會和頭部轉動的方向相反。由於眼睛就只能移動到眼眶邊緣，不可能繞整個圈，於是視覺焦點就會馬上跳動到另一個點，再重新開始移動。如果你持續旋轉，視覺焦點也會這樣持續移動及跳動，然後讓你覺得頭暈目眩。

旋轉托缽僧

在芭蕾舞的單腳旋轉舞姿中，通常會由趾尖站立而旋轉。芭蕾舞教師通常會要求學員保持頭部不動，眼睛注視著一個點，直到再也無法注視為止，然後快速的轉動頭，如此重複，有助於預防暈眩。

一野洋子告訴我說：「現在我沒有這樣教了。眼睛的位置沒那麼重要，因為應該是由身體告訴你自己現在的位置。」她說，在單腳站立旋轉了二十圈之後，自己可能看不清楚，但是她堅決主張自己沒有感到暈眩，「因為我的身體自己知道方位，而不是用眼睛。」

當然也有可能是一野洋子在職業生涯中，經常需要旋轉，使得腦部發生了改變，去加以對應。這個看法有一個證據來自於研究信奉伊斯蘭教蘇菲派（Sufi）的教徒。這個教派由伊斯蘭長老兼學者魯米（Jalaluddin Rumi）於 1273 年在土耳其的科尼亞城創立。魯米習慣在身體旋轉時，冥想和寫詩。他去世之後，追隨的信徒把旋轉當成一種冥想的形式。在薩瑪（Sema）儀式中，教徒會以逆時針方向旋轉，同時圍繞彼此旋轉，有的時候持續一個小時。這個教派的成員也稱為美芙樂維（Mevleviye），意思是旋轉托缽僧。

在薩瑪儀式中的薩瑪僧（Semazen）會利用右腳讓身體轉動，朝左旋轉，移動的路徑會畫成圓圈。他們得要讓身體放鬆，眼睛睜開、但是並不看著什麼目標，因此視野是模糊的。伴奏的音樂至少由歌聲、笛聲、鼓聲和鈸聲共同演出，薩瑪僧聽著音樂，持續旋轉下去。

傳統上，要加入這個教派，需要受訓一千零一天，訓練的內容包括讓人能夠長時間旋轉而不會跌倒或是感覺暈眩的練習。有證據指出：改變不僅發生在腦部處理前庭訊息的方式，腦部本身也改變了。

2017 年，該教派的十名信徒願意接受腦部掃描，他們平均每星期旋轉兩次，持續了十年半。掃描結果顯示他們牽涉到運動知覺的皮質要比一般人薄了許多。研究人員猜測：大量的旋轉讓他們的腦部改變了，好減少在旋轉時產生的運動知覺，以便在儀式中保持直立與控制身體。

薩瑪儀式當然是宗教儀式，目的之一是鬆開「物質自我」。旋轉是在象徵宇宙的圓形板上進行。薩瑪僧的背心象徵了物質自我，在開始旋轉儀式之前要脫掉。他們所戴的筒狀長帽，形狀像是傳統的墓碑，代表了自我的墓碑。會飄盪起來的白色長外套，代表了給自我的裹屍布。旋轉時雙手舉起，右手手掌朝天，代表了受到神的接納。在旋轉時，薩瑪僧化成了神聖的存在，接觸到永恆。

這個儀式有非常深刻的宗教意義，也證明了藉由旋轉對前庭系統帶來非比尋常的刺激，或許能夠直接影響到旋轉者的宗教體驗。

靈魂出竅？

雖然美芙樂維信徒把旋轉舞推到極限，不過其他宗教儀式中也常有狂野的舞蹈，需要快速移動頭部和旋轉，例如巫毒教。巫毒儀式中，有各種不同類型的舞蹈，但是在比較狂野的舞蹈中，最有可能讓人進入恍惚狀態。對於信奉巫毒教的人來說，進入恍惚狀態的舞者，允許讓靈魂附身。從他們述說的實際經歷來看，當時的知覺完全改變了，包括產生幻覺。

德裔匈牙利女性帕拉格（Szuzsa Parrag）這十八年來，一直在海地的一位祭司門下，學習巫毒舞蹈，她是這樣解釋的：「有的時候，我看到宇宙在旋轉，有著不同的顏色。世界上所有的物理限制似乎都消失了。我感受到光，我和周圍的人建立了深刻的連結，也和宇宙建立了連結，我可以出發到任何地方。我覺得非常平靜，從恐懼中解脫出來。有個內在的聲音告訴我：一切安好，永恆持續循環，生命也持續循環。」

帕拉格提及了她感受到光，而且說自己在「身體之外」。法國神經科學家羅佩茲（Christophe Lopez）很熟悉這些說法，他經常聽到前庭系統出狀況的病人這樣說。有的時候，病人是因為內耳受感染，或是前庭神經發炎了，不過確切的原因總是難以釐清。他們總是會說暈眩得很嚴重，不過羅佩茲注意到，另一個常見的症狀是感覺到有光，這通常是耳石系統功能不正常的徵兆。

羅佩茲與馬賽歐洲醫院暈眩中心的艾札雷（Maya Elzière）在 2018 年共同發表了一篇論文，他們研究了有嚴重暈眩的二百一十位病人，並且和二百一十位健康的人做比較。病人有「離開了自己的身體」經驗的比例，是正常人的將近三倍（病人中有 14% 有這種經驗，健康的人當中只有 5%），而且有這種經驗的病人絕大多數說，這樣的經驗不止一次。

病人所提到的感覺中，絕大部分羅佩茲與艾札雷都能夠找出是因為前庭系統出了問題，那些感覺包括了光亮感，或是自己浮到了身體之上。有位病人說：「感覺受到了一個螺旋的吸引，像是進入隧道之中。」另一位病人描述說感覺「從頭部進入了自己的身體」。

對於離體（out-of-body）的體驗，有人（比較相信宗教與靈性的評論者）說成是「靈魂出竅」或是「靈魂旅行」。但是這種體驗的產生，可能是因為身體感受重力的前庭系統被阻斷了，因此讓自己身體的「上下」與「內外」基本感覺受到了干擾。

這個解釋受到了其他研究的支持。雖然大腦沒有如同視覺皮質那樣的「前庭皮質」，不過皮質中的顳頂交界區（temporoparietal junction）會接收前庭訊息，並且整合到其他的感官訊息中，例如肢體位置的訊息和觸覺訊息。一旦刺激了顳頂交界區，往往能夠帶來離體經驗。瑞士神經學家布蘭克（Olaf Blanke）和同事在《自然》期刊發表了一篇論文。在論文中他們認為：這種體驗可能代表了腦部整合觸覺訊息與前庭感覺訊息時，發生了錯誤。

前庭系統並不只是維持平衡所需的器官，對於身體的知覺也非常重要。在集體進行宗教儀式的狀況中，例如巫毒儀式或是美芙樂維的薩瑪儀式，前庭系統的訊息傳遞受到干擾所產生的光亮感覺，很有可能被解釋為超驗事件，然而在超市停車場讓身體轉圈圈的體驗，所帶來的感覺可能就不是這樣了。

酒精會干擾前庭系統

絕大多數的人並不會持續旋轉身體，或是從事狂野的舞蹈，但是人類最愛的藥物中，有一種會干擾前庭系統的功能。

伊斯蘭學者魯米在文章中提到了葡萄酒，另一位蘇菲派著名詩人海亞姆（Omar Khayyam）的文章也提到了。有些學者認為，這些敘述都只是用來比喻精神上的沉醉，但是酒精確實會影響前庭系統，而且效果和旋轉身體也相去不遠。

測量是否酒醉的典型測驗是什麼？要人走直線。真正喝醉酒的人會怎樣？走路蹣跚和跌倒。喝醉酒最糟糕的症狀是什麼？覺得天旋地轉。這些狀況都和前庭系統有關。

在一項研究中，十位健康的年輕人為了科學而奉獻，於五分鐘內，每個人喝下了自己體重的公斤數乘以 1.5 毫升的威士忌。例如，英國男性的平均體重是 83 公斤，換算下來要喝 124.5 毫升威士忌，也就大約是四杯威士忌。這樣「適量」（研究人員的用字）的威士忌，顯然會影響受試者的身體平衡感，他們無法站直且不搖晃。研究團隊進行了各種不同測試，提出的結論是：這些受試者的前庭系統受到嚴重干擾——過多的酒精改變了半規管中的液體濃度，導致在頭部運動上，來自眼睛的訊息和來自內耳的訊息之間並不相符，造成了嚴重的暈眩感覺。

這樣的酒醉程度並不舒服。但是如果問人為什麼要喝酒，理由之一是酒精可以讓人的現實感減弱，忘卻憂慮與不幸。酒精其實會全面影響腦部的功能，以及你的各種感覺；而那些買醉之人所渴望的心理影響，是由耳朵深處那些細微的半規管中發生的改變造成的。

老年人常跌倒的最大原因

羅佩茲與艾札雷接觸到的病人，有嚴重的前庭系統問題，但是在健康的年輕人當中，這些感覺功能顯然也有差異，這些差異甚至可能改變人生。

測試前庭系統敏銳程度的方式之一，是讓人處於黑暗之中，坐在能夠傾斜的椅子上，看受試者可察覺出來多小的傾斜程度。最近由哈佛大學團隊所做的研究，利用這種方式發現到：前庭系統比較敏銳的人，進行飛行任務時，表現比較好。受試者在這項任務中，必須藉由控制操縱桿，讓自己的身體保持直立。此外，研究團隊還發現：這項任務在低重力時更為困難，高重力時就比較簡單。這類前庭系統的評估測試，或許可用於篩選太空人。例如，你若要挑選駕駛太空船降落到火星的駕駛員，應當優先考量前庭感覺分數高的人。

年輕人的前庭感覺比較敏銳，但是所有人的前庭感覺都會隨著年紀增長而遲鈍。過了四十歲之後，前庭系統的感覺門檻（由類似傾斜椅子的方式來測定）每十年會增加一倍。年紀愈大，前庭感覺的反應就愈遲鈍。

這項研究是由麻州眼耳醫院的團隊所進行，他們也注意到：前庭系統愈遲鈍的人，在平衡測試中的表現也愈糟，而在測試中表現不良的人，也更容易跌倒，這對於年長者來說特別危險。事實上，這個團隊進行了一連串研究，估計光是在美國，每年就有多達十五萬二千人因為前庭系統功能不良而死亡。如果這個估計值正確，那麼前庭系統失常會是美國人第三大死亡原因，排在心血管疾病和癌症之後。

有其他研究支持這個悲慘的估計值。約翰霍普金斯大學醫學院的另一支團隊，進行了為期三年、對象超過五千名四十歲以上男女的研究。他們進行了平衡測試與感覺門檻測驗，找出哪些人的前庭系統顯然有功能缺失，哪些人沒有，以及相關的早期徵兆與症狀。

這支研究團隊發現：前庭系統功能失常的風險，隨著年齡增長而穩定提高，也會隨著糖尿病的有無而提高（罹患糖尿病的人出問題的風險增加了 70%，可能是因為高血糖傷害了前庭系統中的毛細胞和微小血管）。超過八十歲的人當中，有 85% 的人具有前庭系統的問題，是四十歲人的二十三倍。讓人震驚的是：有三分之一的受試者在調查一開始的時候，就已經有了某些前庭系統的問題，但是自己卻沒有發覺。比起在一開始前庭反應健康正常的人，他們跌倒的次數是三倍。在研究中已經知道自己有身體平衡問題的受試者，跌倒的風險則高達十二倍。

許多前庭系統失常的中年人和年長者都沒有受到診斷，只有在發生意外（例如跌倒）之後，他們才注意到行動上有所不便。當年擔任約翰霍普金斯大學醫學院耳鼻喉科主任的麥納（Lloyd B. Minor）說：研究結果顯示，平衡測試應該納入健康檢查的基本項目。

不過，統計數字所提供的資訊僅是冰山一角。對於知道自己有平衡問題的年長者來說，光是對於跌倒的恐懼，就會產生全方面的有害影響，例如不願意走出家門。英國有一項研究是調查年長者對於自己感官問題的認知，以及感官問題對他們的生活造成的影響，其中一名八十八歲女性受試者有了如下的看法：「我不想成為家人的負擔，我害怕跌斷手之類的。所以我得保持理智。就算我懷念能夠出門的時光，還是得對自己說：敬謝不敏！」

前庭系統失常，能夠以多種方式增加跌倒的風險。無法確定自己身體方向的人，顯然更容易搖晃和絆倒。前庭系統問題也會造成暈眩。哈佛大學的研究團隊和美國航太總署的科學家合作，發現到：刺激耳石器官會直接影響到腦部的血液供應。球囊和橢圓囊的退化，會造成腦部血液供應暫時下降，讓人頭暈目眩站不穩。

如何強化前庭感覺

對於前庭系統有明確問題的人而言，做某些運動能夠幫助改善。這方面最好是諮詢醫師，不過網路上也有許多資訊，只要以「前庭復健」（vestibular rehabilitation）這字眼搜尋即可。

對於其他人而言，許多針對本體感覺的運動，也能夠訓練前庭感覺。爬山、皮拉提斯或太極拳等「動作控制運動」，以及維持身體平衡的活動，也會有幫助。

如果你有小孩，甚至可以拿他們的玩具來用。我兒子在夏天午後最喜歡的玩具是一個籃球大小的塑膠球，上面繞著一個扁平的圓環（稱為「樂樂球」），看起來有點像是塑膠土星。你必須站在扁平圓環上，並且保持平衡。這是非常有用的前庭系統訓練。事實上，絕大多數的兒童喜歡需要用到本體感覺的活動，而且超愛前庭感覺刺激。絕大部分的公園遊樂場，都有免費的設施可以使用，例如：溜滑梯能夠刺激球囊，旋轉平臺能夠把你的半規管和耳石器官的能力逼到極限。

事實上，不論是攀爬、堆塔、玩沙、用手指畫圖，都是兒童發自生物本能就喜歡的遊戲。如果你要感覺專家設計能夠讓兒童的感官全面發展的方法，結果就會是那些兒童很喜歡的遊戲。兒童天生就想要去增進感官能力，因為這對於他們的生存，無比重要。

成年人當然不能光明正大的在兒童遊樂場嬉戲，至少沒有帶小孩的時候不太允許。但是成年人可以衝浪、賽車、滑雪、坐雲霄飛車、去游泳池溜滑水道，這些都能夠強力刺激前庭系統。

你不需要知道有前庭系統，就能夠利用前庭感覺，並且享受它帶來的好處。但是瞭解了前庭系統，會讓我們更深入認識人類和人體。從讓古代海洋生物知道自己在大洋中所朝向方位的小囊開始，前庭系統歷經了很漫長的演化時間，才具備了現在這個模樣與功能。許多感官都如同灰姑娘那般，沒有受到應得的瞭解，前庭感覺就是如此。

前庭感覺顯然對於維持安全極為重要，對於生存與繁衍的基本功能也至為關鍵。但是，還有其他感覺對於生存更為重要。事實上，那些感覺雖然沒沒無聞，但是如果讓你突然失去了那些感覺，幾乎就只能夠再活幾分鐘而已。

內感受

── 吸一口氣就潛到深海中

你所經歷過的最恐怖經驗是什麼？

我有想到幾個候選的選項。小的時候爬過一個小門，到私人土地，以為只是個沒什麼危險的小小罪過，結果看家的德國狼犬追著我咆哮。深夜從地鐵站走路回家，覺得背後一定有人在跟蹤我。開車通過埋藏地雷的野地，前往以色列的一個檢查哨，在黑暗中有槍聲傳來。

回想一下當時的感覺。在回憶起的時候，當時的恐懼感覺甚至又開始湧現。我自己就是這樣。

體內的警訊是怎樣開始的？那是腦部下視丘的神經系統訊息快速傳遞到腎上腺，導致腎上腺素瞬間大量分泌出來。腎上腺素跟著血液循環到全身，引發出種種反應，好讓我們能夠準備好「戰或逃」。這個反應過程主要由哈佛大學偉大的生理學家坎農（Walter Cannon）所釐清的。這時心跳速率會加快，讓充滿生氣的血液灌注到肌肉中。你的呼吸速率會加快，肺臟中的細小氣管會打開，這些改變讓更多氧氣進入身體，以符合心臟更多的需求。與此同時，其他在這時刻相形之下不那麼重要的部位，例如消化器官，血液會被移作他用。

威脅可能針對的是身體，也可以針對心理。有隻狗突然朝著你衝過來，或是老闆把一份緊急又龐大的企劃書丟到你的桌上，你的腦部和身體瞬間產生的反應幾乎相同。

如果威脅沒有馬上退去，例如那隻狗不是隔壁傻呼呼的拉布拉多犬，或是老闆不理會你延長完成期限的要求，那麼壓力激素反應馬上會出現。下視丘傳遞訊息到腦下腺，腦下腺分泌的激素抵達腎上腺，這個流程會釋放出糖皮質素（glucocorticoid），其中包括皮質醇（cortisol），這些激素和其他激素會讓血液中的葡萄糖增加，好提供能量。如果這些威脅消失了，整個生化反應過程也會停頓，其他的訊息會讓你平靜下來，把你切換到「休息與消化食物」的狀態。

體內環境的恆定性

但是各種狀況中，不論是你跑著離開狗（這就是「逃」），或是放輕鬆在躺椅上晒太陽、喝雞尾酒、「休息與消化食物」，或只是在超級市場購物，腦部都需要時時刻刻注意身體內部狀況的改變，其中會利用到一群很特別的體內感測器。

科學家很久以前就察覺到：必須要有能夠感測體內狀況、並且加以調節的系統。1878 年，著名的法國生理學家博納（Claude Bernard）寫道：

身體內部狀況的恆定性，是生物能夠自由且獨立生活的條件……所有維持生命的機制，不論彼此之間差異有多大，都只有一個目標，就是維持體內環境中的恆定狀況。

對於這段話，英國生理學家兼醫師霍爾丹（John Scott Haldane）在 1922 年寫道：「從來沒有一位生理學家，寫下如此意味深遠的句子。」四年後，坎農把維持體內環境穩定的程序，稱為「恆定」（homeostasis），這個詞由希臘文中代表「喜歡」的 homeo 與拉丁文中代表「穩定」的 stasis 組合而成，沿用至今。

身體和腦部要運作順暢，同時要避免損傷與死亡，各式各樣的影響的程度，都必須維持在一定的範圍之內。如果心跳速率降得太低，腦部得到的血液不夠多，就會造成死亡。如果血壓升得太高，血管會爆破，也會造成死亡。如果你的肺臟忘記了呼吸，氧氣供應就會中斷，你很清楚會造成什麼樣的後果。起伏變化是可以的，在某些狀況下甚至是必須的，但是如果這些維持生命必須的程序突破了下限或是上限，那就麻煩了。

坎農創造出「恆定」一詞時，生理學家早就在努力研究，以瞭解這些變化範圍的極限。他們知道在一般狀況下，當變化程度遠超過了平均數值，例如血壓突然飆高，就會有其他事情發生，好讓數值恢復到平均範圍內。那時也已經瞭解了一些和恆定有關的程序。

但是在許多方面，生理學家並不知道那個「混亂狀況」是如何感覺到的，或是如何恢復到正常狀態。坎農認為，由於生理恆定非常基本而且重要，生理學家卻不完全瞭解，實在尷尬。

現在的生理學家不需要因此而尷尬了，但是有些到了二十一世紀才得到的發現，確實讓人驚愕。

我們現在知道，位於脊髓上方的腦幹中，含有特殊的細胞，驅動所有身體自動程序，其中包括心臟收縮、呼吸、消化、血管擴張、流汗、吞嚥與嘔吐。這些細胞的活動也會直接受到旁邊的下視丘影響，下視丘主要的功用便是維持恆定。

這些部位要如何得到完成工作所需要的訊息？薛林頓爵士用一個詞，概括了負責這些感覺的系統，稱之為「內感受」。這些內感受幫助維持恆定，不只能夠讓我們活著，並且能夠讓身體運作到極限，以及生存下去。

如何控制呼吸

那是在 2012 年 6 月 6 日，希臘聖托里尼島外的海水澄澈無比。奧地利的自由下潛選手尼奇（Herbert Nitsch）準備打破自己吸一口氣後下潛深度的世界紀錄。根據正式的「無極限」潛水規則，尼奇會把自己綁在一具滑板上，由滑板帶他下潛，然後回到水面。他原先的紀錄是在五年前創下的，深達二百一十四公尺，這次他的目標是二百四十四公尺，大約如七十層摩天大樓那樣的高度。

要潛到這樣的深度，需要經過密集的訓練。健康的男性肺臟能夠容納六公升到七公升的空氣，藉由大量的運動，尼奇把自己的肺容量增大到十公升，再利用稱為「口腔抽吸」的特殊技術，他可以把吸入的空氣增加到十五公升。這種方式就像是大口大口的吞嚥空氣。

尼奇知道為了完成這次潛水，他需要閉氣約四分半鐘。不過他身為閉氣紀錄保持人，能夠閉氣九分零四秒，這方面應該不成問題。

但是，尼奇知道在愈潛愈深的時候，他要把身體的氧氣需求量降到最低，也就是說，要完全保持平靜。尼奇自己所稱的「身體覺知」（body awareness）是最重要的，這是調整好身體狀況的感覺，同時也能用強大的心智予以控制，因為腦部需要把身體內在環境維持在確保健康與生命的狹小變動範圍之內，而潛水會嚴重打擊這種能力。

「想要呼吸」是一種能夠意識到的恆定訊息，尼奇知道自己必須加以克服。你現在可以嘗試看看，屏住呼吸，專注在這種感覺上……當你覺得自己再也撐不下去的時候，那並不是因為你缺乏氧氣，而是血液中的二氧化碳濃度增加了。

二氧化碳是細胞生產能量時，所製造出來的廢物，必須排出去，因為二氧化碳會和血液中的水產生反應，使得氫離子的濃度增加——表示酸鹼值高低時，常用的 pH 值中的那個 H，代表的就是氫。這種表示方式是以前嘉士伯酒廠研究中心的一位丹麥化學家，無意之間發明的，這座研究中心主要是為了協助工廠釀造啤酒。氫離子愈多，等於液體愈酸，會改變酒液中的化學反應，很可能毀了啤酒。如果同樣的狀況發生在血液中，可能會造成死亡。

可對氫離子產生反應的化學受體，能夠監視血液中的氫離子濃度。腦幹中的髓質表面，也有能夠偵測腦脊髓液裡氫離子濃度的受器（脊髓液浸潤著腦部和脊髓）。當代表二氧化碳的訊息增加了，你就會想吸氣。如果你辦不到（可能是因為你想要打破自由潛水的世界紀錄），那麼要你呼吸的警告訊息會更為急迫。

不過尼奇說，你依然可以自我訓練，對這些訊息比較沒有感覺。對此，他基本的訓練場所不是在水中，而是在沙發上。尼奇說：「不論是在比賽、訓練、或甚至是度假，要認真潛水之前，我就會這樣做。我會躺在沙發上，看容易消化的輕鬆節目，像是《宅男行不行》，這讓我有點分心，但是我不會認真看電視，而是屏住呼吸。我呼氣，把肺排空，接著就不呼吸了，一開始會停止呼吸一分半鐘，然後正常呼吸，再次屏住，慢慢增加屏住的時間。一次這樣訓練一小時。」

尼奇用這種方式，訓練對於二氧化碳的耐受程度，能夠延後呼吸衝動所產生的時間。

不只有二氧化碳濃度的增加，會讓你想要呼吸。你在屏住呼吸時，必須要讓自己的橫膈膜保持不動，靜止不動的橫膈膜中，機械性受器傳出的訊息會讓不舒服的感覺加深。但是經由練習，便能夠克服這種不舒服的感覺（尼奇向我保證）。

在一般狀況下，得到氧氣並非問題，我們遠在氧氣用完之前就會急著呼吸了。不過我們依然會監測血液中的氧氣濃度，科學家在很久之前就知道這是頸動脈體（carotid body）的責任，那是位於頸動脈中的一團偵測細胞，頸動脈的功能是供應頸部和頭部血液。

將近百年前，坎農便寫道，頸動脈體應該會「偵測血液」。但是直到 2015 年，芝加哥大學的普拉巴卡（Nanduri Prabhakar）和同事才確認出找尋已久的氧氣偵測器。他們發現，氧氣偵測系統需要用到血紅素加氧酶 2（heme oxygenase-2）。當血液中氧氣濃度下降，血紅素加氧酶 2 這種酵素的活動便停止下來，頸動脈體的偵測神經元能夠察覺這個現象，把訊息傳到腦幹的髓質，結果便是讓呼吸速率增加。

如何調節血壓

尼奇準備好要潛水了，而你（和我）坐在書桌前，其他內在的感覺也很重要。壓力受器（baroreceptor，屬於機械性受器的張力偵測器）會把心臟每次收縮的訊息傳遞出去，讓腦部知道心跳的頻率以及收縮的力量，這對於控制全身血壓和「壓力受器反射」而言，都很重要。如果你是躺著看這本書，然後突然起身，這時血壓會快速下降。但是這種狀況非常短暫（希望啦），因為壓力受器的訊息會讓你的心臟知道要更用力跳動，好讓更多血液進入腦部。

在循環系統的其他部位，也有偵測血壓的壓力受器，有的位於大的靜脈，有的位於心臟。這些壓力受器有助於調節血液中的水分含量，進而控制血液的體積，以及血液對於血管壁造成的壓力。

2018 年，帕塔普蒂安（見第 155 頁）和團隊夥伴終於解決了一個長達百年的古老謎團。他們在《科學》期刊發表論文，說明發現到了和壓力感知有關的離子通道蛋白，那是 Piezo2（也就是那個對於觸覺和本體感覺都非常重要的蛋白質）和另一個相關的蛋白質 Piezo1。同一年，帕塔普蒂安的研究團隊報告說，發現了另一種蛋白質 GPR68 的功用是偵測血液流動。

當尼奇在訓練自己的肺臟能夠容納更多空氣時，帕塔普蒂安研究團隊的成果表示了：Piezo2 這種壓力受器也能夠偵測尼奇的肺部擴張，讓他知道何時該停止。不過，尼奇也不會總是聽從。他說：「一開始，讓空氣完全填滿肺部、然後憋氣，感覺並不舒服，因為會感受到壓力，這不是很好。但是如果你一直這樣做，就會習慣讓更多空氣進入肺部。這是可以訓練的。」

對於尼奇來說，要把自己的潛水深度世界紀錄再增加三十公尺，以上的所有感覺系統都將接受考驗。在下潛前二十一分鐘，他已經穿好潛水裝，進入水中，鼻夾和潛水鏡都已經戴好。在支援船隻上有他的工作團隊，以及聚集而來的攝影師和記者，全都在注意著他。配備了水肺的保安潛水員也已經完成準備工作，他們必要時會提供協助。

當年尼奇四十二歲，進行這樣的潛水已經超過十年了。一切都是從他二十九歲開始的，那年他已經預訂好在埃及的十天潛水之旅，但是航空公司搞丟了他的潛水裝備。尼奇被迫使用水下呼吸管，卻發現能下潛得更深、潛得更久，而且比背著呼吸裝備的人能夠從事更多的事情。有個朋友問他能夠潛得多深，他潛下了三十四公尺。幾個月後，同一個朋友打電話給他說，他這個深度只比奧地利自由下潛的紀錄少了兩公尺。尼奇回憶說：「他對我解釋，我在做的事情不是用水下呼吸管潛水，而是自由潛水。」這時，尼奇找到了自己熱愛的活動。

「無極限」自由潛水

回到 2012 年 6 月。這時尼奇已經擁有了三十三項自由潛水紀錄，並且準備好對抗能夠把肺臟壓縮成橘子大小的水壓，以每秒七公尺的速度，下潛到黑暗的深海中。在那麼深的地方，他無法呼吸。身體上的準備是一回事，但是他知道要完成這項任務，得讓自己身體的氧氣需求量降到最低，也就是要極度放鬆。這點他很自然的就能達成，尼奇說：

想像這個狀態——首先你為了這項任務計劃了多年，接著有照相機、旁觀者等，每個人都注意到你。你必須要想『我都不在意』，如同慵懶的星期天早上醒來，然後翻個身再睡。雖然你處於眾人的目光之中，但就是得這樣。所以我的方式是多多少少像是離開自己的身體，從空中鳥瞰整個狀況。閉起眼睛會容易辦到得多。當你想像整件事，而你身處事件的核心，但是因為在那裡的不是你，你只是個旁觀者，就不會興奮了。你成為觀察者，這樣就會放鬆。

尼奇的身體繫在滑板上。滑板會接上繩子，並且加上重物。放繩子後，尼奇便往下潛。滑板底端有兩個水肺氣瓶，在繩子放完之後，開關閥會自動打開，讓尼奇頭上的部位充氣，好上浮回去。

下潛前二十秒，支援尼奇的潛水員已經在他周圍待命。他讓自己的肺部裝滿空氣，舉起戴著手套的手，表示自己準備好了，就開始下潛。

一百公尺深、一百一十五公尺深、一百二十公尺深。尼奇身上綁著的攝影機拍到他的臉：並無變化，他的潛水衣則是起了皺褶。在上面的支援船上，有人喊道：「三分鐘了！」

繩子持續往下放，一直達到二百五十三點二公尺長，接著突然之間，水肺氣瓶的開關閥打開了，尼奇開始上升，到了二十四公尺深的時候，滑板會自動停止一分鐘，以方便身體減壓。這個必須的步驟，能夠消除在高壓時溶入血液中的氮氣和其他氣體，否則這些氣體將形成氣泡，進入腦部之後會阻礙血流。

攝影機顯示尼奇回升到距離海面一百公尺時，已經不再清醒了。在二十四公尺深處等待的保安潛水員，馬上就認為他因為缺氧而昏迷過去了，急著將他帶回水面。但這時尼奇已經清醒了，想要拉動繩子阻止他們，卻已經太遲了。

一回到海面上，他就戴上氧氣面罩，潛到水下九公尺深處，希望遲來的減壓行動能夠發揮效用。但是再次下潛後十五分鐘，狀況變得很糟。尼奇回憶道：「我感覺無法控制肌肉。」接下來他搭乘快船趕回岸邊，到達醫院時，已經出現了一些小中風。

氮氣在血液中累積，會造成「氮醉」（nitrogen narcosis），尼奇解釋說，有了像是喝醉酒的感覺。氮醉再加上為了準備潛水而有些睡眠不足，使得他在水底下變得昏昏欲睡。就算是睡著了，他也沒有吸氣。但是沒有依照預定計畫在中途進行減壓，所造成的減壓症卻非常嚴重。尼奇的記憶和運動能力都受到了影響。當時醫師說他可能得坐輪椅，同時需要他人照護。

不過七個月後，尼奇的身體已經恢復到讓醫師允許他再次潛水的程度。到現在過了八年，尼奇依然有點難以維持身體平衡和動作協調，說話時發音也有些問題。但是在水下，尼奇覺得就和以前一樣。他現在依然經常自由潛水，是為了樂趣而非刷新紀錄。

只有極少數人會從事尼奇這般的「無極限」自由潛水活動。不過尼奇的訓練計畫讓我們知道，內感受的功能是可以調整的。除此之外，內感受的訊息是腦部利用來自動控制身體的，但是我們天生也可以知道一些內感受，例如心跳速率。

這中間的涵義現在才正受到瞭解。在本書的後面，我會介紹把這個過程和情緒連結起來的驚人新研究。這對於身體和心智福祉，也一樣很重要。

聆聽自己的心跳

尼奇可能感覺到的「下意識」訊息是自己的心跳。如果心跳速率太快，他會太快用掉過多氧氣。尼奇至少知道在自己屏住呼吸時，心跳會自動減緩下來。事實上，尼奇躺在沙發上進行憋氣訓練時，心跳經常緩慢到落在心搏感測器的偵測範圍之下。尼奇告訴我說：「在每分鐘心跳次數低於十以下，我就會接收到儀器出現錯誤的訊息。」許多人會利用智慧型手錶或是健身記錄器監測自己的心跳。但如果要你不摸脈搏或是不看智慧型手錶，就能夠數自己的心跳，你辦得到嗎？

結果有 10% 的人真的能夠辦到，有 5% 至 10% 的人幾乎辦不到，其他的人則位於這兩者之間。在得到這些數據的研究中，科學家會請受試者在長短不同的間隔中，計算自己的心跳，同時也有血氧測量器記錄真正的心跳數字，然後比對兩種結果。另一項對於「心跳的內感受」測驗中，研究人員會發出不同頻率的嗶嗶聲，問受試者哪些嗶嗶聲與自己的心跳頻率相符合、哪些不符合。大約有一成的人非常準確，大約有八成的人辦不到。

奎德（Lisa Quadt）在英國薩塞克斯大學和同事一起研究如何評估心跳感知，以及這種感知可能帶來的好處與壞處。我去他們實驗室時，奎德問我是否要測試自己感知心跳的能力。我無法拒絕她的這項邀請。我好好坐下之後，把非慣用手左手的食指，伸入心搏血氧機中，機器連到她的筆記型電腦。這部儀器會自動記錄我正確的心跳速率。奎德說：「我們會做六次，當電腦說『開始』時，你就要開始計算自己的心跳次數，直到電腦說停止為止，接著要大聲說出心跳的次數。」

我聽從她的指示，重複計算自己的心跳數，並且回報。結果顯示那算是我的特殊技能之一，我的正確率為 97%，幾近完美。乍看之下，這像是微不足道的小事，不論是否能夠感知自己的心跳，心臟還是會跳，腦幹也會負責控制，這才是重要的，對吧？

嗯，結果是對於運動方式而言很重要。而當我讀了關於這方面的研究之後，知道自己有出色的心跳內感受的洋洋得意感，就消失殆盡了。

內感受與身體強健的關聯

運動當然有益健康。所以，如果你的身體強健，例如能夠以每小時十公里的速度跑完五公里，當然會比用每小時七公里的速度慢跑完二公里，來得更好。不論如何，我們都需要打造強健的身體。而我們也知道，有些人就是更容易讓身體強健。我以前一直認為，這種差異出自於最基本的體能訓練。舉例來說，有些人更常走路，那麼就贏在起跑點了。毫無疑問這個想法是正確的。但是德國研究團隊在 2007 年發表的研究結果指出，內感受的敏銳程度也很重要。

德國研究團隊讓三十四名志願者，進行了類似奎德給我進行的測試，然後要受試者騎自行車十五分鐘，要騎多快，隨自己的意思。研究團隊發現：擅長感測自己心跳的人在運動時，心跳速率和血流量增加得比較少，騎的距離也短很多。

這兩類受試者的身體強健程度是相同的，因此身體強健程度並不是原因。研究人員唯一能提出的結論是：對於心跳速率更為敏銳的人，對於身體承擔的負荷也更敏銳，也就是更容易感覺到身體所承受的壓力，所以不會那麼奮力的逼迫自己。相較之下，知覺比較遲鈍的人，由於感受到的比較少，就騎得更快更遠。擅長偵測自己心跳速率的人，會覺得健身和鍛鍊體能更累人，因此比較厭惡運動。

不過，內感受能力和身體強健的關係並沒有那麼單純。研究同時也指出：對於心跳更為敏銳的成年人和兒童往往更為強健，可能是有一些彼此關聯的原因，造成這樣的結果。

其中一個原因是：更敏銳的人在實驗室中，可能不會想要騎得更快，但是在真實世界中，比較敏銳的人更能夠把自己的運動能力推向極限邊緣。換句話說，在運動這方面，他們自我控制的能力可能更高，就比較不容易產生運動傷害，疼痛大為減少，會採用更可行、且更有成效的運動訓練計畫。除此之外，規律運動的人，對於心跳的敏銳程度會增加。過重或是肥胖的人，這方面的表現當然也就差了。

除了體重和身體強健之外，讓有些人對於心跳更為敏銳的原因，目前還不得而知。我們知道機械性受器的敏銳程度有高低範圍，由於壓力感知需要用到機械性受器，因此也能夠解釋不同人之間對於壓力感知的差異。不過神經系統中，在心臟與腦部之間傳遞訊息的路徑本身也很重要。

事實上，如果這些路徑的狀況良好，你可以想見，會有種種好處：心血管更為健康、發炎程度下降、工作記憶增強、壓力減輕。

身體中最重要的神經之一是迷走神經（vagus nerve）。這條神經把來自心臟、肺臟和消化道的訊息帶到腦部，同時也把腦部發出的「平靜下來」、「休息並且消化食物」的訊息，從腦部帶到那些器官。迷走神經的活動愈強，在威脅消失之後，就能夠更快恢復平靜的狀態。這種比較強的迷走神經活動，也說成「迷走神經張力」（vagal tone）比較高。

你可以很容易就測出自己的迷走神經張力。測量自己的心跳（可以把手指搭在手腕上測得），在你吸氣時脈搏稍微加速、吐氣時脈搏稍微減速了嗎？

如果會，那就是好消息了。這項測試反應出了迷走神經的運作，讓吸氣時有更多剛充滿氧氣的血液在循環，同時在吐氣時減緩心跳的速率。兩者之間的差異愈大，迷走神經張力就愈高。

迷走神經張力愈高，愈有益健康

童年時，迷走神經張力達到巔峰。到成年之後，迷走神經張力就如同身高一樣，人人都有差異了，其中 65% 的差異應該是由基因造成的，不過生活型態也有影響。體重過重和不常運動的人，迷走神經張力往往比較低。運動有助於提高迷走神經張力，甚至有人宣稱，這是運動有益健康的根本原因。你的迷走神經張力愈高，代表在威脅消失之後，身體能夠更快恢復平靜，這對於身體和心智都有利。

迷走神經張力愈高的人，愈長於調節身體的血糖濃度（能夠降低罹患糖尿病的風險，或是幫助有第二型糖尿病的病人控制血糖濃度），通常也更不容易發生中風或是罹患心血管疾病。原因可能是迷走神經的功能之一是減緩發炎作用。發炎反應是免疫系統對於感染或受傷所產生的重要反應之一，但是如果發炎一直長時間持續，成為背景狀況般的存在，便會傷害器官和血管。

美國神經外科醫師崔西（Kevin Tracey）是以電刺激迷走神經的先驅，他的療法是用類似心律調節器的儀器，發出電刺激，以降低發炎程度。他發現這種方式能夠有效治療類風溼性關節炎這種自體免疫疾病。

崔西預判，類風溼性關節炎病人需要終身進行這種電刺激療法。但是對於其他人而言，如果能夠找到加強迷走神經張力的方法，不但能夠讓腦部得到更精確的器官感覺訊息，同時「平靜」的過程也會更加順暢，這樣休息與消化的時間就增加了。

當然，也有證據指出：迷走神經張力比較好的人，往往比較不容易生氣，同時更容易控制情緒。他們的工作記憶也比較好，工作記憶是心智在保存資訊與處理資訊時所必須的。

有些證據指出：規律進行冥想，有助於發展迷走神經張力，冥想這種活動能夠讓腦部和身體主動的產生平靜與「放鬆」的反應。哈佛醫學院的講師坎波斯（Marcelo Campos）是內科醫師，他注意到良好的睡眠、冥想和正念，都能夠影響心跳速率變化。不過如果要增強迷走神經張力，運動的效果特別好。就算是有慢性心臟衰竭的人，藉由高強度間歇訓練，也能夠使迷走神經張力提高，減緩有害健康的心律不整情況。

受到亞里斯多德的影響，我們通常認為感官提供的只是周遭環境相關的訊息。我希望在這第二部〈新發現的感覺〉的各章，已說明得很清楚：我們身體內在的感覺世界也很活躍和複雜，而且並非無法加以影響。

我們能夠、也確實在調整關於身體內部活動的感覺訊息。而且不論是達成尼奇這樣的成就，或是得到沒有如此極端、但是對個人來說同樣重要的技能，例如「從窩在沙發到能跑五公里」，都需要依靠這些內感受，而且身體強健之後，也能讓內感受更加敏銳。

我們現在也知道了，就算是亞里斯多德所說的那些感覺，有些也並不是那麼單純的就屬於對外在環境的感覺。嗅覺受器和味覺受器對於內部／外部的界線，其實是視而不見的，不論這類受器位在哪個部位，都會完成偵測重要化合物的工作。下一章中，我將介紹另一種無視這種內外之別的感覺。

溫覺

—— 貓狗讓人快樂的原因

上網用「hottest」（最熱、最火熱）當關鍵字進行搜尋，會看到一些最熱門的搜尋結果：地球上最炎熱的地方、太陽系最熱的地方、最熱的狗、最辣的辣椒、全世界最火紅的名人。

最熱的狗？你可能已經知道那是 YouTube 的一個頻道了，但是我對來說挺新鮮的。不過，至少那與溫覺（冷熱覺）沒有什麼關聯，其他的當然就有。

要記得，一個世紀之前，生理學家還因為不瞭解恆定作用而覺得尷尬。對於研究感覺的科學家而言，到了近代都還不瞭解溫覺，也是一樣的尷尬。最近有一篇回顧論文是這樣說的：「有些生理感覺具備明顯的來源，形成的方式一如我們所料。但是熱感覺是怎麼來的，並不清楚。」不過，現在我們終於知道為何朝天椒、冒蒸氣的熱水、印度德里的夏日，以及有些名人為何會讓人覺得「火熱」了，還有其他的事物，包括薄荷和英國的晚秋，絕對是涼的了。

更重要的是，新的研究揭露了溫度感官與人類思維及感覺之間的關聯，這種溫度感官並非全然只有實際功能，對於心理健康也會產生各種影響，當然對身體健康也是。

在這一章，我將會介紹溫覺產生的過程，以及對於個人的意義（因為並不是所有人都以同樣的方式感覺到溫度）。也會提到溫覺影響我們的一些方式，不論我們是否有意識到，這些方式往往令人驚奇，而且我們還會為了自身利益去操控這個系統。

熱覺受體與冷覺受體

要瞭解人類如何偵測溫度，最好是回溯演化的歷史，而且要回到整個動物界及某種微小的浮游生物，兩者的共通祖先生活的時代。

這種共同祖先的樣貌，我們還不太清楚，但是它所演化出的偵測能力卻代代相傳，一直傳到了人類。我們是怎麼知道的？如果你能夠深入自己的 DNA，會發現到有一群基因的產物是「瞬時受體電位通道」（transient receptor potential channel, TRP）。漂蕩在南極海域深處的微小浮游生物「領鞭毛蟲」（choanoflagellate），牠們的 DNA 也有非常類似的基因。瞬時受體電位通道是非常古老的感測器，在整個動物界中，演化出各類繁多的利用方式，在人類身體上的，總稱為「熱瞬時受體電位通道」（thermo-TRP），能讓我們能夠感覺到溫度。你身體的所有器官中都有這些受體，包括了腦部、肝臟和消化道，當然你的皮膚上也有。

個別的熱瞬時受體電位通道位於游離神經末梢的膜上，各自有不同的偵測溫度範圍，不過他們確實的偵測溫度以及讓我們感覺到的結果，依然在研究當中。

最新的理論指出，它們各自的功能如下：

溫暖／熱刺激感測器：

- TRPV1（熱／造成傷害的熱）：這些感測器對攝氏 43 度以上的溫度、酸、辣椒素、以及毛蜘蛛的毒液產生反應。這是最早在人類身上發現的溫度受體，當時是 1999 年，它受刺激之後會產生痛覺。
- TRPV2（造成傷害的熱？）：是這類受體中第二個發現的，會因為極高的溫度而產生反應，那大約是攝氏 52 度以上。不過這個受體在人類身上主要的功能是偵測高溫，或還是有其他完全不同的功能，目前處於爭議當中，因為它在身體中還有其他功能，例如讓胃和小腸放鬆。
- TRPV3（溫暖）：讓這些受體起反應的溫度範圍是攝氏 32 度到 39 度，它也會受到香草醛、樟腦、桂皮醛和乳香的刺激而產生反應。
- TRPV4（溫暖／普通溫度）：這些受體產生反應的溫度範圍是攝氏 27 度到 35 度。

冷刺激感測器：

- TRPM8（涼／冷）：人類主要的冷偵測器，反應的溫度是攝氏 26 度以下，TRPM8 也會受到薄荷腦（在薄荷和某些漱口水中有）、桉葉醇（在尤加利樹、某些漱口水和乳霜中有）的刺激而產生反應。（TRPM8 也是蛙類等冷血動物的冷偵測器，但是在那些動物身上，TRPM8 要在更冷的溫度下，才會產生反應，而且蛙類也會對薄荷腦產生反應。）
- TRPA1（冷，以及會造成危險與疼痛的冷）：這些受體在溫度低於攝氏 17 度時，會開始產生反應。洋蔥中的化合物也會刺激這種受體，讓你流眼淚。山葵的衝感也是因為其中有化合物能讓這種受體產生反應，只不過那些化合物似乎不會讓人發冷。所以說，TRPA1 真的是針對造成疼痛的低溫的感測器嗎？這點還有爭議。不過，缺乏 TRPM8 的選殖小鼠能夠偵測到溫度低於攝氏 10 度的物體表面，顯然哺乳動物還有其他的冷感測器。

辣椒是「熱」的，薄荷腦是「涼」的

當你知道讓這些個別類型的受體產生反應的溫度，就可以知道為何咖哩、熱量、一滴強酸和咖啡，都是「熱」的，以及薄荷和一杯水兩者都是「涼」的。不過，一杯現泡咖啡或是印度德里的夏日讓人覺得熱，這是理所當然的。但是為何一口放了辣椒的沙拉，也會刺激同樣的感覺受體呢？

科學家認為：這是辣椒演化出利用哺乳動物的熱感應系統而為自己所用，辣椒素可以看成是對抗掠食者的化學武器。但對於人類來說，並不是特別有效的武器。

有證據指出：人類至少獨立馴化了辣椒五次，我們就是那麼喜歡吃辣椒，所以人類是例外。已知其他也會吃辣椒的哺乳動物，只有中國樹鼩，牠的 TPV1 受體發生了突變，對辣椒素並不敏感。也有其他生物瞄準了同樣的受體，加州大學舊金山分校的朱里斯（David Julius）進行了許多溫度感應的研究，他發現有些蜘蛛的毒素也會與 TPV1 結合。

如果在室溫下吃了某些東西，嘴巴、喉嚨或是嘴唇感覺到熱或是冷，那是因為溫度受體受到了化學刺激，所產生的訊息傳到三叉神經（trigeminal nerve）。這條神經連結了眼睛、鼻子、舌頭及口腔，到你的腦部。「三叉感覺」既不是嗅覺，也不是味覺。三叉感覺也能讓你感覺到刺激性與腐蝕性化合物（例如漂白水中的氨），可能也傳遞化合物造成的冷熱刺激（例如薄荷和辣椒所造成的感覺）。

身體的其他部位當然也能感受到辣椒造成的熱，以及薄荷腦之類的成分造成的涼。在手臂擦上有薄荷腦的軟膏，就會覺得那個部位涼涼的——對於這種涼感，嘴唇特別敏感。這是因為各式各樣的受體在皮膚上分布的密度並不相同。這點你很容易就可以嘗試看看。我在英國約克郡打這章文字的時候，正值 1 月（距離我開始寫第 1 章〈視覺〉，已經過了非常久）。我的房子有開暖氣，但是如果我把右手手指放在左手手背上，手指會覺得有點冷。如果是把手指放在嘴唇上，那個冷就更明顯了。

讓溫覺變得更為複雜的，是身體的哪個部位在感覺溫度。如果你將右手伸入冷水桶中，左手伸入熱水桶中，然後再把兩隻手都伸入溫水桶中，由於之前受體受到的刺激模式不同，現在你的右手會覺得水熱，左手則會覺得水涼。不過，感覺系統會馬上搞定這種混亂，很快就讓你感覺到實際的溫水。

手指和手掌對於溫度的敏銳程度雖然比不上嘴唇，但依然夠好了。手掌和手指得到的溫度訊息，能讓你瞭解很多狀況。舉例來說，如果你閉起眼睛，雙手手掌打開，有人把一塊木頭放在一隻手上，把金屬塊放在另一隻手上，只要感覺到金屬塊讓手掌溫度下降得比木頭更快，因此感覺更冷，便能夠把兩者區分出來。

然而，對於人類身上的溫度感測器來說，區別不同物體並不是最重要的。溫度受體有兩個基本功能。第一個基本功能是提供必要的訊息，好讓身體的核心溫度維持在攝氏 36.5 度到 37.5 度之間。由於身體和腦部在這個溫度範圍之外便無法順暢運作，因此沒有比這個更重要的功能了。第二個基本功能是如果造成傷害的高溫或是低溫接觸到你，要發出警訊。

主控身體恆定程序的部位是下視丘，也含有溫度受體。但是從皮膚傳來的訊息對於調節體溫而言，也很重要。如果你坐在書桌前或是沙發上，突然覺得房間變得太冷，你會起來穿件毛衣。如果你覺得熱到不舒服，便會脫掉一件衣服。當然，你的腦部有各種不同的調節溫度方式，能夠完成任務，如果你動動肌肉就能夠輕鬆達到目的，當然會下意識的就遵循動動肌肉的衝動。

事實上，如果你的辦公室或是房間的溫度真的改變了，就算只改變一點點，你也能夠感覺到。這種敏銳度實在很驚人，只不過，你所感受到的溫度變化程度，和真正的溫度變化程度並不相符。我們往往會高估溫度變化程度，例如你只是把窗戶拉開、露出一點點窄縫，有人卻大叫說冷死了，就是這個原因。研究感覺的科學家對於這種誇張的反應很感興趣，但是有另一群人也有興趣，這你可能就料想不到了。

打了冷顫，真是見鬼了？

突然感到「發冷」，覺得溫度「驟降」，有些人往往相信那是幽靈進入房間的跡象。（毫無疑問，這是通風良好的房間。大家都知道幽靈喜歡去傾頹的城堡，而不是門窗都能夠緊貼密合、具有溫度控制的永續住宅。）

英國新白金漢大學的超心理學家歐基夫（Ciarán O'Keeffe）對

這個效應非常感興趣，在《探索超自然》這本書中，他和費爾丁（Yvette Fielding）描述了在肯特郡赫弗城堡的調查過程。英王亨利八世第二位王后寶琳，曾住在赫弗城堡——被形容為「來自童話故事中的城堡」。

在赫弗城堡遇到鬼的人指稱，有些地方很冷。歐基夫準備要在堂皇的餐廳四處放置溫度記錄器，他說：

我們要記得，鬧鬼現象和溫度之間的關聯，已經由媒體大肆宣揚了，而且有些人心裡馬上就會這麼想……在赫弗城堡中，我特別注意到建築的結構，以及一些非常明顯的通風管道，例如壁爐……

從壁爐來的一道冷風，吹起一團濃濃的煙塵。相信自己「遇到鬼」的人，很容易就相信那是鬼。

讓身體產生反應的不只是有溫度稍微降低。有的時候，溫度計中的水銀高度不需要提高多少，就能讓你猛然有相反的感覺。

數位廣播公司 Heart 公布的 2020 年「全世界最火熱男性決定版」中，有湯姆·哈迪、伊卓瑞斯·艾巴、傑瑞德·巴特勒等影星，健身教練威克斯（Joe Wicks）也名列其中。（坦白說，在新冠疫情封城期間，身為無數家長之一，我們每個上學日的早上，都會跟著威克斯的 YouTube 體育節目，用力呼吸和對空揮拳。對我來說，除了保持健康之外，他的節目也很有看頭。）

我們通常會使用「火熱」一詞，來形容能夠讓平靜的心產生性興奮的人。當然，他們實際上並不熱，但是我們身體的某些部位會變得更暖。

要研究這個現象，我們只需要用到熱成像攝影機，觀察半裸的人——男性和女性受試者各自分開坐著，下半身赤裸，觀看各種影片，包括豆豆先生精選集、加拿大旅遊紀錄片，以及色情電影。在此同時，熱成像攝影機會對準他們的性器官。

加拿大麥基爾大學的研究人員在另一個房間中，仔細記錄受試者的體溫變化，精細到攝氏百分之一度。結果顯示在看色情電影的時候，因為流入血液增加了，而使得性器官的溫度上升。平均來說，不論男性或女性，溫度提高了攝氏兩度。

如果全身的溫度都提高了攝氏兩度，那麼你就是發燒了。所以說，對某些身體部位而言，感覺真的非常火熱。

溫覺引發的錯覺

對於很小的溫度變化就有很激烈的反應，是有道理的。在維持體溫範圍這件事情上，犯錯的空間非常小。對於任何改變，只要發生了，不論起因是來自於外在環境或是身體內部，都需要導正。但是基於人類溫覺系統的運作方式，還是有其他怪異效應產生的空間。

位於神經纖維末梢的溫覺受體，主要的工作應該是把溫度訊息傳遞到腦部。不過事情並沒有那麼簡單，在十九世紀中葉進行的傑出實驗，讓我們知道其中另有玄機。

那個實驗很容易，你自己可試試看，最好是和朋友一起來：

1. 找兩枚一模一樣的硬幣。
2. 把一枚硬幣放到冰箱中約十分鐘。
3. 把另一枚硬幣放在手掌上，加溫到和皮膚的溫度相同。

4. 坐在椅子上，頭往後仰，把暖的硬幣放在額頭上，集中注意力，感覺硬幣的重量。
5. 換上冷的硬幣，感覺會比較重嗎？

德國生理學家兼實驗心理學家韋伯（Ernst Heinrich Weber）在 1846 年報告了這項實驗的結果：當冷的硬幣放在受試者的額頭上時，他們說覺得比同樣的暖硬幣重一倍。

韋伯這項實驗既精采又令人費解，在之後的一百多年，愈來愈少人知曉。直到了 1978 年，兩位美國科學家史蒂文斯（Joseph Stevens）和格林（Barry Green）決定親自試試看。他們發現韋伯不但是正確的，而且不只有額頭這個部位會受到欺騙。冷和熱的砝碼放到受試者的手臂上，也會發生同樣的效應。冷的十公克砝碼，感覺起來，就像是與皮膚同溫度的一百公克砝碼。

為什麼會這樣？後續的研究發現：主要傳遞觸覺訊息的 C 觸覺纖維中，有些的末梢對於冷也稍微有點反應。由於 C 觸覺纖維的主要功能（以及非常擅長的功能）是傳遞觸覺訊息，腦部接收到來自 C 觸覺纖維的訊息時，會認為那些訊息代表的是壓力的程度，而不會是冷。所以，感知到冷硬幣時，就會覺得比較重。

事實上，史蒂文斯和格林還得到了許多和溫度相關的有趣發現，包括：

- ▶ 隨著溫度下降，麩胺酸鈉（也就是味精）的鮮味程度下降，鹹味程度上升。
- ▶ 當皮膚的溫度低於正常值（攝氏 32 度），同樣的異物摩擦刺激，感覺會比較沒有那麼粗糙。

▶ 皮膚的溫度下降，空間敏銳程度（偵測接觸到皮膚上兩個點的距離）也下降，但是接觸到的東西如果也是冷的，那麼敏銳程度反而會提高。

硬幣幻覺和第 1 章〈視覺〉提到的西洋棋方格錯覺不同，並不是腦部為了自己的好處所產生的小謊言，而是感官訊息傳遞到腦部的過程中，出現了瑕疵。不過這個現象其實讓我們瞭解到，有些顯然極為怪異的感官知覺（冷硬幣感覺比較重）是真實而且有其原因的。

辣燙到極點的死神辣椒

談到怪異而最近才得到合理解釋的錯覺，就應該提到人類感知高溫的受體 TRPV1。因為在有些動物中，這個受體用來做一些相當奇特的事情。

常見的吸血蝙蝠，鼻子扁塌、耳朵像是史巴克那般尖長，牙齒如剃刀般尖銳，好用來執行動物學家所說的「吸血」（其他人的說法是「噬血」）。這種蝙蝠住在美洲，喜歡悄悄接近睡眠中的動物，小牛是牠的最愛。

吸血蝙蝠在黑暗中要如何鎖定獵物的位置？可以靠氣味和聲音（牠們甚至有專門對呼吸聲產生反應的腦細胞）。但是這種蝙蝠也具備了精密的體溫感測系統。牠具有鼻葉，這種凹下去的器官中，含有紅外線感測器，能夠偵測溫血動物發出的熱輻射，同時還具備更高超的能力——該系統精密到令人毛骨悚然：對於紅外線的敏銳程度能夠讓蝙蝠知道，那隻沒有察覺到異常的動物身上，哪一條血管特別接近身體表面，最適合去咬。

2011 年，加州大學舊金山分校的朱里斯領導的研究團隊報告說：負責偵測紅外線的受體，別無他者，就是從 TRPV1 修改而來的。在蝙蝠以及人類全身（事實上是所有哺乳動物的全身），標準的 TRPV1 都是用來偵測高溫，但在蝙蝠鼻葉中的 TRPV1 是比較短的版本，能夠偵測比較低的攝氏 30 度，那是皮膚下血液流動發散出的溫度。

雖然還有其他動物能夠偵測到獵物的體溫，不過到目前為止只發現了吸血蝙蝠利用 TRPV1 達成這個目的。人類不具備那種類型的 TRPV1，但是我們的 TRPV1 可以受到調整，去對那個溫度範圍產生反應。

你晒傷之後，若去沖澡，會覺得平常沖澡的水溫現在燙得不得了。這是為何？因為日晒造成的傷害，讓身體的免疫系統釋放出化學成分，拉低了 TRPV1 產生反應的溫度門檻，從攝氏 43 度下降到攝氏 29.5 度。這種改變有助於讓你避免進一步傷害到已經受傷而脆弱的皮膚。

有些人對於高溫比較敏銳，有些人並不敏銳。對於辣椒素的反應，也是因人而異。科學家目前在人類身上，發現到至少六種不同的 TRPV1 基因變異，能夠解釋這些現象。之前已經提過其他所有感覺都會有個體差異，溫覺也是，每個人的溫度感覺系統基本上就有一定程度的差異。

有一個遺傳變異讓 TRPV1 對於辣椒素的反應特別強烈，這能夠說明為何有些人無法忍受有辣椒的食物，或是覺得特別辣，比起吃同一份食物的夥伴更容易潮紅與流汗。

而在這種溫覺特性差異的另一端，是喜歡吃辣的人。披薩上常見的墨西哥辣椒，辣度是 2,500 到 8,000 史高維爾單位（Scoville Heat Unit）。史高維爾單位是測量辣椒辣度的標準單位，計算方式是從某定量的辣椒乾中，萃取出「類辣椒素」（capsaicinoid），以該重量多少倍的糖水加以稀釋後，才能夠讓一群品嘗師嘗不出辣味。墨西哥辣椒會讓你的舌頭感覺刺刺的，但是比起卡羅萊納死神辣椒（Carolina Reaper），有如煙花比上原子彈，後者的史高維爾單位高達 1,600,000。

有些人在比賽中願意吞下這種全世界最辣的辣椒，有的比賽是單獨吃，有的是吃卡羅萊納死神包裹的雞翅膀。由於只要吃一點點就會覺得非常辣，下視丘馬上就會發出要身體降溫的命令。

雖然只有極少數人夠勇敢（夠瘋狂？）到去大嚼卡羅萊納死神辣椒，我們全都知道吃下去造成的後果。

你若是懶散的靠在躺椅上、沐浴在耀眼的陽光下，這時你會流汗，汗水蒸發會讓你的體溫下降。你的心臟跳動速率會上升，好讓更多血液流到皮膚，在此同時，血管會擴張，讓流過的血液倍增，好讓更多熱從體表散發到空氣中，你的臉因此泛紅。這時候，到處走動只會燃燒熱量，釋放出更多熱，因此（假設你已經脫去了適量的衣物）你的骨骼肌的活動會減慢，人會感到疲憊，這個狀態會讓你除了休息不動之外，啥都不想做。所以你就只會想躺在那兒「放鬆」，意志力幾乎無法發揮作用。事實上，瑞士神經學家布蘭克（見第 197 頁）說：「出於自由意志的行動，其實只是聽從身體內在狀況的人質。」

在躺椅上享受短暫的日光浴就是這麼一回事，但是卡羅萊納死神辣椒激發出的訊息，可就大不相同了，會有如煉獄之火。下視丘做出的反應是拿出全部可以降溫的防禦措施來應對。吃了這些辣椒的人說，不只會肚子絞痛許久，心跳速率也快得不得了，同時汗如雨下。有個吃下死神辣椒的人寫道：「好像是要把身體中的惡魔驅除出來那般狂吐，因為我的身體正在盡全力，要把體內的邪惡東西排除出去。」

所以，這讓另一個問題出現了：我們幹嘛做這種事？辣燙造成的痛覺（下一章會更仔細的探究痛覺），會刺激腎上腺素大量分泌，那是身體天然的止痛劑。對於有些人來說，因此得到的快感值得用疼痛去交換。這樣的「感官刺激追求者」渴望刺激，卡羅萊納死神當然帶來了刺激。而你可能在自己家裡，就能發現到沒有那麼激進的「感官刺激追求者」。

我的兩個兒子還小的時候，大兒子在放煙火時，總是會遮住耳朵，小他兩歲的弟弟卻是盡量靠近，大叫：「多放一點！更大聲一點！」過了大約五年，你猜哪一個會穩穩當當的騎自行車，哪一個會在山路上全速奔馳猛衝？哪一個在吃印度燉雞的時候，需要配五杯水？而哪一個每餐都要沾辣醬？他覺得很辣，臉上發紅、心跳加速，但是樂在其中。

三溫暖有益健康

不過，稍微極端的溫度不但讓人舒服，也能夠增進健康。

去年 1 月我在挪威首都奧斯陸，站在受到冰雪覆蓋的歌劇院附近，看著人們從高臺上跳進峽灣中，整個過程幾乎都沒有發出聲音。峽灣中的水溫只有攝氏 4 度，跳進水中會讓人身體的周邊血管突然收縮，皮膚上的毛髮都豎立起來，好減少體溫的散失，心跳速率也會猛然增加，當然也會開始發抖。

毫不意外，跳水者沒有多待一秒鐘，馬上游到梯子，爬上平臺，接著衝到木製三溫暖房中。突然進入熱房間，會使得讓身體變暖的機制突然煞車，沒多久，整個身體系統就快速往相反的方向猛衝了。

北歐三溫暖很有名，但是人類數千年來就已經利用熱了（不一定是冷熱交替使用）。在中美洲，古代馬雅人的「發汗屋」同時用來促進健康和進行宗教儀式。古希臘人也很喜歡熱水浴和冷水浴。

羅馬人最熱中於熱療法，每座城市都有澡堂，泡澡的人會從溫水浴室移動到類似三溫暖的熱水浴室，然後去泡冷水浴室。有些醫師特別認同冷水浴的健康效果，甚至在冬天都建議進行。根據《聖經》的內容，羅馬作家老普林尼（見第 111 頁）大約與耶穌同時代，他以諷刺的筆觸，記錄了冷水浴的提倡者馬西里亞的查米斯（Charmis of Massilia）所造成的瘋狂影響。查米斯大力推動的健康狂熱風潮，讓老普林尼寫道：「我們習慣於看到老年人、退休的執政官，為了炫耀而凍得發抖。」其他的希臘醫師則說服羅馬人進行「滾燙」的熱水浴。

不論是熱是冷，或特別是在極熱與極冷之間快速轉換，當然會對心血管系統造成負擔。突然劇烈的轉換會對身體造成壓力，許多醫師反對這樣做。所以在健身房中出現的那種三溫暖，會附有醫學建議：只有身體夠強健的人，才能夠使用，例如能夠走半小時的路，或是爬三、四層樓中途不需要暫停休息。如果你辦得到，那麼有些證據指出：經常使用三溫暖，能夠降低血壓，並且減少致命心臟病與中風的風險。這是芬蘭一項持續二十年、超過二千位男性接受研究的實驗，所得到的結果。傳說在芬蘭這個國家，三溫暖的數量和電視一樣多。

但是你不需要有三溫暖和峽灣，一樣能夠得到在冷熱之間快速轉換所帶來的健康利益。教練經常建議運動員在訓練之後，交替進行熱水浴和冷水浴，好幫助全身恢復。但是這種方式的科學研究結果卻不一致。

有許多頂尖運動員是站在馬西里亞的查米斯這一方，例如英國網球名將穆雷（Andy Murray），他每天泡冰水浴八到十分鐘。2017 年，穆雷臀部疼痛，為了準備當年的溫布頓網球賽，每天晚上會再多泡一次冰水浴。他對英國國家廣播公司的記者說：「這不是每個人晚上準備一夜好眠時會做的事情，但好在我多年來已經習慣跳進冰水中，沒有問題的。」

感覺到冷的時候，血管會收縮，感覺到溫暖或是熱的時候，會引發血管擴張，在兩者之間來回變換，有助於刺激血液流動，減少水腫。如果你受傷了，這種療法真的有幫助，這並不是捕風捉影的說法。

女性喜愛較溫暖的環境

我們知道，古代羅馬人不只用到了熱水和冷水，還有溫水浴室——這是設計來讓人享受溫暖愉悅的感覺，當然也不會讓沐浴者的身體有進入其他兩種浴室才會出現的極端狀態。但是並不表示溫水浴室就沒有可能的功效。

從表面上來看，感覺到溫暖可能並不刺激，但這只是因為我們低估了溫暖。瞭解溫暖如何影響我們，以及如何加以使用，可能可以改善從工作生活到心理健康的一切事情。溫暖不是炎熱和寒冷之間，卑微又溫和的溫度範圍。事實上，溫暖對腦部帶來了驚人的影響。當你因為溫暖而感到愉快時，你確實處於讓人舒服的溫度範圍，身體不需要做任何需要增溫和降溫的舉動，至少下視丘可以放鬆，不必戰戰兢兢的。無怪乎溫暖讓人感覺舒服。

但是怎樣的溫度讓你和其他人感覺「溫暖」，則有很大的不同。如果你家裡有人爭執暖氣應該調高或調低，那麼很可能女性站在一方，而男性站在另一方。

從這樣來看，應該不是溫度受體之間的遺傳變異造成的，更多是來自於基礎代謝率的差異，那是你什麼事都沒有做時，身體維持基本功能所耗掉的能量。

男性的基礎代謝率比女性高出三分之一，代表了男性產生的熱更多。如果要讓皮膚的溫度維持在兩性都覺得舒服的溫度範圍（約為攝氏 33 度），男性並不需要周遭環境中有更多的熱。因此男性認為覺得溫暖舒適的室溫（約為攝氏 22 度），要比女性所認為的低了 3 度（約為攝氏 25 度）。

一般辦公室的暖氣使用指南中設定的室溫範圍，是基於 1960 年代的計算方式。可以預期，那是以男性基礎代謝率來計算的。因此在辦公室中，男性同仁認為室溫剛剛好的時候，女性往往覺得「太冷」。這可不是小問題，德國的研究團隊在 2019 年發表研究結果，指出這種差異不只在舒服與否，同時也影響到整個辦公室的生產力。

這支研究團隊讓男學生和女學生在室溫為攝氏 16 度到 32.8 度的各個房間中，回答數學問題和語言邏輯問題。研究人員發現到房間愈是溫暖，女學生回答的問題愈多，答對的問題也愈多。對女性來說，室溫每增加攝氏 1 度，數學問題答對的比例增加了

2%。而男性在比較冷涼的房間中，表現得較好。

但最重要的是：在比較暖的房間中，男性表現下降的程度，低於女性表現提高的程度。這代表了工作場所中如果同時有男性和女性，辦公室的室溫最好設定為對男性來說「太暖」而對女性來說剛好。學校教室也應該這樣設定。

溫暖人心的香料

老闆和老師能夠影響我們覺得有多溫暖，進而影響表現，不過我們也能夠操控自己的溫暖知覺。方法之一是食物（我不是在說利用烤箱或是冰箱）。

會讓溫暖受體 TRPV3 產生反應的化合物清單，相當具有啟發性，對吧！清單中的肉桂是冬季料理的重要材料，肉餡餅和米布丁裡都有這種調味料，更別說香料酒了。我們甚至挑明說吧，肉桂是「讓人發暖」的香料，而肉桂確實能夠對腦部發出溫暖訊息。

清單上另一個有趣的成分是來自於香草莢的香草精。西方社會的人很熟悉香草的味道，甚至有人宣稱香草精有讓人心情變好的特性。但也有人反駁說，那可能是因為在西方的甜點中，經常使用到香草，西方人學會把香草的味道和甜食結合在一起，因此聞到香草的味道，心情就跟著變好了。或許其中有個符合生物化學的道理，因為香草精能夠啟動溫暖受體，所以說並不是只有心理效應那麼單純。

乳香更是值得詳細探究。這種美麗的鮮黃色樹脂是從乳香樹採集而來的。只要看過耶穌誕生劇，就會知道那是耶穌誕生時，三賢者帶給祂的禮物之一。數千年來，乳香的價格一直都很高。乳香的英文 frankincense 是由古早的法文 franc（意思是珍貴的）和英文的 incense（意思是香料）而來。

古代埃及人為亡者屍體防腐的時候，會用到乳香，而乳香也是著名的焚香，許多宗教在儀式中會用到。老普林尼在他的《博物志》中提到：在「阿拉伯樂園」（現今葉門），祭司會徵收十分之一的乳香，當成收入。同時還說明買家辨明乳香的方式，以免買到假貨：

> 測試的方法是…… 看黏性以及容易破碎的特性，以及接近熱煤炭時容易著火。咬的時候應該毫不費勁，會很容易碎裂成顆粒狀。有人加入了白色樹脂造假，外型很相似，但是用上述方式，很容易就可以分辨出來。

乳香經常被說成是藥物，在有些紀錄中，甚是被描述成具有改變心智的特性。以色列阿里埃勒大學的弗里德（Esther Fride）對於這些說法很感興趣，她原本研究大麻的醫療應用，後來也開始研究乳香的生化效果。在針對小鼠的研究中，弗里德注意到乳香有些抗發炎的特性，同時似乎能夠改善動物的情緒。

弗里德也清楚知道，許多植物含有精神刺激成分，但是她發現乳香並不會啟動通常會帶來精神刺激效果的受體。不過她發現乳香會刺激 TRPV3 溫覺受體，這讓她大為訝異。

弗里德指出：從這個結果來看，TRPV3 受體可能有調節情緒的功能，這個機制或許能夠說明為何自古以來，許多宗教對於乳香的評價都很高。

我們需要溫暖的親情和友情

溫暖訊息為何能夠改善情緒？我們知道，溫暖訊息代表的是身體處於良好的恆定狀態，但是應該還有其他原因。人類覺得溫暖的溫度範圍（攝氏 32 度到 39 度），涵蓋了自己的皮膚與身體的溫度，也包括他人的溫度。那些溫暖受體的存在，表明了：與父母、愛人、孩子親密接觸，有助於維持生存，或至少讓我們的基因延續下去。

我從未忘記在當心理系學生時，課堂上看到了現在已經成為經典的 1950 年代研究：研究人員將剛出生不久的猴子，從母猴身邊帶開，讓牠們選擇要去攀住籠子形狀、能夠提供乳汁的假母猴，或是其中有一百瓦發熱燈泡的柔軟布製假母猴（但是沒有提供乳汁），結果是幼猴都盡可能和溫暖柔軟的假母猴待在一起。而有些幼猴沒得選，是由研究人員分派的：一些幼猴和冷籠子假母猴養在一起，一些幼猴和溫暖的布製假母猴養在一起。研究人員發現：與溫暖布製假母猴養在一起的幼猴，長大後和其他猴子互動時，問題比較少。

溫暖柔軟的布製假母猴顯然也沒有什麼需要多說的，既不會對幼猴產生反應，也不會主動安撫牠們，但是光是提供溫暖就很重要了。對人類的嬰兒來說也是如此。從生下來開始，我們就會把照顧者這項重要的存在，和體溫連結在一起。

有個理論是說，人類長大之後，下意識中會把身體的溫暖，關聯到與他人的連繫感。日常的語言顯然支持這個論點，例如：我們會「溫柔」歡迎親愛的朋友，而不是「冷漠」或「焦灼」相待。對於經常提供幫助與支持的人，也會用「暖心」來形容，我們不會給這種人「冷眼」對待。

人類溫暖感覺系統真正有趣的特徵，是人類的熱覺受體和冷覺受體在長時間刺激下，會變得不敏銳（所以在做蒸氣浴一小段時間之後，就覺得蒸氣沒有那麼熱了），但是溫暖受體不會，這代表只要有人類身體的溫暖持續靠近，我們就能一直感覺到，並且很享受。

驅散社交孤立的「冷」

如果這種溫暖受到剝奪，你又覺得孤獨，有替代方案嗎？

許多研究都指出：寵物能夠增進人類福祉。狗和貓的體溫比人類體溫稍微高一點，牠們帶來的心理慰藉，有部分可能出自於身體的溫暖。如果你沒有養寵物，或許能夠嘗試其他的東西。

2012 年，耶魯大學的研究團隊要求一群十八歲到六十五歲的人寫日記，記錄下淋浴或泡澡之前與之後的感覺。研究發現：愈常淋浴或泡澡的人，淋浴或泡澡的時間愈長。研究團隊的結論是：他們認為人類下意識利用了溫暖的感覺（例如泡澡），驅散了社交孤立所產生的「冷」。

這項研究進行之後，有些團隊重複驗證到類似的情況，但是有些團隊卻無法得到相似的結果，使得評論者懷疑這種關聯是否真的存在。不過在 2020 年發表的研究指出：那些結果之間彼此矛盾，可能是因為沒有把環境的溫度考量在內，也就是當天是否溫暖。天氣熱的時候，孤獨的人覺得並不那麼需要受到熱水的包圍，然而在天冷的日子，人們就很期待和他人接觸；但若是身體暖起來了，就會把這種慾望打消。使用熱敷腰帶（也就是廣告中宣稱有減緩疼痛功效的發熱腰帶），就能讓身體暖起來。

其他的研究也指出：說自己感覺到溫暖的人，在和他人的互動上，也比較密切與友善。溫覺的感知與我們的社會知覺之間的關聯，需要更多研究，才能夠完全釐清，但是這個領域目前的研究成果非常引人興趣。請別忘了我在第 5 章〈觸覺〉曾提到，人類感受撫摸的觸覺受體，對於皮膚溫度（攝氏 32 度）的觸感，反應特別強烈。從我們一出生開始，溫暖和溫柔的觸摸就讓我們知道，自己和其他人在一起時，自己是安全的。

溫暖和三溫暖的溫度能夠讓人感到舒服，而冷涼也沒有那麼可怕，但是讓人燙傷和凍傷的溫度就是另一回事了。現在該來仔細探究感官如何為我們帶來疼痛了。

第 10 章

痛覺

—— 傷心為何也會痛？

高德斯坦（Pavel Goldstein）的妻子生下他們第一個小孩時，選擇不要吃任何止痛藥。他說：「分娩的過程非常長，大約有三十二小時，她要我握住她的手……少說話。我照做了，這似乎有幫助。」

如果你曾經安慰過膝蓋擦傷的小孩，或是幫忙揉傷口，就會知道，身體接觸能夠減緩疼痛。但是高德斯坦身為美國科羅拉多大學的心理學家與神經科學家，他發現自己不用多做什麼，只要握住妻子的手，就能幫助她了。從這點出發，高德斯坦進行了一連串實驗，以仔細探究在哪些狀況下，觸摸是如何減緩疼痛。這項研究和其他對於減緩疼痛方式的研究（以及研究感覺不到疼痛的人和有奇怪疼痛感的人），讓我們得以進入長久以來的神祕世界，瞭解讓人類得以生存下去的感官中，最重要的成員。

就如同人類無法直接偵測到聲音那樣，人類也無法直接偵測到疼痛。我們所感覺到的其實是身體中的傷害，或是可能即將發生的傷害。這些都叫做「傷害感受」（nociception），也就是對於傷害性刺激的偵測。事實上，這個感官過程可以和疼痛的感知區分開來，因為傷害感受和疼痛感受兩者可以獨立出現。不過，當傷害感測器（damage sensor，也就是痛覺受器）警告腦部，對身體安全的威脅出現時，通常的結果是產生了痛覺。因此痛覺是與偵測到身體損傷相關的感覺。

但是這種感覺是怎麼出現的？

疼痛是非常私人的事情，這是疼痛一直都非常難以定義與測量的原因之一。亞里斯多德最多也只能說是「不悅的感覺」。到目前為止，我們依然無法深入瞭解腦部如何把造成傷害的事物建構成為私人的體驗。而且這裡要為亞里斯多德說句公道話，目前對於疼痛的標準定義是「和真實或是可能的組織傷害相關的不悅感覺或情緒體驗」，和兩千年前的定義沒有進步多少。但是在二十一世紀，至少有科學家在瞭解感知疼痛的生物學研究上，掀起了革命。

痛覺的機制

法國哲學家兼科學家笛卡兒，被認為是最先把疼痛定義為單一種「感覺」的人（溫覺也是他定義的），那是在 1664 年。在早期的研究中，沒有人知道疼痛是因為專門的受體和神經纖維受到刺激而造成的，或是原本有其他感覺功能的神經纖維反應過度所造成的。舉例來說，「讓眼睛看不見的」強光和「震耳欲聾的」聲音會造成疼痛，因此十九世紀末，著名心理學家詹姆斯（見第 36 頁）就偏好「過度反應」這個解釋。

不過到了 1903 年，薛林頓爵士則覺得可以宣稱：「有許多證據指出，皮膚中有一些神經末梢，專門反應對於皮膚造成傷害的刺激，以及持續之下會造成傷害的刺激。」

1906 年，薛林頓爵士首先寫下了「傷害性刺激感測器」這些字，也就是我們今日所稱的「痛覺受器」。從此之後，在解剖實驗室裡對於從身體取出來的神經元加以研究，以及在國家核准的小型拷問室裡進行的研究（其中會燒灼志願者的手、擠壓他們的腳趾、讓他們的手指按在冰上，甚至是讓氣球在他們的直腸中脹大），確認了疼痛有專門的感覺機制。

我們的皮膚、內臟、肌肉、骨骼、關節、以及包裹腦部和脊髓的膜上，都遍布了傷害感測器，能夠對於三種類型的傷害（或傷害性刺激）中的一種或多種，產生反應。這三種類型分別是：極度高溫（能接收 TRPV1 受體訊息的神經元在分類上算這種）、有害的化合物，以及物理損傷（例如切割或是撞擊細胞）。

如果你空手去抓烤箱中的平底鍋，「A-δ-纖維」這種傷害感測器的訊息，會以秒速二十公尺快速傳遞，瞬間引起猛烈且銳利的疼痛，你可能會因此放掉平底鍋。在最初的衝擊性疼痛後，在「C-纖維」疼痛神經元上，會有第二波傳遞速度較慢的訊息，以秒速二公尺前進，造成的灼痛或疼痛感雖然較不那麼銳利，但會讓你忘不了手部受傷了，你需要好好保護，讓燙傷痊癒。

有些 A-δ-纖維或 C-纖維痛覺受器末梢，會對高熱或高壓產生反應，有些則是屬於多模式類型，對於多種危險都會產生反應。哪種危險才會真的啟動疼痛訊息的釋放，取決於受器的膜上有哪種受體。有些受體對於極端的熱和冷產生反應，有些則是對於有害化合物或物理損傷發出訊息。

化合物會造成的疼痛，可以經由幾種不同的方式產生：可能是化合物結合到了原來有其他主要功能的受體（例如辣椒素結合了 TRPV1）、化合物真的傷害到了細胞，或是化合物本身傳遞了代表細胞受損的訊息。

酸性成分會傷害細胞，人類和其他動物都有一些酸性成分的感測器。酸鹼值的變化程度要相當大，才會讓 TRPV1 偵測出有酸性成分，並且發出警訊。但是其他的感測器，包括了酸偵測離子通道，則能夠察覺非常些微的酸鹼值變化。有些痛覺神經元不只具備不同的傷害感測受體，同時也具備酸偵測受體。

不要濫用大蒜

鹼性成分也會引起化學灼傷和劇烈疼痛。例如你買來通浴室排水道阻塞物的東西，就是強鹼，一如產品標籤上的資訊所示，要絕對避免與皮膚接觸。但是有個日常更容易接觸到的東西，就藏在你的廚房中，有些人甚至把這種東西當成藥，但是卻以完全錯誤的方式使用。

大蒜切開或是壓碎的時候，會釋放出蒜素（allicin）這種化合物。蒜素是強大的防禦武器，能夠減緩許多微生物的生長速度，甚至殺死它們，其中包括了抗藥性細菌（因為蒜素能讓某些與產生能量息息相關的酵素失去活性）。從古代巴比倫人到維京人，數千年來都把蒜當成藥物，用來治療腸道問題、寄生蟲感染、呼吸道感染、以及其他疾病，其中有些功效已獲得了現代研究證據支持。雖然吃大蒜是安全的，但是並不建議直接塗在皮膚上。

2018 年，有位醫師報告了一項病例研究。一位英國女性的大腳趾受到了真菌感染，她把生的大蒜片貼到腳趾上，每天貼四個小時，連續超過四星期，希望這樣能夠殺死真菌。最後是有些殺菌功效吧，但是付出的代價是二度灼傷，讓腳趾起水泡並且腫起來。這種輕率的家庭偏方當然造成了疼痛，因為大蒜不只會讓多模式痛覺受器中的鹼偵測通道啟動，實際上也會傷害細胞，痛覺受器偵測到了，就會引發疼痛。

傷口為何腫痛又發癢

現在我們已經看過了熱和化合物，第三種引起疼痛的主要原因是物理損傷（機械性傷害）。

刺、壓、踩、戳和打斷骨頭，這些機械性傷害，小到如針刺傷大拇指，大到西班牙宗教裁判所酷愛的各種刑求手法（當然他們也不反對使用燒紅的木炭）。各種造成傷害以及可能造成傷害的力量是如何偵測到的，目前還在調查研究中，但是我們知道細胞受到損傷時，會釋放出化學物質，其中有些會刺激痛覺受器，有些會引發免疫反應，使得痛覺受器更為敏感。

想像一下你的手指被門夾到了，細胞受到擠壓時，會釋放出一些胜肽，稱為「物質 P」和「降鈣素基因相關胜肽」（calcitonin gene-related peptide）。這些胜肽會讓周遭的微血管擴張，使得免疫細胞大軍可以流到這個部位來，同時造成該部位腫脹。沒多久，你的手指就腫起來了。

損傷或感染造成的發炎反應中，組織胺是另一個重要的化合物，在由過敏原造成的發炎反應中也是，所以抗組織胺藥物可用來治療花粉熱。組織胺會讓血管擴張，同時讓血管壁的通透程度提高，讓幫助血液凝結的成分、以及抗體等第一線防禦的成分，進入受損的組織中。一如物質 P 和降鈣素基因相關胜肽，這也會讓疼痛神經元更為敏感。

不論損傷是由機械力、化合物或是熱造成，免疫反應過程中釋放出來的化合物，會使損傷區域變得超級敏感。發炎狀況對於損傷偵測而言，無疑就是雪上加霜，一點小刺激可能就是燎原星火。這也就是為何受傷位置周圍腫脹發紅的區域特別疼痛，而抗發炎藥物能夠緩解疼痛的原因。

有些類型的細胞損傷也會發癢。舉例來說，受到晒傷的皮膚可能同時會痛也會癢。疼痛和發癢的感覺完全不同，因此你會想以不同的方式來緩解——如果你受到刀傷，當然不會想要去搔受傷部位。「Mas 相關 G 蛋白耦合受體 A3 感覺神經元」（MrgprA3+ sensory neuron）這個名字冗長的感覺神經元，負責傳遞發癢訊息。但是這種神經元上有受體能夠和組織胺連結，組織胺能夠讓這種神經元活躍起來。晒傷讓人發癢，是因為受損皮膚釋放出了組織胺。輕度晒傷的區域，敷用抗組織胺藥物通常能夠減緩發癢。

如果有些天然的東西會傷害我們，通常那些東西主要的目的是不想讓人類或其他動物靠近。我們已經知道，辣椒演化出利用人類感知熱而疼痛的系統，而有其他的植物和動物運用了組織胺會引發疼痛和搔癢的原理。舉例來說，蜂毒會引發組織胺大量分泌，因此被蜂刺到後會疼痛發癢。蕁麻針狀的毛是中空的，用於防禦，其中含有多種讓人難受的化合物，組織胺就在其中。笨到想要靠近去吃蕁麻的動物，就會被注入這些化合物。

回想一下你經歷過最深的疼痛，那是扭痛、擠痛、燒痛？還是刺痛、壓痛、撞痛、炸痛、蹂痛、僵痛，剁痛、苦惱之痛、鈍痛、煩躁之痛，還是毒痛？如果你生過小孩，那麼分娩時的疼痛應該比上述的各種痛，都還要疼痛得多。

看一下那種種的傷痛，你會注意到其中描述疼痛的形容詞是有所不同的。一部分是描述疼痛的類型（例如扭痛和刺痛等），其他是描述疼痛的程度，例如苦惱之痛和煩躁之痛（有些則不是形容有多糟，而是有多溫和與輕微）。由於最近對於亞里斯多德的疼痛定義有所擴充，我們現在瞭解到疼痛經驗有兩個維度。第一個維度是可區別的元素：哪個部位疼痛，以及疼痛的類型，例如尖銳的疼痛或是撕裂的疼痛等。另一個是情緒成分：那個疼痛有多惱人？讓人筋疲力盡或是無法忍受，抑或甚至是受歡迎的？

腦部沒有一個專門中心，負責處理來自傷害感測器的訊息，相關訊息是經由多條路徑傳來的，腦中多個部位組成的網絡通常會因此活躍起來，這個網絡稱為疼痛基質（pain matrix）。

其中有一條重要的疼痛路徑，是讓損傷的相關訊息從脊椎進到下視丘，這會使得心跳增快與呼吸加速，身體冒汗，並且讓更多血液流到肌肉。這些生理上的改變，能夠幫助你對抗造成傷害的東西，或是令你直接逃跑。

損傷訊息也會傳遞到下視丘上方的區域：視丘（thalamus）。視丘是腦中的感覺傳遞站，會把感官訊息傳遞到初級體感覺皮質和次級體感覺皮質，進行處理，讓你區分出身體疼痛的部位，以及疼痛的類型——如果你踩到了什麼，腳部受傷的部位是哪？踩到的東西是寬的、有角的、還是尖銳的？可能是一塊樂高積木？或是針尖朝上的圖釘？

傳入腦中的損傷訊息也可以經由其他途徑：從視丘傳遞到杏仁體（amygdala，這個部位就像是毫不懈怠的狐獴哨兵，對可能的危險發出警訊）、腦島皮質（這個部位會接收所有內感受的訊息，並且呈現出身體的內部狀況）、前扣帶皮質（anterior cingulate cortex，這個部位參與了情緒、衝動控制、以及決策）。這條傳遞途徑的活動應該會激發出和疼痛相關的情緒，例如疼痛讓人筋疲力盡、令人厭惡、或是無法忍受，是你不想再次經歷的。

上述腦部區域在疼痛感知中負責不同功能的證據，有許多是來自於刻意讓健康志願者遭受疼痛、同時掃描他們的腦部。另一類重要的證據，來自於研究對受傷有奇特反應的人。

難以同理他人疼痛的病人

荷蘭阿姆斯特丹大學的凱瑟斯（Christian Keysers）專門研究情緒和同理心的神經科學。凱瑟斯在研究過程中，訪問過各種前扣帶皮質先天性畸形的人。訪談的內容很怪異，但是充滿啟發。凱瑟斯告訴我：「其中有一位是汽車修理技師，自己受到切傷時，他知道自己受傷了，因為他的體感覺皮質有產生反應。但是他不會出現『喔，這真糟糕，我不應該再不小心切到自己』這樣的負面情緒感覺。」

凱瑟斯說：「在《星艦迷航》中有一個仿生人，身上有情緒晶片，如果把情緒晶片關閉，他便能夠在不受情緒影響的狀況下分析情勢。那些前扣帶皮質先天性畸形的人就是這樣。那位汽車修理技師能夠分析自己被切傷的事實，但是沒有『好痛！』這樣的情緒性包袱。」

這也會影響到對於他人發生意外和受傷時的理解。「你讓他們看電影，其中有人絆倒而扭傷了腳。他們能夠分析狀況，告訴你說他們的情況並不好。但是如果你問他們看到這樣，是否自己的情緒會受到影響，答案是否定的。對於自己的疼痛沒有情緒性包袱，也就無法瞭解到他人疼痛時的感受。」

缺乏疼痛情緒面的人，難以同理他人的疼痛，無法學到要盡量避免去做會傷害到他人身體的事情。但是有另一群人更難學到這件事。

在某些罕見的病例中，問題不是出自於痛覺受器或是腦部處理疼痛的部位，而是在兩者之間。舉例來說，SCN9A 基因的產物是一種鈉離子通道，這種通道對於神經纖維傳遞疼痛訊息，至關重要。如果有人的兩個 SCN9A 基因發生突變，沒有那種鈉離子通道，就不會感覺到疼痛。

不會疼痛！這聽起來像是優點，但其實當然是很大的缺點，他們無法注意到自己正在傷害自己。就算注意到了，也不會覺得困擾。

劍橋大學的臨床遺傳學家伍茲（Geoff Woods）專門研究這種狀況，首次遇到病例的故事很有名。當時伍茲在巴基斯坦，有人要他去看一個靠街頭表演來賺錢的男孩。那個男孩表演走過熱燙的木炭或是刺自己的手臂，不會出現任何疼痛的表情。在伍茲還沒有見到男孩之前，男孩為了「娛樂朋友」竟然從屋頂跳下來，好像沒事般的走開，不久之後就因為腦部受傷而死亡。

人體製造的止痛劑

從痛覺受器傳出的損傷訊息「往上」傳遞到腦中痛覺相關部位的途徑，稱為「上行途徑」。但是光由這個途徑傳來的訊息，還不足以決定受到拍打、膝蓋紅腫或甚至子彈擊傷會有多痛。從腦部「往下」傳遞的訊息，能夠影響我們感覺到的疼痛有多深，以及疼痛是否會造成困擾。

著名的探險家兼反奴隸倡議家李文斯頓（David Livingstone）於 1843 年，在南非馬柏薩的美麗谷地設置了傳教所。他在《南非傳教之旅與探究》中寫道：「這裡發生了一件我在英國經常被問到的事情，如果不是朋友的懇求，我本來打算在老的時候才告訴我的孩子……」

有群獅子一直攻擊牛隻，李文斯頓答應幫助當地人殺一兩頭獅子，希望其他獅子會嚇跑。他成功的射中一頭公獅，「我好好瞄準了牠的身體，開了兩槍。」但是那頭獅子沒有死。李文斯頓在填裝子彈要再次射擊時，聽到有人大叫：

> 我朝四周看了看，發現那頭獅子正朝我撲過來……壓制住我的肩膀，我們同時都跌到了地上。牠就像是㹴犬搖著老鼠，靠近我的耳朵，非常恐怖。這個衝擊讓我產生恍惚感……像是在夢中，我感覺不到疼痛或是恐懼，不過我能清楚感覺當下發生的一切。那就像是受到氯仿影響的病人所描述的：看到了整個動手術的過程，但是沒有感覺到手術刀。

雖然李文斯頓的骨頭被「壓成碎片」，而且獅子在他的上臂留下了多達十一個齒痕，但是李文斯頓沒有感覺到疼痛，他接著描述說：「仁善的造物主，很慈悲的做好了準備，讓致死的疼痛減輕。」

不只李文斯頓有這樣的經驗，一些戰場上發生的故事也能夠證明：身體受到傷害的部位中，傷害感測器瘋狂傳遞出訊息，但是人卻沒有感覺到疼痛。

不論如何，李文斯頓的解釋是完全不可能的。比較可能的是當他的性命在危急之時，擾人的疼痛可能會阻止他做出任何有助於生存的事情，因此痛覺遭到腦部忽視或壓抑。（後來，另一個人射了獅子，獅子就跑去咬那個人了。這毫無疑問是有可能的，因為獅子的痛覺也受到壓抑了，但後來還是傷重而死。）

疼痛演化出來的目的，是讓自己遠離危險，並且從事有助於痊癒的行為，例如休息並且忍住不去使用受傷的部位，還有因此學到教訓。

不過感覺到疼痛，不一定就是好事。所以，倫敦大學學院的感覺神經科學家伊奈提（Giandomenico Iannetti）指出：我們需要減緩疼痛，而且我們有減緩疼痛的方法。但是伊奈提也說，如果是急性疼痛，「通常你感覺到的是對你有幫助的感覺。」

有許多不同的方式能夠影響你的感覺。人類的身體能夠製造止痛劑。傷害感測器傳來的訊息，就會引發各種抑制疼痛的化合物釋放出來，包括腦內啡（endorphin）和腦克啡（enkephalin），這些是體內生成的類鴉片成分，能夠與 μ 類鴉片受體結合，而減緩疼痛。同時，大麻素（cannabinoid）也會釋放出來。

2019 年，一位蘇格蘭女性席捲了媒體頭條，因為科學家發現她有一個基因突變了，使得內生性大麻素訊息增強了。除了幾乎感覺不到疼痛，她每天總是樂陶陶的，從來都不會感到焦慮，只不過會受到記憶不良所苦。看來，她的自然狀態就是幾乎所有使用大麻的人，所想要經歷的狀態。

這種重要的「腦部傳下」而非「身體傳上」的「下行」止痛過程，抑制住了來自於脊隨的損傷訊息，有效抑制了痛覺。

轉移注意力，能減輕疼痛

但是，為何李文斯頓當時沒有感到疼痛，然而扭傷了腳踝、或是分娩的時候，會極度疼痛呢？

一個可能的原因是：當時李文斯頓的杏仁體對下視丘大喊了「危險！」以致增加了心跳的力量和速率。隨著心臟每次收縮而傳遞到腦部的內感受訊息，抑制了某些類型感覺的處理過程，特別是疼痛感覺的處理過程。你心跳速率愈快，抑制疼痛知覺的效果就愈強，讓你能夠持續奔跑，或是為了保住性命而應戰。

在此同時，李文斯頓也可能因為要拚命，有意識的注意力都集中在應對眼前的危險，以及如何才能脫身，因此無法察覺到流入自己腦中的傷痛訊息。科學家已在研究這個現象，好解決病人在醫療過程中難以忍受的疼痛。舉例來說，英國雪菲爾哈倫大學進行的研究中，遊戲設計師菲蘭（Ivan Phelan）設計出兩款沉浸式虛擬實境遊戲，讓受到嚴重燒傷的人，在更換敷料的時候玩，完全就是考量到這一點。

在其中一款遊戲中，玩家必須把雪球丟入圈圈中，好贏得分數。在另一款遊戲中，玩家必須到處走動，把羊趕到圍欄中。一位年輕女性瑪克森，不小心把沸水淋到了自己的肚子和腿上，她談到了玩遊戲帶來的改變：「在更換敷料的時候你不會盯著看，也不會想到這件事。我的皮膚上有一塊發白的部位很痛，那裡非常敏感。但是當我在玩虛擬遊戲時，完全不會害怕，甚至不會感覺到。」

或許是有人和瑪克森說，玩遊戲應該能夠減輕疼痛，使得她對於疼痛的預期產生變化，也對身體造成了影響。當我們預期某件事情會造成很大的傷害，腦部就會「放大」來自於傷害感測器的訊息，讓痛變得更痛。而反過來就是：如果我們預期某件事情不會造成傷害，那麼痛就不會那麼痛了。告訴某人糖錠是「止痛藥」，糖錠就能夠讓他們的內生性類鴉片成分釋放出來，抑制來自於傷害感測器的訊息，減緩疼痛。「安慰劑」所產生的生理和心理效果是很顯著的。

由於我們的態度會影響對於疼痛的感覺，而且體內產生的止痛劑能夠讓人覺得舒服，因此有些人竟能夠從疼痛中得到快感。自我鞭笞、某些宗教入會儀式，都是讓人同時體驗到疼痛與快樂的方式。除此之外，還有跑步者高潮，那是辛苦運動的肌肉中累積了酸性物質，使得傷害感測器產生反應所引發的。當然吃辣椒比賽也是。

但就算是能夠享受某些疼痛方式的人，也未必能接納所有產生疼痛的方式。好比你熱愛性虐待，但在腳趾頭撞到門的時候，有什麼方法可以減緩疼痛呢？

你可以罵髒話，因為這真的有效，英國基爾大學的研究證實了這一點。研究人員要受試者把手伸進冰水中，時間盡可能久。在這段期間，研究人員允許有些受試者罵髒話（他們可以選擇要罵的內容），而那些人就覺得比較不痛了。平均來說，可以罵髒話的男性，手放在冰水中的時間增加了四十四秒，而女性增加了三十七秒。目前還不清楚為何罵髒話有效，研究人員推測：有可能罵髒話引發了「危險」情勢，能夠讓疼痛減緩。（後來針對說日本話的人所進行的研究，也得到類似的結果，所以這種效果不僅在英國才能發揮。在英國，因疼痛而罵髒話是很普遍的事，社會大眾也能夠接受。）

古老的止痛藥物

你可能也能夠讓腦部產生混淆。倫敦大學學院的伊奈提也領導了這方面的研究。他把發熱的雷射，照到一群志願受試者的手背，發現受試者雙手手臂交錯時，能夠減緩疼痛。伊奈提認為手臂交錯混淆了腦部分辨來自左手和右手的訊息，導致這種假象。

我們都知道，如果四肢中有一個地方受到重擊，去揉一揉會有幫助。目前的解釋是：因為疼痛訊息和觸覺訊息在脊髓中整合在一起了——傳遞觸覺訊息的 A-β- 纖維、以及傳遞痛覺的 C- 纖維，連結到了相同的次級神經元，這是感覺受器傳遞訊息到腦部的途徑中的第二個神經元。大量觸覺訊息出現，能夠排擠傳來的損傷訊息。

高德斯坦（見第 240 頁）特別去研究了他人造成的觸覺。他的研究指出：陌生人的觸摸並不能減緩前臂因為蒙受高熱而產生的疼痛，但是喜愛的人觸摸可以。原因可能是當你和親近的人在一起時，生理狀況會開始變得同步。你的心跳速率、呼吸、甚至是腦波，都開始有相同的步調，這會使得腦部的報償迴路啟動，讓疼痛減少。高德斯坦發現：疼痛干擾了這種同步現象，觸摸可以重新建立兩人之間的連結。不過，他補充說：「愛人的觸摸，止痛效果可能是最強的，但不是唯一的方式。觸摸不是萬靈丹，使用的時候要非常小心。」

觸摸無疑是非常古老的止痛手段。在現代的全身麻醉劑於十九世紀開始發展之前，人類當然也有其他各種不同的止痛藥。

在高加索地區出土、有五千年歷史的火盆中，有大麻的種子和焚燒大麻的殘餘物，大麻能夠作用在人類的大麻素受體上。也有證據指出，在更早的數百年前，美索不達米亞地區就有人使用從罌粟提煉出來的鴉片。考古學家還發現，大約在四千年前，在敘利亞北部、距離阿勒頗市不遠的艾布拉古城中，有大規模生產藥物的設施。遺址出土的大型陶罐中，全都發現了些微的罌粟、天芥菜（用於治療病毒感染）和洋甘菊（減緩發炎症狀）。古希臘似乎經常使用含有水楊酸（salicylic acid）的柳樹皮。水楊酸能夠止痛解熱，人工合成的版本是乙醯水楊酸（acetylsalicic acid），俗稱阿斯匹靈。

痛覺對生存至關重要

古代使用鴉片的目的，不全然是為了減少身體疼痛。浪漫時代的詩人，包括柯勒律治（Samuel Taylor Coleridge）和昆西（Thomas de Quincey）都稱讚鴉片帶來的刺激創作效果。但是英國艾克斯特大學的克勞佛德（Joseph Crawford）分析了同時代女性作家對鴉片的態度和經驗，得到的結論是：他們更需要的是鴉片帶來的鎮定撫慰效果，以對抗苦惱和憂鬱。

醫學研究已經確定了鴉片和海洛因就如同人體自然產生的類鴉片成分，能夠減輕心理上的痛苦。實際上，普拿疼（乙醯胺酚）也可以，因為它能夠影響前扣帶皮質和腦島皮質，這兩個腦區參與了損傷訊息的情緒反應，同時也和社交上受到排斥而產生的心理痛苦有關聯。

由美國和加拿大科學家聯合組成的研究團隊，在 2010 年發表的論文，現在已經成為經典。在這項研究中，證明了普拿疼能夠減緩社交痛苦。論文中寫道：「社交痛苦和身體痛苦彼此重疊的範圍很大。」腦部處理這兩類痛苦的過程有重疊，抑制這兩類痛苦的方式也是。

在提到受到同儕團體的排斥，或是和戀人分手時，我們會說那很痛苦，而實際上就是真的很痛苦。從演化的角度來看，這是很有道理的。如果開車太快而出車禍，肋骨斷了，這時產生的痛苦是為了懲罰你做了威脅自己生存的事情，讓你下次再犯之前會三思。在古代社會中，每一個人對於彼此的依賴更重，如果你受到了所屬群體的拒斥，那麼生命將會處於真正的風險當中。舉例來說，偷鄰居的東西，或是睡了他人的伴侶，從社會群體觀點來看，就和開快車闖了禍一樣。

最近對於世界各地社會的研究結果，指出羞愧的感覺是演化出來處罰打破所屬社會群體規範的人。羞愧感的功能很像是中等程度身體疼痛的心理版。受到社會排斥真的很痛，因為對人類的祖先而言，所面臨的生存威脅要比斷了幾根肋骨還要嚴重。處於痛苦之中時，我們會一心想要解除痛苦。去做你想得到能夠解除社交排斥之苦的事情，能夠大幅增加你生存的機會。

不過這裡要再三強調，羞愧和這種類型的社交痛苦，根本上是適應的結果，但並不代表總是會有幫助，或是你總是能夠彌補社交裂痕。特別是你所屬的群體出現了令人無法忍受或是扭曲的社會規則，這時你受到的羞辱和排斥，會來自於你無法控制的一些事情（例如你天生的長相），或是來自於並不會對他人造成危險的行為或生活方式。

瞭解到了以上種種，你可能會想知道，如果疼痛和化合物、機械衝擊力、高熱、社會威脅有關，為何巨大的聲音和強烈的光線也會造成疼痛？如果造成疼痛的是強光，那麼答案在 2010 年才出現。有一項研究指出：大部分對眼睛表面壓力起反應的痛覺神經元，對強光也會產生反應（至少在大鼠身上是如此）。

2015 年，美國西北大學的研究人員發表了耳朵疼痛系統的相關細節，他們發現：耳蝸中並沒有常見的痛覺受器，而是有一組神經元，只有在聲音大到造成危險時，才會啟動。不過那是因為巨大聲音造成聽覺毛細胞死亡而啟動，或是聲波本身所致，目前還不清楚。

這種種關於生理疼痛和心理痛苦的研究，都非常清楚的表明了：痛覺對於生存至關重要—— 在絕大多數時候是如此。本書沒有篇幅來介紹慢性疼痛，以及使用止痛藥成癮的危險，因為這兩項議題在其他書籍都有充分的討論。不過各位應當已認知到：科學界持續研究「與痛覺相關的生化過程細節、緩解疼痛的方式、以及影響疼痛的心理因素」等主題，就有望找到更好的方法，幫助我們在疼痛無法帶來益處時，消除你我的痛苦。

第 11 章

胃腸道感覺

—— 學習做出更好的決定

通常第二天最痛苦。之後對於食物的渴望，就沒有那麼強烈了，取而代之的是身體虛弱和精神憂鬱。消化受到嚴重干擾。對於食物的渴望轉變成為對於減輕疼痛的渴望。通常會出現劇烈的頭痛、陣陣暈眩，或是輕微的譫妄。澈底疲憊和與世隔絕的感覺，代表了磨難的最後階段。恢復過程通常很漫長，有時要過很久很久，才能完全恢復成正常健康的狀態。

這是英國女性參政運動的領導人艾米琳．潘克斯特（Emmeline Pankhurst）在 1912 年寫下的文字，記錄了她因暴力抗爭而入獄時絕食過程的感受。對於潘克斯特和其他一起爭取女性也能有平等投票權的激進人士來說，絕食這種方法讓人們注意到，政府拒絕承認從事該運動而被監禁的抗議者是政治犯，而不是刑事犯。

第一個記錄在案的絕食行動發生在 1909 年，當時藝術家兼女權運動者華萊士－鄧洛普（Marion Wallace-Dunlop）被判惡意損毀國會石雕（她把英國《權利法案》的摘要，印在聖史蒂芬宮的牆壁上），歸類成罪犯，送到霍洛韋監獄。她拒絕進食，直到「事情能夠讓我滿意為止」。絕食持續了九十一個小時，之後釋放出獄，因為怕她餓死。很快的，女性女權抗議者就採用絕食抗議的方式。這種非暴力的政治運動工具，強大又能激起情緒，後來其他人也採用，包括愛爾蘭共和軍、印度聖雄甘地、以及南非的曼德拉，他在羅本島受監禁時絕食。

飢餓當然是我們意識到要吃食物的感覺。這種感覺之所以演化出來，是要我們在身體需要更多燃料的感覺訊息出現時，必須採取行動。要絕食抗議，也就是不吃食物，代表刻意對抗人類能夠感受到的最大慾望所驅使的行動。艾米琳·潘克斯特的女兒克麗絲特貝爾·潘克斯特（Christabel Pankhurst）後來也是女性政治與社會運動的領袖，她認為絕食抗議代表了「靈魂戰勝了身體」。

飢餓感與飽足感

饑餓感演化出來的目的，與我們現在常常覺得好餓的處境，是截然不同的事情。不過，飢餓代表的訊息都是我們需要更多的基本營養成分，例如碳水化合物，好讓我們能夠繼續生存。這個過程需要能夠偵測身體養分存量的系統，植物和動物都有這樣的基礎系統。不論是花園中的玫瑰叢、蛞蝓，或是在鵝肝產業中遭到強灌穀物的鵝，都能感覺到何時需要補充重要營養素和水分，以及何時太多了。

植物中重要的營養偵測器，最近才發現到。這種偵測器對磷酸有反應，那是植物正常生長所需要的化合物。偵測器讓根知道何時要吸收更多磷酸（植物從土壤吸收磷酸），何時停止。一如饑餓感會驅動我們主動找尋食物（其他動物也是如此），植物缺乏磷酸造成的效應也相同：刺激根部往旁邊伸長，並且散布到土壤上層，因為磷酸往往在土壤上層累積，因此會更容易發現到。

在人類身上，食物攝取與消化的相關感覺訊息，當然要複雜得多了，而且影響的範圍很廣，包括情緒、思維與行動，同時也深深影響了我們的生活。

1912 年，女權運動的暴力行為、入獄人數和絕食抗議的情況都升高了，美國生理學家坎農（見第 203 頁）寫道：飢餓「的特徵是痛苦劇烈的折磨，這份折磨來自於胃部強烈的收縮，直到有食物進去之後，折磨才會停止。」

現在，全世界有八億二千萬人處於營養不良的狀態，代表了他們攝入的熱量還不足身體最少的需求量。他們很熟悉飢餓帶來的折磨。但是在許多國家，食物供應過量，我們已經知道這使得對於飢餓的感知變得更為複雜：身體中有許多訊息都能夠造成飢餓感，習慣當然也可以，只要走進廚房就馬上會有飢餓感的人，完全知道我的意思。

想想看，最近一次你吃東西的時候，是為什麼想吃？你真的覺得餓了嗎？或只是早餐的「時間到了」。或是你覺得累，希望吃點零食，好打起精神？當然你也能夠想起來，有次你去吃晚餐時完全不餓，但是一聞到美味的食物時，馬上就有食慾了。

感覺到飢餓這種心理狀態，當然可以在身體並沒有發出肚子空空的訊息時產生。而且，我們在進食的時候，各種外在因素都能夠影響我們是否覺得已經「飽足」了。甚至餐盤大小這樣簡單的東西，都可以發揮效果：把同一份食物放到比較大的餐盤上，你會感覺到比放在較小餐盤上時的分量少。不只人類會受到這種錯覺的影響，爬行動物也會。

如果能夠把注意力放在胃部訊息上，對於控制體重來說，會有很大的幫助。傳遞胃部和腸道飽脹程度的物理（機械性）知覺訊息，會影響你對於飽足感和飢餓感的知覺。在充滿食物而讓知覺混淆的世界中，飽足感和飢餓感是最佳指引，告訴你是否真正需要食物。

以前想要探究胃部飽足知覺的研究人員，使用的技術讓人很不舒服，例如把氣球經由食道伸到胃部，然後把氣球吹脹。新的技術「對於受試者更友善」（一篇研究論文中是這樣說的）：受試者得要喝很多水，多到覺得胃部有「舒服的飽足感」之後，再繼續喝到「極限」飽。胃部感覺神經元末梢的機械性感知通道會傳出訊息，引發相關的知覺。不過最近的研究指出，那些受體的敏銳程度會受到某些激素的影響，特別是由含有味覺受體的腸道細胞所釋放出來的激素。

在第 4 章〈味覺〉中提到，這些有味覺受體的細胞，能夠偵測消化後食物中各種營養素的含量。它們能夠影響飽足感是很合理的。如果你吃的是營養稀少的一餐，那麼胃部要擴張得更大，才會覺得飽，但是如果你吃了含有大量營養成分的一餐，還沒有那麼脹的時候，就會覺得飽了。這完全合理。想像一碗含有馬鈴薯塊和雞肉的湯，另一碗只有清湯寡水，後者當然要吃比較多，才能夠得到重要的營養成分。

所以光是由餐點的體積，並無法決定讓人覺得有多飽。身體必須藉由某種重要的飲食相關感覺（舌頭之外的味覺），去影響另一種感覺（胃部的伸張），這有助於微調我們的知覺，讓我們知道何時應該放下餐具。

現在回來看那些喝水實驗。反覆在受試者身上測試之後，就能得到某人在喝下多少水量時覺得「舒服的飽」、以及喝下多少水量時覺得「飽到極限」。經過多次測試之後，能夠確實回報出「舒服的飽」和「飽到極限」的水量都是固定量的人，就是「消化道內感受準確性」或「胃部感覺」較佳的人。研究指出：胃部感覺比較準確的人，較能夠察覺到心跳，這兩類內感受能力是有關聯的。

貪食症與厭食症

也有一些證據指出：罹患貪食症或是厭食症的人，胃部感覺比較不敏銳，他們無法如其他人那樣，感覺到胃部真的已經填滿食物、或是有多滿。事實上，他們對於身體內部各種訊息的監測程度，可能都不太好（就如同胃部感覺和心跳感覺之間具有相關性）。這種狀況是否是飲食失調的原因之一，或是結果之一，目前都還不清楚。不過倫敦大學皇家哈洛威學院的心理學家布魯爾（Rebecca Brewer）正在研究。布魯爾希望能夠進行縱向研究，追蹤一群十歲的人，每隔十八個月測量他們內感受的能力，並且記錄其中的改變，當然也包括任何飲食失調的狀況。

如果胃部感覺不敏銳是飲食失調的原因之一（這裡要強調，沒有人認為這就足以解釋厭食症這樣複雜的症狀），那麼為何有些人的感覺會比其他人更敏銳呢？這方面還沒有人進行詳細的研究。不過，正如同雷文（見第 148 頁）發現到，觸覺、聽覺和血壓感覺都需要利用到機械性受器，因此這些感覺的敏銳程度高低彼此關聯，至少是很合理的。

對於不是吃得太少而是吃得太多的人，學習更加注意胃部飽脹時的物理訊息，會有所幫助。耶魯大學耶魯壓力中心前任講師修瓦爾（Karyn Gunnet Shoval）解釋說：從胃部的物理感覺（評分從 1 分到 10 分）學習辨認出自己需要吃多少東西，是很有幫助的。修瓦爾現在是健康輔導師。

方法之一是喝一杯水，然後集中心思，注意自己胃部的飽足感有多少變化。修瓦爾說，學習確認出有這些訊息，就能加以利用，估計自己是否真的飢餓。這是可以學習的，舉例來說，就算是晚餐的「時間到了」或是飲食習性讓我們想要吃東西，飽足感程度如果是 5 分（這代表「我餓了，但是還沒有餓到如果現在不馬上吃東西，就會出問題」），就沒有真的需要吃東西。如果飽足感程度是 3 分，那就該吃東西了，但是吃的分量要比程度是 1 分的時候少。修瓦爾解釋道：「重要的是我要吃多少，才能感覺到『好了，夠了』，而不要吃到最飽。」

如果你想要吃得少一點，還有另一個策略：想像自己已經吃飽了。最近荷蘭烏特勒支大學的一項研究中，請一群人先花一分鐘想像自己飢餓或是飽足，然後要他們選擇各種食物，包括不同分量的爆米花、巧克力冰淇淋和洋芋片，來當成「報酬」。想像自己已經吃飽的人，選擇的食物分量要比想像自己飢餓的人來得少。研究人員認為，這個結果代表了：光是在精神上想像身體狀態，例如覺得已經飽了，就能夠對接下來的選擇造成實際影響。

如果你真的很需要吃東西，那麼光是想像已經飽足了，當然沒有用。艾米琳·潘克斯特和其他絕食抗議的人，能夠以意志力讓自己挨餓數日，好達到所需的目標，但是對於其他人而言，飢餓能夠削弱我們高貴的那一面，讓人不擇手段去取得食物。這能說明「飢怒」（hanger）產生的原因，這個詞是把飢餓（hunger）

和憤怒（anger）兩個字合在一起。飢怒能夠導致一心想守規矩的成年人憤怒，能夠讓較沒規矩的小孩撒野鬧脾氣。

來自腸子的直覺？

許多人可能多多少少瞭解飢怒的狀況，但是和食物相關的感覺訊息對心理造成的影響，並非只有這樣。在日常對話中，經常會出現「直覺」（gut feeling）這個字眼。你無法確定要買這棟房子還是那棟房子？靠直覺吧！這種直覺的特徵是：並非由意識評估利弊得失，而是更多取決於下意識對不同選擇之間的偏好，而且往往會影響到重大的決定。

選擇偏好是在下意識發生的，但並非代表就不會受到事實的影響。你的腦部會學習到某種程度的內隱知識（implicit knowledge）和關聯持續性，但是你自己並沒有瞭解到這點，那屬於演化上較原始的學習形式。雖然人群中，這種學習能力有高有低，但是與智商無關。有人可能智商測驗的得分高到可以成為門薩（Mensa）會員，但是在內隱學習上是個笨蛋，當然也有反過來的人。如果你仔細瞭解到在實驗室裡內隱學習發生的過程，就馬上能夠瞭解箇中道理。

其中許多的研究中，會追蹤人們玩賭博遊戲時的心理狀態，但是那些人在玩的時候並不瞭解遊戲規則。玩家如果想玩得好，就需要在遊戲進行時，摸索遊戲行動與勝負效應之間的模式，也就是遊戲規則。不過由於設定的遊戲規則非常複雜，藉由邏輯推理的方式難以整理出來。儘管如此，根據經驗，有些玩家至少顯示出學習到了一些規則，或是對規則的掌握程度高到足以做出明智的決定，他們會選擇在贏錢機率高的時候下賭注，在容易輸錢的時候收手。但是當研究人員問這些受試者真正的規則是什麼，他們通常會說不知道。那麼，他們是怎麼學習到遊戲規則的？

答案和他們的生理狀態有關。在進行遊戲時，研究人員會測量受試者的身體狀態，例如心跳速率和皮膚出汗的程度。研究指出：處於適合下注的時機與不適合下注的時機之間，這些狀態會有微妙的差異。大腦喜歡贏，杏仁體會很快學到「勝利」的狀態（不論是在賭博遊戲中，或是其他會影響生存繁衍的事情上）以及「失敗」的狀態。

當杏仁體偵測到威脅，便引發了生理學家坎農所說的「戰或逃」反應，告知下視丘讓心跳加速、流汗增加，以及產生身體的其他變化。如果威脅既實際又明顯，那麼反應就會很強。如果威脅曖昧又模糊（例如你拿到一手爛牌），那麼反應就會比較弱。不過就算沒有意識到那真正的威脅，但是身體對於威脅所產生的曖昧又模糊的感覺訊息，你依然可以察覺到。身體的這些訊息能夠讓你在下意識中，靠直覺而非以邏輯思維，做出正確的決定。比較能夠感知到身體狀態訊息的人，往往比較擅長內隱學習。由於感知身體內部狀態的能力和智商無關，我們從事這種內隱學習的能力，也就和智商無關了。

有鑑於每個人感知身體內部狀態的能力不相同，薩塞克斯大學的克里奇利（Hugo Critchley）和葛芬柯（Sarah Garfinkel）想要知道，這種能力是否會影響實際生活中的決策與成功。為了研究，他們要找一群能夠快速吸收大量知識、從很複雜的資料中看出模式，能夠快速進行高風險決策的人。結果他們找到的是股票交易員。上述的那些能力，股票交易員樣樣精通，往往能夠做出正確的決定，報酬則是大把鈔票和保有工作，錯誤的決定則會讓他們被踢出華爾街。理論上，感知身體內部狀態的能力更敏銳，內隱學習和憑直覺做決策的能力就更強。

相信自己的直覺

克里奇利和葛芬柯與同事一起研究倫敦股票交易市場的營業員，驚人的結果於 2016 年發表。首先，和從事其他不同工作的對照組相比，股票交易員對於心跳的感覺比較敏銳，這確實代表了對身體內部狀態的感覺比較敏銳，有助於交易成功。但是研究團隊竟然發現：可以用個別交易員的內感受能力，預測他們能賺多少錢，以及在這行業能夠待多久。在這個內感受能力超強的群體中，愈敏銳的人愈成功。

研究團隊寫道：「金融界的交易員經常提到，在挑選有利的交易時，直覺很重要。我們的研究指出，這種直覺並不只是金融圈的神話傳說而已，而是真實的生理訊息，有真正的用處。」

知道心跳速率稍微變化，並不屬於直覺，但是我們知道：對於心跳的感覺可以用來當成內感受能力的普遍指標。在受到威脅的狀況下，進入腸道的血液會減少，而腎上腺素會使得小腸中的不自主平滑肌放鬆，那些肌肉的伸展受器能夠偵測到這種現象。腦部察覺到這些改變，在意識還沒有瞭解到的情況下，就知道了可能會發生的狀況，只不過這時你覺得產生的是「預感」。對於內感受更為敏銳的金融交易員，可能就是如此。同時，如果其他人對於要做的事情猶疑不定的時候，這些內感受更為敏銳的人通常會建議：「相信你的直覺。」（Trust your gut.）

水分占體重三分之二

如果「相信你的直覺」是有科學根據的古老智慧，那麼「我們每天應該喝兩公升的水」這種說法是否也算呢？有數不清的文章指出，每天喝兩公升的水，能讓體重減輕、皺紋減少、精神集中。這個說法有多真實？若要追根究柢，我們得先瞭解到「渴」這種感覺的運作方式。

人不像是駱駝，演化出能夠保留住體內水分的異常方式，因此需要常常喝水。有一條著名的求生法則是：人可以三個星期不吃東西，但是不喝水只能撐三天。實際上能夠撐幾天，當然取決於有多少水分經由流汗與呼吸排出，或是有沒有嘔吐或腹瀉，這兩種狀況都會讓死亡的速度加快。

在身體的表面之下就有水分，而且體內到處都是水分。1945年，美國伊利諾大學的一群頂尖生理學家，指出了身體中的水有多少，以及分布的狀況。

研究團隊的任務是分析一位剛去世的三十五歲男子的身體化學組成。該名男子七十公斤重、一百八十三公分高，比現在活著的美國男性平均數字要輕一點與高一點，但是他的生命要素統計數字現在依然受到引用，因為研究團隊在分析的時候，把所有的器官翻了個遍，並且把身體組成澈底分解。分析的結果是：人類的身體中，蛋白質占 14.39%，鈣占 1.596%，磷占 0.771%，而水分占了 67.85%。

伊利諾團隊可怕的分析表格中，指出了那名男性心臟的含水量是 74%，腦部和脊髓也是。腎臟的含水量最高，為 79.74%，骨骼中水的重量幾乎占 33%。就算是牙齒，水也有 5%。

比較晚近的研究指出：成年人的體重中，水占了 67%。這個數字是正常範圍內的高標。如果你整個人的水分被吸乾，體重肯定會減少一半 —— 如果你的肌肉很多，減少的體重會多一些。如果你身體中有很多脂肪，那麼留下的體重會明顯較多。

所有重要的身體功能都需要水：血液要把氧氣傳遞到全身，身體要藉由尿液和糞便排除廢物，要保護腦部免於撞擊造成的損傷，要流汗以調節體溫。因此毫不意外，我們對於血液中溶解的化合物與礦物質濃度非常敏感，這些成分的濃度就等同於代表了血液中的含水量。如果濃度高，代表失水，是個需要馬上解決的問題，因為那代表細胞的含水量不足以維持正常功能的運行。

七十多年以來，生理學家知道腦部不只調節體液中的水分含量，也能直接偵測到。主掌恆定作用的下視丘中，有細胞直接偵測體液溶解成分的濃度，特別是血液中的鈉（來自食鹽）濃度。如果鈉濃度就只稍微偏離了那極度狹窄的可容許範圍，馬上就會啟動調整措施。其中之一是要腎臟不要排那麼多水，這樣血液中保留的水分就比較多。另一個方法是讓人覺得口渴，想去喝水。

很久以來，大家都認為腦部偵測血液中的含水量，就是口渴感覺來源的全部了。但是一些生理學家對此有意見。畢竟喝了水要十分鐘以後，血液的濃度才會改變。但是我們都知道，一口氣灌下大量冷飲後，口渴馬上就消失的感覺。2019 年，加州大學舊金山分校的研究團隊提供了解釋。他們以小鼠當作研究對象，發現小鼠開始喝水時，從嘴部和喉嚨的感覺訊息會讓下視丘口渴神經元的活動暫時停止。這種「快速」訊息在喝冷飲時，特別容易產生出來，同時也能追蹤喝下的液體分量。

但這還不是全貌。在小鼠身上的進一步研究發現：就算是喝鹽水，也會讓口渴神經元的開關關閉，但不會關上太久。身體某個部位顯然探知那不是能提供水分的液體，並且推翻「已解渴」這個決定。也是在 2019 年，這支研究團隊報告說：那個部位是第二階段的感測器，可能位於小腸的開端，可以偵測飲料（或是某些食物）中實際上是否能提供水分，以及能提供多少水分。

這支研究團隊甚至還探究了小鼠腦部對於缺水和飲水、飢餓與飲食的反應，而且精細到找出個別負責的細胞。領導這項研究的神經科學家奈特（Zachary Knight）說：「這是首次我們能夠即時看到，單一個神經元接受了來自身體其他部位的訊息，以控制飲水這樣的行為。這開啟了一扇窗，讓人能夠研究這些訊息的交互作用，例如壓力和體溫如何影響了口渴和食慾。」

每天該喝多少水

這讓我們回到「我們真正需要喝多少水」這個問題上。

每天要喝兩公升（八大杯水）的說法，從何處而來，現在已不太清楚。不過有些研究人員追蹤到 1945 年由美國國家研究委員會（NRC）公布的指南，就是伊利諾大學的團隊深入分析屍體的那一年。指南中說成年人應該「攝取」水分的毫升量，要等於攝取食物的大卡量。這的確就相當於女性每天需要兩公升的水、男性需要兩公升半的水。但是請注意指南中用的詞是「攝取」。

我們吃的許多食物中都含有水分，那些水也要計算在內。你的運動量以及所處環境的氣候，也會影響你需要的水量，這是理所當然之事。但是對於如我這樣居住在溫帶氣候地區，大部分時間都是坐著的人來說，一天喝下的液體量，一公升就應該足夠所需了。而且喝的不一定要是純水。有人認為喝茶和咖啡會讓身體排水，但那是錯誤的。根據美國達特茅斯醫學院的瓦爾丁（Heinz Valtin）的說法，茶和咖啡也要計算到攝取的水量當中。

還有另一個說法是，在你真的覺得口渴時，身體的水分就已經減少了許多，因此要在口渴前就先喝水。

對於包括人類在內的所有動物來說，演化出如此不精準的口渴感，其實是很不可思議的事情。水是生命所必需，人類血液中的水濃度要維持在非常狹窄的範圍之內，如果需要水分時，就算只需要一點點，也應當立即感到口渴才對。但實際狀況卻不是如此。有一個可能是我們太專心於眼前的事務，而忽略了口渴的訊息。在遊樂場中玩耍的兒童，就是最典型的例子。除非已經渴到不得了，不然為什麼要停下來，走到飲水機那兒？除此之外，如果你知道接下來所處的狀況無法自由取水，例如在考場，那麼最好自己帶點水。

總的來說，在保持體內水分充足這件事上，合理的選擇應該是順應自己的感覺。你想要喝水的時候，如果沒有很容易就能喝下去，那麼根據澳洲墨爾本大學的研究，可能是因為你已經喝水過量了。他們研究了才剛喝下許多水的人，以及稍微有點水分不足的人。這些人會拿到一杯水來喝。受試者要報告說，喝下一口水得多費力。水分不足的人報告的費力程度，平均只有 1 到 10 分的 1 分，也就是最不費力。而剛喝下許多水的人說比較費力，分數平均將近 5 分。

研究團隊指出：這代表在口渴程度之外，喝水的費力程度也是我們是否真需要水分的指標——這也表明了我們非常清楚何時該喝水、以及要喝多少水。

研究團隊的成員法瑞爾（Michael Farrell）說：「應當根據口渴的程度喝水，而不是根據精心排定的時間表。」

年長者更應該常喝水

我們當然也非常清楚何時需要處理飲水和進食的最終結果：去上廁所。膀胱和直腸的伸展受器專責這件事。

雖然人類的水分偵測和調節系統非常敏銳，但是有一群人經常處於水分不足的狀況，他們是年長者。牛津大學認知神經科學教授博德（Geoff Bird）指出：隨著年紀增長，對於身體內部的感覺往往就愈遲鈍。年長者內感受不良所造成的明顯問題之一，便是缺水。年老使得「需要水分」這種內感受變得遲鈍，讓年長者難以攝取足量水分。

這種遲鈍可能發生在受體這個層面上，隨著年紀增長，受體減弱或失去了敏銳性。博德說：「也可能和訊息傳遞到腦部的過程有關，代表腦部可能收到更多『雜訊』。」我在第 14 章〈感官與情緒〉會討論到，內感受遲鈍對於年長者有很大的影響，而且影響範圍不只局限於身體。

對於其他人而言，瞭解和口渴與飢餓相關的感覺，顯然有助於讓我們吃喝得更健康。許多飲食建議中提到要好好挑選食物：避免披薩、拒絕糕點等。其實不用管這些外來的建議，只要你認真考量自身感覺所要告訴我們的事，就能夠學到要信賴這些能提供幫助的誠實傳訊者（例如胃部和腸道的伸展受器），並且盡可能把別人的慫恿（喔，這個甜食超好吃喔！）放在一旁。

第三部

感官交響曲

在本書的第一部〈亞里斯多德的五感〉和第二部〈新發現的感覺〉，我已說明了個別的感官，或是彼此關係密切的感官。在探究人類眾多的感覺時，這樣分開介紹是有必要的。不過人類的各種感官很少獨立分開運作，往往是一起發揮作用，如同交響樂團，並且讓我們的知覺從基礎的感覺（例如這個水果是紅色的，天氣很熱等），提升為對自己、對他人和廣闊世界的細膩瞭解。

舉例來說，當我們提到方向「感」，或是「感覺」到某人的悲傷，這時我們所說的感受，主要來自於一整組感官訊息。在這第三部〈感官交響曲〉，我將會解釋這些感受是怎麼產生的。

我也會說明，由於許多感覺中有模式變化，使得某些類群的人，對於世界的感知經驗是截然不同的。首先，性別就會造成差異，女性感知的方式和男性不同。舉例來說，我們都知道男性和女性中，誰比較適合找路導航，誰比較容易情緒激動，或是誰憑直覺就能馬上瞭解到其他人的感覺。此外，我們也都知道某群人缺乏某種感受，例如：完全找不到路的人、情緒沒有起伏的人，或是完全無法瞭解他人感覺的人。

不同人之間的感官差異不算小。瞭解到我們的感知「設定」是如何造成那些差異，會讓你對於自己的雙親與孩子、伴侶與朋友，以及你自己，有更多與更新的認識。

第12章

方向感

── 為什麼我總是迷路？

為什麼有些人能夠輕輕鬆鬆的認路，有些人只要忘記轉個彎就迷路了？

很不幸，我屬於後者。但我從來沒有因為認不得路而遭逢危險，因為我一直都很注意，不讓自己陷入危險的狀況。不過，我剛開始住在倫敦時，那時還沒有行動電話，我手上的街道目錄就和我的包包一樣重要。現在，我出門總是帶著手機，裡面有地圖應用程式可提供豐富資訊。但如果是要到住家附近不超過五個地點，不管是走路還是開車，我倒是不需要設置衛星導航。

我一直很害怕迷路，那會令我陷入悲慘絕望的恐懼之中。全世界只有一個地方，可以把我從這種恐懼中釋放出來，我確定那就是我喜歡美國紐約市的原因之一。紐約市著名之處就是以數字命名街道，這讓我覺得自己稍微有點方向感。

對於像我這樣的人而言，欠缺方向感是與生俱來、且無法改變的，就像是有棕色的眼睛或是長手臂。不論如何，我們的認路能力取決於一組感覺，包括第二部〈新發現的感覺〉中提到的一些感覺。而且我們已經知道，這組感覺可以經由訓練而加強。瞭解這組感覺如何共同運作，能夠讓你找出解決方法（以及限制在哪裡），之後你就能夠瞭解為何認路能力高下有別，同時不論自己的認路能力有多高，都可以加以運用，讓生活過得更好。

路徑記憶與心中地圖

一個和認路能力高低有關的重要觀念是：那和一般智能沒有關聯。

加州大學聖巴巴拉分校認知地理學家蒙泰羅（Dan Montello）在 2005 年帶領的研究，證明了這個事實，現在已經成為經典。二十四名志願的學生個別開車，在陌生住宅區中、起伏彎曲的道路上前進。之後研究人員要學生描述開車路過的空間概況。舉例來說，學生必須指出從某個地標指向另一個（他們看不見的）地標的方向，並且把這個社區的地圖畫出來。這個過程每星期重複一次，持續十星期，每次都在同一個住宅區中，但是開車路線都不同，卻都會經過同一個地標。

學生之間的表現有非常大的差異。雖然在十星期的時間中，有些學生慢慢有所進步了，但是絕大部分的學生若不是在某一次任務中就開始「掌握」得很好，便是一直都無法掌握（也就是一開始表現得很不好，而且之後也沒有改善）。蒙泰羅稱後者這一群為「紙袋者」，因為他們像是掉入大紙袋中，找不到路出來。要記得，那些學生都能進入頗負名望的學院就讀，他們對於知識的記憶力以及聰明的程度，都在平均水準之上。但是有些人很快就能在心裡繪製出住宅區的地圖，其他的人則是慌張失措。

蒙泰羅的同事賀加迪（Mary Hegarty）主持加州大學聖巴巴拉

分校的空間思維實驗室，帶頭發展出了「聖巴巴拉方向感量表」（Santa Barbara Sense of Direction Scale），其中會詢問你對於一些敘述的同意或不同意程度，例如「我擅長指出方向」、「我經常記不起來東西放在哪裡」，或是「我在陌生的城市很容易迷路」等。賀加迪發現在量表中的得分高低，和蒙泰羅實驗中真實狀況的表現好壞有關聯，也和實驗室中進行的導航能力測試結果有關。

實驗室中的測試主要用到虛擬實境，通常只讓受試者使用視覺這一種感覺。在找路的時候主要依靠視覺，這是理所當然的，同時還要用到腦部觀察「光流」（optic flow）的能力。光流是你在移動時，看到好像在移動的物體呈現出來的模樣。

不過，盲人雖然沒有視覺，也能夠經由學習而認路，可以學到在哪個轉角應該要往哪個方向轉，同時在心中建立一個類似地圖的模型，其中有各個地標的相對位置。

對於認路來說，這兩種策略（路徑記憶與心中地圖）都很重要。路徑記憶中，需要記得某條路徑上的地標和轉彎處。舉例來說，如果要從我家進入市中心，我知道要從家前面這條街左轉，通過圓環，在一個奇特的道路交會處往右轉（看起來好像會走錯路、進到一條單行道中，但其實不會），之後要左轉。這種策略在經常使用的路程上有用，但是缺乏彈性。如果圓環那裡在修馬路，我不能通過時，該怎麼辦？

這時，我應該要在腦中規劃新的路線。這種認路方式需要倚靠心中對於周遭環境產生的「地圖」，也就是蒙泰羅測試學生時要他們畫出來的地圖。能夠利用心中地圖，是一種更為高明的方式，因為具有彈性，能讓你抄捷徑，但是需要用到更多的認知能力。賀加迪說，認路厲害的人能夠自動選擇出最佳的路徑。

由於盲人都可以採用這兩種策略，顯然除了視覺以外，有其他感覺也和認路能力有關。事實上，身體各部位的位置訊息能夠讓身體隨著時間的移動，產生「肌肉記憶」，前庭感覺訊息也能幫助你知道臉部的朝向，以及自己移動的速度有多快。

也就是說，本體感覺和前庭感覺都很重要。如果你在開車，本體感覺或許無法提供幫助，但是前庭感覺訊息一定可以。

腦袋裡的GPS

我們對腦部如何把種種感覺訊息組裝起來，形成有用的環境表徵（以支撐方向感）的瞭解，主要來自於對動物個別神經元活動的研究，其中很大一部分是在倫敦大學學院的實驗室完成的。

對於諾貝爾獎委員會來說，要說服大眾一個得獎的科學發展真的值得獲獎，並不是很容易的事，但是對 2014 年的生理醫學獎來說，完全不成問題。「奧基夫（John O'Keefe）、梅－布里特·穆瑟（May-Britt Moser）和愛德華·穆瑟（Edvard Moser）解決了一個困擾哲學家與科學家多年的問題：腦部如何建立一個周遭空間的地圖，以及我們如何在複雜的環境中認路前進？」

我們怎樣知道自己在哪兒？如何知道從某個地點到另一個地點之間的路該怎麼走？我們如何存儲這些資訊，以便在下次要走同一條路徑的時候，能夠馬上找到路？正如諾貝爾獎委員會的評語，這些重要的問題一直都沒有得到解答。那三位科學家所發現到的，是一個定位系統，類似腦部「內在的 GPS」，讓我們知道自己在空間中的方位。

奧基夫的發現，贏得了一半的諾貝爾獎金。1971 年，他在大腦裡與記憶相關的重要區域「海馬體」（見第 79 頁底）中，發現了位置細胞（place cell）。奧基夫把微小的電極逐一插入大鼠腦部單一個神經元中，記錄大鼠在圍欄中到處走動時的神經活動。他注意到大鼠在圍欄中某個定點時，有些神經元一定會活躍起來，但是在其他地點時就不會；而有些神經元是在其他位置時活躍起來。奧基夫認為位置細胞活躍的記憶，可以當成環境的地圖。

2005 年，梅－布里特．穆瑟和愛德華．穆瑟這一對挪威神經科學家夫妻，在奧基夫的實驗室從事博士後研究時，在海馬體旁邊的內嗅皮質（entorhinal cortex）中，發現了網格細胞（grid cell）。穆瑟夫妻也觀察了個別神經元的活動，並且確認出有些神經元和位置細胞不同，不是只對單一個位置活躍，而是對好幾個位置活躍。那些網格細胞會以群體為單位，每一群代表了一個離散的六角型地面區域，動物移動到該區域時，那群神經元便會活躍。經由在二維空間中展開的網格地圖，大鼠能夠得到其中各物體之間的距離的精確訊息，也包括了牠自己與其他物體的距離。

人類的腦中也有位置細胞和網格細胞，同時還有其他多種神經元也參與找路導航，例如：頭向細胞（head direction cell）。倫敦大學學院行為神經科學研究所的所長傑佛瑞（Kate Jeffery）也曾擔任過奧基夫的博士後研究員，傑佛瑞說：「由於沒有得到諾貝爾獎，大家都忘了有這種細胞。但是最近三十年來，大家對這種細胞愈來愈感興趣。」事實上，頭向細胞編碼了徒步方向，提供了網格細胞和位置細胞的參考坐標點。

邊界細胞（border cell）則是在你接近邊界（例如牆壁）時會活躍，而空間視野細胞（spatial view cell）在你看著一個位置的時候會活躍，就算你沒有真的要去那裡，也會活躍。傑佛瑞說，空間視野細胞（大鼠沒有這種細胞）能夠讓人類和其他靈長類動物「具有看到遠方的視覺」，使得人類「使用眼睛的方式，像是手臂那樣可以伸得很長。」

視覺訊息會清楚的輸入內在 GPS，特別是陌生環境的訊息。但是視覺最多就只能提供那些訊息而已。你要怎樣知道是你自己正在移動，或是你周遭的東西在移動？你應該有過經驗：坐在靜止的車廂中，窗外有另一列火車並排，然後你發現到有一列火車開始移動，但是無法完全確定是哪一列，直到腦部確定前庭系統並沒有發出運動訊息，這才知道自己坐的這列火車沒有移動。

特別是水平半規管的訊息，會直接傳遞給頭向細胞，讓你知道自己臉朝的方向，幫助你瞭解自己所在的位置和前進的方向。這個半規管是導航時的要角。

動物的磁覺導航

還有一種感覺，能夠讓數千公里長的旅途精確無誤的進行。鳥類有這種感覺，蜜蜂也有，有些研究人員推測甚至人類也有，但這點就爭議很大了。這種感覺是磁覺（magnetoception），偵測的是磁場。對於「導航」這個目的而言，偵測的是地球的磁場。

數年前，我在蘇格蘭高地度假，和一頭飢餓的海豹，一起看著大西洋鮭魚穿過福斯河的狹小河口，進入淡水水域。對鮭魚來說，這並不簡單。那年的夏天漫長少雨，鮭魚要奮力游過河中的淺灘。但是這還比不上牠們之前完成的旅途。數年前，這些鮭魚在這條河上游的池子出生後，便游到海中，遠赴格陵蘭周邊海域覓食，現在牠們要回到當年出生的那個地區交配。

海龜會做類似的事情，許多鳥類和蝴蝶也會進行長途遷徙。你（好吧，我也是）可能從旅館出來找早餐的時候，就會迷路，而在秋天，帝王蝶會飛行四千八百公里，從美國東北部往南，到墨西哥度過冬天。

帝王蝶如何辦到這件事？還有大西洋鮭魚、海龜、鴿子和北極燕鷗，如何完成各自的遷徙偉業，詳細過程科學家現在還沒有瞭解透澈。（事實上，鳥類學家告訴我，在鳥類研究領域中，對這個問題的研究競爭不謂不激烈，因為誰破解了這個謎題，都會成為學術界明星。）不過地球磁場會隨著緯度而變化，這種特徵可以利用。動物或許還能以各種方式偵測到這些變化，並且記錄下來。

2012 年，德國研究人員發現鮭魚有偵測磁場的細胞。這些細胞是從鼻子的組織裡找到的，含有微小的磁鐵結晶團，由高磁性的氧化鐵組成。科學家認為這種結晶的功能如同指南針，會轉動改變方向，好和地球磁場平行，這時便刺激了機械性受器。

位置中的磁場變化，可以當成坐標參考點。理論上，剛出生的鮭魚可能對於所處位置的磁場產生了印痕，記錄的可能是磁場強度。之後鮭魚可能還需要再次標定大致的區域，必須要能夠找到海岸線，然後往北或往南游動，找到出生河流的入海口。

在鴿子的喙、海龜的腦和蜜蜂的腹部，科學家也都發現了磁鐵的成分。甚至在人類的腦中，也發現到少量，這讓一些研究人員猜想，是否人類也能夠利用這些磁鐵去感知地球的磁場。不過到目前還沒有證據指出我們辦得到。

遷徙性鳥類、帝王蝶和果蠅還有另一種磁感測器，位於視網膜。這種磁感測器是一種蛋白質，稱為隱色素（cryptochrome），在有光的情況下，能夠對磁場產生反應。

人類的視網膜有這種蛋白質的某種版本，其他哺乳動物在視網膜中也有。用基因改造的方式，讓果蠅不帶自己版本的隱色素而帶有人類版本的，果蠅依然能夠讓自己和磁場並排。（無法製造自己版本或人類版本隱色素的果蠅，就辦不到。）那麼人類或許能夠利用隱色素感知磁場、協助導航嗎？

人類確實有這方面的硬體。其他科學家對於果蠅研究結果並沒有爭議，但是當然懷疑人類真的能夠利用隱色素來導航。有人指出：人類就算真的用到了隱色素，由於需要光線才能刺激這種蛋白質發揮作用，隱色素所產生的訊息可能是納入了我們對於白天的感知，影響的其實是生理時鐘。

光線強度的變化能夠清楚指出日夜和季節，地球磁場也有季節性和日夜性變化模式，或許我們也利用了地磁訊息來調整晝夜節律。

2019 年 3 月，一直倡議人類具備磁感知的加州理工學院科學家克希文克（Joe Kirschvink）和同事發表了一篇論文，指出人類腦部可以下意識的對地球磁場產生反應，至少有些人的腦部可以，因為在這項研究中，並不是每位受試者都對磁場操控產生反應。

研究團隊建造了一座方艙，牆壁材料能夠阻止所有電磁輻射的進入。每位受試者輪流坐在裡面，身處黑暗之中，戴上腦電圖頭罩。研究人員能經由頭罩監視受試者腦部的電活動，並且在操控方艙內的磁場時，觀察電活動的變化。當磁場方向朝下、以逆時針方向移動時，腦部出現反應：α 波的振幅減少。研究小組認為這個現象代表腦部瞭解到有事情需要注意：身體並沒有移動，但所處位置的磁場（通常是地球磁場）移動了。

每個人的反應程度並不相同，但是有些人的 α 波振幅有顯著變化，其中有一個人突然就減少了 60%。哪種感測器參與其中？由於實驗是在黑暗中進行，最有可能的便是磁鐵。然而到目前為止，還沒有人知道是什麼。

不論如何，人類是否能夠感知並且實際利用地球磁場，還處於爭議當中。不過我們可以利用視覺、本體感覺和前庭感覺，幫助認路，這點毫無爭議。

嗅覺也能導航

大西洋鮭魚利用磁覺回到牠們出生的河流，雖然只是推測，但是有扎實的證據指出，牠們利用敏銳的嗅覺回到當年孵化的那個池子。其他的動物也會利用嗅覺認路，包括人類。事實上，我們可以在蒙住眼睛的狀況下，用聞的方式找路，回到只聞過一次的地方。

這是加州大學柏克萊分校的心理學家賈可布斯（Lucia Jacobs）發現的。與這個發現相符合的，是最近對於動物的研究，發現到腦部的海馬體中有針對環境裡的非空間特徵（例如氣味和質地）產生反應的細胞，而且這種細胞活躍的方式正如同動物走動時，位置細胞的活躍方式。

科學家認為這種系統讓「何時發生了何事」這樣的記憶得以產生。譬如，對我的狗來說，可能的狀況就是「沒錯，我就是在那棵樹下，發現了一塊丟棄的烤肉，應該要回去看看。」對你來說，可能是：「這杯咖啡超香的，就是在那個轉角，往小巷走進去。」

2018 年，一支加拿大團隊發表研究結果，指出嗅覺記憶比較好的人，在虛擬環境中的導航能力也比較好（在研究中，受試者要辨認各種氣味，包括羅勒和草莓）。這支團隊進一步發現，對於處理嗅覺很重要的內側額葉眼眶皮質（medial orbitofrontal cortex）如果受損，帶來的麻煩不只是無法辨認（與記得）氣味，空間記憶也會出問題。

在人屬的演化過程中，人類獨特的金字塔型鼻子出現於直立人時代。賈可布斯推測，這種形狀的鼻子演化出來，能夠幫助長距離的導航。賈可布斯指出：直立人演化出來時的環境，氣候非常不穩定，森林棲地正在變成草原。在這些氣候與環境的變化中演化出來的特徵，有助於提高以雙腿行動的能力，這樣遠古人類便能夠走到更遠的地方，去找尋食物和其他資源。（直立人是已知最早離開非洲的人屬動物）。不過找到食物是一件事，要讓家人也能夠生存下去，必須要把食物帶回去，這時就需要良好的長距離導航能力。賈可布斯說：「嗅覺就像是我們身處世界的背景資料，我們可能不會意識到，但會用來瞭解方向。在晚上，我們不會看到路過的尤加利樹叢，但大腦會把氣味和位置記起來。」

早期的航海者和領航員說，會用嗅覺來導航。舉例來說，記錄維京人水手航海過程的傳奇故事中，描述了他們利用感官在看不見陸地的狀況中航行、並且返回。維京人會觀察在特定洋流中的鯨覓食；聆聽海鳥的叫聲，以及海浪拍打在岩石上的聲音；嘗海水的味道，看是否有來自河流的淡水；聞風中的陸地氣味。早期的玻里尼西亞航海者，能夠在相距數百公里的島嶼之間來回，傳說他們也利用陸地的味道，來幫助確定方向。

現今太平洋島嶼上，依然使用傳統領航技術的航海家指出，他們確實會用到大量的感覺。紐西蘭出生的航海家路易斯（David Lewis）在他的絕妙好書《航海之星：太平洋島嶼領航者的祕密》中，詳細描述了許多方法。在眾多令人難忘的故事裡，有一則是以塔維克（Tevake）為主角，他在陰天時、沒有太陽或星星的指引下，找出獨木舟航向的資訊。路易斯寫道：

> 塔維克在獨木舟底下盤起腿，幾乎一絲不掛，以睪丸感覺海中的長浪……
>
> 他保持航向的方式，是讓一道特定的長浪，始終位於船的正後方、朝東北東流去。就我來看，大風掀起的碎浪完全遮蔽了那道長浪……有人能夠光靠源自於數千公里外的長浪，就可以在開闊的太平洋上航行，看來很不可思議……他駛到了陸地……在一段約八十公里的航程中，完全沒有看天空。

那是很長的航程，這種導航方式能夠用於新的航程上，以及返回已知的位置。

我們並非都是真正的冒險家，但是全部都會把所到之處的感覺記憶保存起來，而和食物有關的記憶最為強烈。

你一生當中吃過最美味的漢堡或是最甜的草莓，是在哪兒吃的？或是在哪兒曾盡力細細品嘗、而非狼吞虎嚥的最美味蛋糕？你記得的可能不只有餐廳的模樣和食物的味道，同時還有地點、以及當時的聲音（聲音有可能成為我們認知地圖中重要的元素，這要取決於環境）。對我們的祖先來說，豐富資源地區的記憶，所能提供的遠超過美好的回憶，那可是關乎能否生存下去或是得挨餓。

認路能力沒有性別差異

由於許多感官都和認路的能力有關，不同人之間的感官能力高低，也會影響我們認路的能力。

有扎實的證據指出：前庭系統出問題的人可能會受到影響。神經科學家傑佛瑞說：「我認為前庭系統受損的人，主要仰賴視覺和光流。如果他們閉上眼睛，很有可能就認不出方向，不只是維持直立有難度而已，面對的方向也會搞不清。」

不過，前庭系統就算只有小異常，也可能帶來問題。

在光線充足的情況下，要在不熟悉的環境中走直線，並不困難。但是如果是在黑暗的狀況下呢？

如果你相信恐怖片《厄夜叢林》的劇情，那我們會開始繞圈子。很多人都相信這點，但實際上是真的嗎？ 2007 年，德國普朗克生物模控研究所的心理學家梭曼（Jan Souman），接到了一通來自德國科學電視節目《*Kopfball*》的詢問電話，問的就是這個問題。梭曼坦承他不知道答案，必要的相關研究並沒有完成，但是梭曼很感興趣，決定自己進行研究。

一開始的實驗要求蒙眼的受試者，在空地上走直線，結果顯示他們確實會繞圈子，圈子的直徑大約二十公尺（走的人依然相信自己是朝前直走）。有的時候他們會朝左偏，有的時候朝右。研究人員指出，這代表他們愈來愈不確定朝哪兒才是「朝前」。

後續研究在德國的比恩森林和突尼西亞境內的撒哈拉沙漠進行。梭曼團隊用 GPS 追蹤受試者的路徑，這次受試者不用蒙眼。梭曼團隊讓受試者走一個小時，發現到如果天空中有太陽或是月亮，那麼受試者要走直線並沒有多困難。但是雲層很厚的時候，受試者馬上就開始繞圈子，而且自己不會注意到。受試者顯然利用太陽和月亮來定位，只是自己沒有察覺。

在一項相關研究中，法國的科學家首次測試志願者的前庭功能。志願者要站在測力平板上，這種平板能夠測量一個人的體重是否平均分配到兩隻腳上。如果志願者的姿勢完美，那麼重量的分配就會平均。志願者也要把一根棍子直直的拿著，這樣研究人員就能觀測到主觀的「垂直感」。接下來，志願者要前往波爾多大學的空曠巨大的展覽場，蒙上眼睛走直線。

結果呢？許多人都走偏了。不過在一開始重量分配檢驗中愈不平衡的人，偏離直線的程度愈嚴重，主觀的垂直感也愈斜。法國科學家認為：前庭系統中非常細微的異常，會扭曲某些人對於「朝前」的概念，程度高到讓人走路時繞圈。前庭系統物理結構上的些微瑕疵，或許能夠解釋為何在蒙泰羅實驗中的「紙袋者」認路表現不佳。

在法國的這項研究中，沒有發現到有性別差異。男性和女性都可能會偏離路線。事實上，在關於認路導航的研究中，男性和女性的表現通常一樣好，但是如果有差異出現，往往是男性表現較佳。這是為何？

可能是因為男性更喜歡在心中描繪出地圖，而不是依照路線導航。至少在賀加迪的研究中是這樣。美國猶他大學的克里姆－雷格爾（Sarah Creem-Regehr）發現：男性受試者比女性更喜歡抄捷徑，而女性偏好走熟悉的路線。克里姆－雷格爾認為這可能是因為人類祖先的時代，走捷徑對女性來說比較危險。舉例來說，如果女性偶然遇到了掠食者的巢穴，那麼更有可能受到傷害。

這個解釋似乎合情合理。

不過，同為猶他大學的人類學家卡什丹（Elizabeth Cashdan）對此存疑，她想要研究在傳統小型社會實際發生的情況。卡什丹和同事研究了齊曼內族（見第 65 頁），還有非洲納米比亞的特伊族（Twe）。大部分的資料由目前在哈佛大學任教的戴維思（Helen Davis）所蒐集。這些調查資料指出：齊曼內族和特伊族的男孩與女孩，在導航能力測驗中的表現一樣好，例如從一個地點指出另一個隱藏起來的地點。但是性別差異出現在特伊族的成年人裡，而在齊曼內族的成年人裡沒有出現。

卡什丹想出了一個解釋這個現象的理論。齊曼內族居住在茂密叢林中，往往不會走動得太遠，男性和女性活動的範圍相同。但是特伊族男性活動範圍要比女性大得多，例如，他們會長途跋涉去見女朋友（特伊族並不採行一夫一妻制），因此在認路上，比女性更有經驗。看來並不是兩性之間的生物性差異，而是環境因素，讓男性的表現比較突出。

那麼在西方世界也是這樣嗎？傑佛瑞說，就算到了今日，男性也比女性更常開車，因此認路的經驗更多。這代表了男性在使用和整合相關感官訊息的能力，更常得到測試和訓練。

不過這裡也要指出，比起女性，男性往往花更多時間在玩電腦遊戲，這點對於解釋兩性認路能力差異的研究結果來說，相當重要。男性在虛擬實境中進行的導航測驗表現比較好，可能是因為他們在虛擬世界中執行任務的經驗比較多（研究人員想要在研究中納入這類事情的影響，但並不總是能夠直接辦到）。這種經驗可能還有其他意義。舉例來說，如果你玩的是尋寶遊戲，便需要在虛擬世界中導航，同時遊戲會讓你知道自己所處的位置，這種經驗可能會帶來一些現實世界中的好處。

常在心中繪製環境地圖

今日，西方世界中有多少優秀的導航者（在沒有科技幫助的情況下），能夠完成特伊族那種長途跋涉？或是稍微有些能力，可以在遠離陸地的大海中，靠生殖器傳來的感覺，讓自己維持在航路上？

前面提過，現代生活讓許多感官變得遲鈍，同時還造成了其他危險。最糟糕的地方是許多人（包括我自己）都擁抱了現代科技，認為那是幫助人類的工具。事實上，現代生活可能更像是健美運動員使用的肌肉增加劑：僅僅改善了表象！（與其說那是神奇的藥物，不如說是毒藥。）

人類在演化過程中，當然沒有地圖應用程式來幫助導航。蒙泰羅認為，這種科技危害了人類在心中繪製環境地圖的能力。他自己就不用這種應用程式，並且告訴我：「我相當確信，經常使用地圖應用程式，會損害自己找路的能力。」

加州大學洛杉磯分校心理學家史匹爾斯（Hugo Spiers）和同事於 2019 年發表的研究結果，也支持蒙泰羅的看法。史匹爾斯團隊研究了學生在虛擬的自家校園和另一個比較不熟悉的大學校園中導航時，腦中發生的活動。學生前幾天才花了時間去認識後面那座大學校園。

研究團隊注意到：沒有使用衛星導航資訊的學生，在不熟悉的校園中進行虛擬旅行時，海馬體參與了路徑的追蹤；不過，在自己熟悉的校園中前進時，是由腦中另一個區域「後壓部皮質」（retrosplenial cortex）負責控制。這項研究的重要之處在於：指出了腦部有兩個不同部位負責引導，會是哪一個，取決於是在熟悉的環境或是比較陌生的環境。研究團隊也注意到這兩群學生中，只要有衛星導航的方向指引，海馬體和後壓部皮質都會放下追蹤道路的任務。史匹爾斯評論道：「我們本來認為，在熟悉的環境中認路時，腦部的狀況可能類似於使用衛星導航來認路時，因為在你熟悉的地區，就不需要想太多。但是結果顯示其實不然。在用到記憶的時候，腦部會更花心思處理空間資訊。」

衛星導航和手機中的地圖應用程式，會讓我們天生的方向追蹤能力減弱，讓我們在認路時變得笨拙。蒙泰羅說，這是「科技幼化症」（technological infantalism）的絕佳例子。他補充說道：「如果你要自己的孩子在沒有導航科技的協助下，就能夠找路，那麼就要在沒有導航科技的狀況下，訓練他們找路。」

生活在現代世界中，這並不容易。傑佛瑞指出：如果你認路能力很糟糕，在城市裡往往找不到路，但是像你這樣的人若生在古代環境中，很可能表現得相當好。（我詢問傑佛瑞的問題其實是：如果認路對於生存那麼重要，那麼我和其他有些人的方向感怎麼會那麼糟？）因為沒有了密集的建築物，那麼就會有豐富且大量的感官訊息，做為認路方向的線索，這些線索是在傑佛瑞位於倫敦中央的辦公室裡無法得到的，包括：山脈的形狀（在白天一直都能看得到），你知道成群的鳥兒來自於隱密的水洞，太陽的位置非常明顯，影子也完整。沒有陰暗的牆壁、彎曲的道路，或是得搭地下鐵，你反而比較不容易失去方向。

但是考慮到許多人的生活方式，如果你的方向感真的很糟，除了放棄使用地圖應用程式，還有其他的改進方式嗎？

如果你人在戶外，就要注意自然環境中的線索。傑佛瑞說：「如果我走出火車站，我不會想要看指南針，我會看看太陽的方位。」賀加迪說，理論上有可能訓練人們利用影子，讓自己知道是朝南、朝北，還是朝其他方向。

賀加迪和傑佛瑞都建議：只要多注意所處環境就可以了。在走路或開車時，花點心力去記得顯著的路標，例如教堂或是轉角的商店，轉彎的時候也要多留意。你也可以嘗試經常回頭看，有些動物會使用這種技術，例如土蜂，牠們會在沒有植物生長的土地上築巢，約五十個巢到一百個巢會聚集在一起。

如何培養自己的方向感

利用一些科技工具來訓練，可能也有幫助。

如果你在 2009 年，走進美國麻州曼荷蓮學院林木蒼翠的校園，可能會看到一位戴著詭異帽子的教師，那是神經生物學教授貝瑞（見第 52 頁），那頂帽子是她丈夫送給她的母親節禮物。帽沿寬闊，有棕色、粉紅和黃色長條並排而成的花紋，貝瑞說這頂帽子「滑稽可笑」。她並不是出於情感理由而戴這頂帽子，而是在帽子裡面有一個能產生振動的裝置，讓她終於克服困擾了一生的事。

貝瑞坦承說：「十年前，我的方向感糟到可悲。我可以沿著我熟悉的路徑和地標，從一個地方走到另一個地方，但是心裡完全不知道這些地方是如何連在一起的。你知道《星艦迷航》吧？那就像是我被傳送到不同地方。這有的時候讓人非常尷尬。如果我有朋友來訪，我們想要去參觀博物館，我應該要開車的，但是我不知道要怎麼開車過去。我得承認我在這座城市居住了十年，而這是相當小的一座城市，但我就是不知道該怎麼走。」

貝瑞的先生發明的這件禮物是「指北帽」，他把電羅盤、微處理器和馬達組合在一起，當帽子的正面朝北方的時候，就會產生振動。貝瑞可以把馬達握在手上，或是塞到帽子裡面。「我走路的時候如果朝北方，帽子馬上就會產生振動。振動訊號和我的行動（朝向北方）是連接在一起的，會讓我更加注意到『我的方向變得朝向了北方』。當我戴著這頂帽子時，會更加注意我的方向感，因為我戴著就是為了留意方向。之後我開始思考：『這個地標位於那個地標的北方，還有這個位置是在那個位置的南方、東方或是西方。』我開始嘗試在腦中產生地圖。我開始戴的時間夠長之後，當我在校園中走動，從某棟建築移動到另一棟時，只要是朝北方移動，就算沒有戴帽子，也會覺得感受到振動。」

用貝瑞的話來說，她丈夫的方向感「很敏銳」。不過貝瑞很快就發現到，丈夫就像是她認路能力一樣好的朋友與鄰居那樣，有意識或下意識的利用能夠知道自己所在方位的策略。貝瑞測試過他們，請他們在自己家中時，指出北方在哪裡，而他們全都能夠指出來。「我說：『你怎麼知道的？』其中一位鄰居是因為知道主要的南北向道路與我們所住之處的相對位置。有一位朋友指著天空中說，因為北極星在那裡，所以那就是北方。另一位是園丁，他說：『我的杜鵑花朝北的那一面，長了比較多的青苔。』他們有各種指出北面的方式，但是你得去注意到才行。這讓我恍然大悟。我認為他們在很小的時候，就養成了注意的習慣，後來在自己沒有察覺到的情況下，加以利用。」

對於貝瑞來說，使用帽子（後來她丈夫還為她設計了手機應用程式），再加上學會了利用太陽在天空的位置，以及記住當地的地標等，而訓練出自己的方向感，現在貝瑞的方向感已經好到不再需要科技產品的協助了。

她說：「我不會說自己的方向感絕佳，而那些我認識的人，他們就只是『感覺』方向而已。對我來說，要做很多事情，才能找出方向，但現在我已經具備那些技術了。」

專注，就會有方向感

有些研究人員正在找出讓方向感盡量自然展現的方式，用的並非機器振動（我們通常不會從振動聯想到方向），而是聲音，因為我們能夠聽出聲音是從某個方向傳過來的。

對我來說，展望未來，從貝瑞和這個研究領域中得到的最大收穫，就是要更加專注。我以前走路和開車的時候，都在想其他各種與我所在位置無關的事情。現在我不只會注意，而且會專注在交通號誌、聲音、氣味、轉彎上，同時也會記得認路導航是腦部以驚人方式處理多感官訊息的絕佳例子。有些人處理的時候似乎毫不費力，但是對於其他人來說，就需要更為專注了。不過，和長手臂不同，那是可以改變的。

而且事實上，身為女性，注意所處環境中的氣味與聲音，或許能夠幫助我，比具有同樣決心的男性改變得更快，而且變得更好。「男性的方向感比女性更好」這個刻板印象，或許得到某些學術研究結果的支持（但是數量有限，且結論也不一致）。然而就如同下一章所說，提到個人感官的性別差異時，幾乎總是女性勝出。

第 13 章

性別差異

—— 男女以不同方式感知世界

我們都活在自己的感知圈圈中，可能難以瞭解其他人的圈圈如萬花筒般變化無窮。每個人之間會有許多差異，但是就群體來說，女性的感知和男性的感知，確實有很大的不同。

在每一種經過測試的感官中，女性都更為敏銳。女性更擅長於區分顏色，對氣味、味道、觸覺更有反應，甚至與流行的看法相反，對於疼痛也更敏銳。

究竟是什麼造成了兩性感覺能力的差距，目前還有爭議。但由於女性往往在各種感覺上都更為敏銳，因此至少有一個可能原因是：女性神經系統處理感覺訊息的方式，與男性有差異，而不是個別感覺器官有所差異。

在歷史上，嗅覺這種感覺就被認為是更為「女姓」的感覺。最早提出女性的嗅覺能力真的比較高的科學見解，是在 1899 年發表的。法國的開創性研究指出了女性能夠聞出更淡的氣味，更善於辨認出氣味，同時能更輕易區分出兩種類似的氣味。這些結果經由其他的研究再次證實，在女孩與男孩中也是如此，當然在成年人中也是。

其中有一項研究，已經成為目前為止最為龐大的嗅覺實驗。1986 年，《國家地理》雜誌分布在一百四十多個國家的一千一百萬訂戶，打開雜誌的時候，會看到一張要你「撕開來聞一下」的卡片。每張卡片上都印入了六種氣味分子：睪固酮的代謝產物雄烯酮（見第 94 頁）、具有果香味的乙酸異戊酯（isoamyl acetate）、人工合成的麝香分子佳樂麝香（galaxolide）、丁香油酚（肉桂、月桂葉和丁香都有這種分子）、腐爛垃圾和臭襪子中都有的硫醇（mercaptan），以及玫瑰。

有一百四十二萬名讀者回饋指出，能夠聞到六種氣味，同時也指出了聞到的強烈程度以及帶來的愉悅程度，其中有些讀者還提供個人資料。大約有一千七百位讀者甚至回信，詳細說明自己聞到的感覺。其中有些很有趣，例如：

我認為你們可能會想知道，在參與了這項調查計畫之後，我把紙片拿給我的黃金獵犬去聞。除了第五號氣味之外，牠都興趣缺缺，但是我覺得第五號最難聞，那是啥？

還有充滿情感的，例如：

我八十五歲了。我丈夫死後，我非常懷念他，我會到他的衣櫥中抱著他的西裝，因為上面有他身體的氣味、淡淡的香菸味，還有刮鬍水味。我會站著抱住他的衣服，假裝他還在，閉上眼哭泣。

其他人提到女性的嗅覺比較好。一位男性寫道，她的妻子嗅覺非常敏銳，應該要去參加嗅覺測試。他說妻子是「專家」，並且補充說：「她隔著電話，都能聞到啤酒的氣味。」

《國家地理》雜誌的這項調查，是和莫耐爾化學感官中心的兩位嗅覺研究員合作設計出來的。研究員發現到，女性對於氣味更為敏銳。最近的研究則確定了，女性比較擅長聞出人的氣味，以及家中事物的氣味。在聞某人腋下的氣味時，女性更能分辨出氣味來自男性或是女性，在把氣味和真人配對上的正確比例也比較高。當體味用其他有氣味的化學物質「遮蓋」時，男性往往無法察覺女性的氣味，但是對於女性聞出男性氣味這方面，幾乎沒有影響。

女性的感官既敏銳又多變

不過對於許多女性來說，嗅覺敏銳度變化上的一致性，比不過男性。月經週期的階段、懷孕、更年期等，全都和嗅覺與味覺的變化有關聯。

有證據指出：女孩和成年女性在月經週期中能夠受孕的「黃體期」，嗅覺會變得更敏銳。在這段期間，女性往往覺得雄烯酮聞起來沒有那麼糟糕。除此之外，另一種「男性」體味分子雄二烯酮（見第 94 頁），能夠讓女性覺得男性的臉孔和聲音更具有吸引力，但也只有在這段能受孕的期間，才有這種效果。

實際上科學家觀察到：女性所有種類的感官敏銳程度，都會隨著月經週期的各階段，而出現變化與升降。例如，印度喜馬拉雅醫學研究所的一支團隊，發現到女性對於鹹味的偏好會改變。在這項研究中，處於月經週期不同階段的女性，會拿到一些用不同濃度鹽水調味的爆米花，吃了之後要回答有多喜歡。處於月經來潮的女性，最喜歡沒有噴鹽水的爆米花。不過，處於受孕期的女性，會覺得愈鹹愈好吃。也有證據指出：有些女性在受孕期覺得肉類沒有那麼美味，對酸的敏銳程度也下降了，理論上這可能讓女性更容易去吃味道酸的食物。

為何味覺會出現這些變化？還沒有人知道。但是所有的食物種類中，肉類最有可能帶有感染源，對於懷孕是個威脅。至於酸味方面，橘子之類味道酸的果實，往往含糖量也高，那是很容易吸收的能量來源。

有些證據指出：女性在排卵期間，往往也更愛吃甜食。而要把水分保持在體內，鹽是必須的，女性在懷孕期間需要保留更多水分。

然而絕大多數女性指出：在月經週期中出現最為明顯的食物慾望，時間不在受孕期，而是在月經來潮之前，慾望的對象是巧克力。有些人爭論這種慾望的來源是出自於生物特性、還是文化影響？抑或是兩者皆是或兩者皆非，這要更多的研究才能分曉。

不過有一種狀態，和極端到有時很怪異的飲食慾望相關，同時其他的感官也會產生變化。這種狀態已經有比較完善的研究，已經深入研究到受體的層次，這種狀態當然就是懷孕了。

我懷第二胎時，是一場嗅覺噩夢，覺得狗狗臭氣沖天。我第一個兒子像是穿著尿布的恐怖份子，飄出惡臭。我居然半夜把丈夫從熟睡中叫醒，要他半夜刷牙！

我的鼻子一直很靈敏，懷孕時更厲害。這很可怕。我有時會覺得公共場合中，各種香水、體味和許多叫不出名稱的氣味，壓得我喘不過氣。

這些孕婦的嗅覺報告，是由美國迦太基學院心理學家卡麥隆（Leslie Cameron）蒐集的，發表在一篇關於懷孕與嗅覺研究的回顧論文中。一如卡麥隆指出的，懷孕會讓嗅覺變得更敏銳的想法，至少在 1895 年就有了——當時荷蘭科學家茲瓦迪梅克（Hendrik Zwaardemaker）已發表了這個主題的論文。

二十一世紀的研究指出：大約有三分之二的孕婦說自己的嗅覺變得更為敏銳，特別是在第一孕期，對於聞到的氣味會產生強烈反應。這些結果讓人提出一個理論：懷孕讓女性的嗅覺更為敏銳，是在保護胎兒，因為可以讓孕婦聞出腐壞或是有毒的食物。

這個理論聽起來好有道理，但是相關的資料卻並不一致。

根據某些研究，懷孕的婦女說自己的嗅覺變得更糟，而有另一些孕婦說沒有改變。這種不一致的原因之一，可能是孕婦所聲稱的「自己的嗅覺真的變得更敏銳」，意思不一定和嗅覺科學家所認為的一樣。

在實驗室進行的「氣味成分要有多少，受試者才能聞到」的測驗中，孕婦的表現通常不會比一般女性來得好。嚴格來說，孕婦的嗅覺敏銳程度並沒有增加。同時，孕婦辨別不同氣味的能力也是（在其他實驗中，會請孕婦分辨氣味，例如肉桂和丁香）。不過，如果問孕婦那些氣味聞起來是覺得比較好或是比較糟，明顯差異馬上就浮現出來。在懷孕期間，女性往往覺得有很多種氣味都不好聞、讓人不悅，而很少有哪些氣味變得比較好聞的。

在懷孕期間，通常被認為沒那麼令人愉快、甚至令人反感的氣味包括：肉、魚、蛋、垃圾、燒焦的食物、香菸、人體、香水和古龍水。令人「更愉快」的東西就少得多，包括：泡菜、水果和香料。

懷孕初期為何晨吐？

懷孕前三個月的女性，確實更容易出現噁心與嘔吐反應。我們都知道，噁心感是演化出來讓我們避免吃下可能有毒的食物。更強烈的噁心感可能會讓人對於高感染風險的食物，產生更強烈的厭惡感，尤其是肉類和蛋。

不過，如果女性的嗅覺在懷孕期間通常不會變得更敏銳，那麼如何解釋突然會厭惡香水和古龍水呢？

有一個理論是這樣解釋的：

孕婦在懷孕前三個月很容易有晨吐。人類避開讓身體不舒服事物的念頭非常強烈，在嘔吐的時候，腦部會記得當時的各種感覺，用來做為日後參考之用。就我個人的經驗來說，我小時候如果生病，總是有人拿給我某個品牌的罐頭雞湯，到現在我都還對那種雞湯反感。我知道自己生病不是因為喝了那種雞湯，但是我腦部的下意識並不知道。腦部就像是一名爛偵探，確信那種雞湯就是罪魁禍首，因為每次身體不舒服的時候，總是會看到它。

回到懷孕這件事情上。經常感到噁心、甚至嘔吐的女性，很快學會把一些感覺訊息（氣味和味道是清楚的訊息）與胃部翻動和排出午餐，建立了聯繫。這種過度的聯繫對生存有利，因為寧可極端謹慎，也不要犯下錯誤。如果你的腦部認為你可能吃了有毒的東西，就必須盡快吐出來。（這就是為什麼校車上如果一個孩子嘔吐，其他人很快也會跟著吐）。就這樣，即使女性在懷孕前根本不認為是難聞的氣味，之後也會變得令人作嘔。比起溫和的氣味，更強烈和更常聞到的氣味，例如朋友的香水、甚至廚房垃圾桶，更有可能成為造成這種古典制約的成因。

孕婦感到有所變化的感覺，並不只有嗅覺。大約有十分之九的孕婦說食物嘗起來也不一樣了，孕婦通常是說：對苦味食物更敏感了，但是對甜味食物並不那麼敏感。然而，採用了實際味覺功能測試的研究，結果卻非常混亂不一。有的研究發現孕婦對鹽更敏感，其他的研究則主張沒有更敏感。有些研究的結果是孕婦對甜味化合物的敏銳程度下降了，其他的研究則主張沒有下降。

該怎麼解釋呢？這可能是人與人之間，味覺敏銳程度本來就有巨大差異。在一些研究中，個人之間的差異可能大到超過來自群體所得到的證據，或者至少能把群體證據攪得混亂。

孕婦腦部研究備受忽視

要瞭解懷孕可能用什麼方法影響了味覺，最好是能夠深究到味覺受體本身，以及研究懷孕相關的激素改變，是否會改變那些受體的功能。

我們知道，人類味蕾上有能夠和各種激素結合的受體，其中有能和催產素（oxytocin）結合的。催產素也稱為抱抱激素（cuddle hormone），對於母親與孩子之間建立聯繫而言是必需的，對於分娩和分泌乳汁也很重要——嬰兒的嘴觸碰到乳頭，就會刺激催產素釋放，就算是嬰兒的哭聲，就能夠引發乳汁流出的反射動作。懷孕期間，催產素的濃度會逐漸增加，來自動物研究得到的一些證據顯示：催產素會影響對於甜味的敏銳程度，理論上或許能夠讓女性吃更多甜食，這樣攝取到的熱量會比較多。

另一種相關的激素是血管收縮素 2（angiotensin 2），這種激素對於調節血壓很重要，因此，對於母親與胎兒的健康來說，也是不可或缺。血管收縮素 2 似乎能夠拉低鹹味味覺的敏銳程度（至少在小鼠身上很明顯是如此）。理論上，血管收縮素 2 能刺激孕婦攝取足夠的鹽分，好讓血液量增加，以維持血壓穩定。

我們可以想到，懷孕期間激素的變化，也會影響到腦部處理感官訊息的過程。但是在這方面還沒有針對人類的研究，因為還沒有人做。不過這裡要指出，在孕婦腦部研究這個領域裡，感覺處理過程並沒有特別受到忽略，而是這整個領域都受到忽略。對於這個新興微小領域中的某些研究人員而言，懷孕對女性腦部影響這件事缺乏科學家研究，與其說是令人羞愧，不如說是可恥！懷孕這件事造成的改變非常大，引發了激素海嘯，例如，光是雌二醇（oestradiol）的濃度便增加為平常的數百倍，更別說這種事件每年全世界至少發生了二億一千一百萬次！這是極度缺乏研究的領域。

我們確實有研究動物所得的資料，對動物行為的觀察也發現有些巨大的差異。這些研究指出：有了後代之後，會讓確保後代生存的相關能力變得更強，其中就包括了感官。舉例來說，在記得複雜迷宮中放置食物的位置上，大鼠媽媽就強過未曾有後代的雌性大鼠。除此之外，大鼠媽媽捕捉獵物的能力更是大幅提升。

美國里奇蒙大學的神經科學家金斯利（Craig Kinsley），在看到自己的妻子照顧他們的新生兒的同時，還能夠完成懷孕前必須做的所有事務，因此對於懷孕可能對腦部的正面影響，產生了濃厚的興趣。金斯利發現：沒有生育幼鼠的雌性大鼠平均需要二百七十秒，才能捕捉到一隻藏在圍欄裡的蟋蟀，大鼠媽媽只用了五十多秒。

人類母親通常不會去捕獵動物給嬰兒吃。但有證據表明，就如同大鼠媽媽那樣，人類母親受到激怒後，往往會變得更具有攻擊性。從懷孕後期開始，女性辨認出臉部恐懼、憤怒和厭惡訊息的能力便提升了，但是辨認驚訝和正面情緒的能力沒有改變。這是有道理的，美國查普曼大學的葛林（Laura Glynn）領導了這項研究，她說：「如果要保護嬰兒，你會想要能夠偵測到威脅。」

至少有跡象顯示，有些和懷孕相關的改變會持續下去。確實有證據指出：在成為母親之後，腦部對於激素所反應產生出的變化，會維持數年。不過這是腦部功能整體的改變，或只是在感覺方面有特別的改變，就沒有人知道了。對葛林來說，缺乏這方面的知識，「對女性健康來說，幾乎就是危機，怎麼能夠不知道答案呢？」

女性更常出現慢性疼痛

如果懷孕已經夠難研究了，那麼還有更難的：分娩過程和其中發生的疼痛。很多人相信女性對於疼痛比較不敏銳，或至少比較能夠忍受疼痛。在科學界，這種想法已經受到了挑戰，因為說疼痛有性別差異，是難以讓人接受的。

2004 年，英國巴斯大學的一群疼痛專家，查閱了研究性別差異與疼痛關係的論文，提出結論：「不久之前，關於男性和女性在對疼痛的感知和體驗上有所差異的說法，一直都引來爭議，但現在已不再如此了。」科學證據和大眾的看法並不相同。

如果是極端的溫度，無論是熱的、還是冷的，女性反應更敏銳，更快感覺到灼熱或寒冷，同時這些感覺會更強烈。這種群體之間的差異，也擴及到其他可能造成傷害的層面，對疼痛的感知也是如此。巴斯大學研究團隊的結論，來自於整理了各式各樣的研究成果，包括：在實驗室中評估疼痛閾值，以及在醫院中實地研究發現到「女性在一生中，傾向於說自己承受了比較多的疼痛——身體疼痛的部位更多，發生得更頻繁，持續時間更長。」

的確，比起男性，女性更常說自己有慢性疼痛。慢性疼痛的定義是：雖然有治療，但是依然持續疼痛超過十二個星期。神經受損是慢性疼痛的可能原因。最近的研究發現到：出現這種損傷時，男性和女性的神經系統反應有所不同。特別是疼痛反應中，參與的免疫細胞類型也會因性別不同，而有所差異。除此之外，有明顯的跡象顯示：男女之間疼痛機制的差異，可能是因為絕大多數男性體內的睪固酮濃度比較高所造成的，這點至少能夠部分解釋女性為何更常出現慢性疼痛。

慢性疼痛和懷孕之間，也有奇妙的關聯。許多女性說懷孕的時候，慢性疼痛的症狀緩和下來了。研究人員在懷孕的小鼠身上觀察到：在懷孕初期，本來的「女性」疼痛機制轉變成「男性」的疼痛機制了。讓人驚訝的是，研究人員還報告說：到了懷孕後期，雌性小鼠身上看不到有慢性疼痛的證據了。研究人員認為就小鼠來說，雌激素（oestrogen）和助孕酮（progesterone）的濃度增加，造成了這種轉變。

但是這方面的研究還有很長的路要走。從很久以前開始，科學界就缺少聚焦於女性和女性感覺的研究，這點到現在依然影響到女性的日常生活。在第 9 章〈溫覺〉曾提到，辦公室通常不是讓女性覺得舒服的環境，因為溫度設定根據的是研究男性而得的結果。此外，如果覺得辦公室印表機或咖啡機的聲音太大了，而男同事對此並無同感，這便是另一個已知在性別上有所差異的感覺。女性往往對聲音更為敏感。

感官確實有兩性差異

好在也不全然都只有壞消息。德國神經生物學家雷文（見第 148 頁）和研究團隊發現：女性的觸覺敏銳度比男性高出一成，對於少女來說也是。

目前還沒有針對兒童的研究資料，但如果兒童也是如此，就或許能夠解釋男孩和女孩之間，有些發育指標出現的時間有所不同了。如果女孩的觸覺更為敏銳，那麼就能更快學會好好使用鉛筆，同時字跡也會比男孩更工整漂亮。說話能力也是。如果要把話說得更清楚，必須要能精確的感覺到舌頭在口腔中的位置。女孩學說話的速度通常要比男孩快，之前一直有各種不同的解釋，口腔觸覺更敏銳，應該是相當重要的原因。

女孩學習顏色名稱的速度也比較快，同時更為正確、且能夠保持一致性。成年女性記得顏色的名稱、並且辨認出來的能力，也高過男性，甚至看到的顏色也和男性看到的有些不同。美國的研究指出：男性和女性覺得看到相同的顏色時，男性看到的顏色光波長其實要比較長一點。舉例來說，同樣的綠色草地，男性會覺得比較偏黃一點。

這些研究結果都很有意思，但如果你覺得許多疑問都沒有定論，那是因為現在就只研究到這裡。想要完全瞭解「感覺處理過程與感覺知覺的性別差異」這件事，我們還要走的路還很長。

不論背後的機制為何，男性群體和女性群體確實有所不同，女性確實比較敏銳。在某些狀況下，比較敏銳可以是「好事」，例如比起男性，女性更容易成為專業的嗅覺和味覺評審員。但是在另一方面，容易感覺疼痛就不是好事了。

當談到「某些群體和其他群體的感知上有所差異，以及這些差異在他們的生活所代表的意義」這項課題時，我們也必須提到有些群體的感官能力是很獨特的，而且不因性別而異。對他們來說，異於常人的感官能力對生活的影響是相當巨大的。

在下一章，我將會說明人類的感官為何對於感知情緒與發揮同理心而言，至關重要。在這個領域中，「自己是什麼樣的人」會深深受到感覺方式的影響。

第 14 章

感官與情緒

—— 感官如何營造出情緒

電話響了，你接起來，是老闆打來的，並且告訴你可怕的消息：你的工作要沒了。突然之間，你的心跳加速、渾身不舒服、呼吸變得急促、手掌發汗……如果你身邊有壓力專家，他們會告訴你說：用你手機上的馬表功能，調整呼吸，慢慢吸氣，呼氣的時候要更慢。只要這樣做幾分鐘，你就會平靜下來。」

許多人都知道，用這種方法可以平緩突然而來的焦慮情緒。但是想一想，這個過程代表了什麼？

讓你感受到壓力的念頭依然沒有改變，你依然會失去工作。改變的只有你肺部受體傳遞給腦部的內感受訊息。現在你身體傳出的訊息是已經沒有那麼焦慮了，而你的腦部也相信了。

亞里斯多德認為，情緒源自於身體狀態：「腦部和這些感覺完全無關……快樂、痛苦和其他各種情緒變化，全都是出自於心臟。」我們在日常的語言就清楚表達了這個概念。當你真的愛某人，你會說這是「全心全意」，道歉時必須要「真心誠意」，歡迎某人的時候要「衷心」，而被戀人拋棄會「傷心」。

雖然在語言中，心臟和情緒息息相關，但是在哲學領域並非如此。十七世紀，笛卡兒把心智和軀體分開來，接下來數百年，這種錯誤的二分法成為主流。到了 1872 年，達爾文出版了《人和動物的情緒表達》。在這本書中，達爾文認為許多不同的物種（包括人類）表達情緒的方式都非常相似。

沒有多久，丹麥醫師蘭格（Carl Lange）和美國心理學家詹姆斯（見第 36 頁）分別提出相同的概念：人類的情緒來自於身體的訊息。詹姆斯在 1884 年發表的論文〈情緒為何物？〉，主張有些「造成興奮」的事情發生了，「身體的變化直接跟隨造成興奮的事情⋯⋯我們對於相同變化所產生的感覺，便是情緒。」

詹姆斯在 1890 年出版的《心理學原理》書中，重申這個概念，指出對於這些身體改變的知覺「就是情緒」。詹姆斯寫道：

> 從常識的角度來看，我們失去財富，會感到失落並且哭泣；遇到熊的時候，會受到驚嚇並且跑開；受到對手羞辱的時候，會覺得生氣並且攻擊對方⋯⋯比較合理的說法是，我們因為哭泣而感到失落，因為顫抖而感到恐懼。

初讀結尾這段話，會覺得好像違背了直覺。在身體產生反應之前，當然是要先辨認出有威脅、刺激或是可怕的事件發生吧？這當然是真的，不過這個「辨識」並不一定是要有意識的。

視丘會把傳進來的感覺訊息分送出去，視丘這個部位與杏仁體之間有條熱線。底側杏仁體（basolateral amygdala，杏仁體的底側部位）會立即對大腦皮質中處理感覺的區域所傳來的訊息產生反應。底側杏仁體能自動辨認出與自己身體狀態有關的感覺訊息。那當然有可能是會造成威脅的事物（例如熊），或是能讓你生存機會提高的事物（例如一塊巧克力蛋糕的視覺訊息），或是在餐廳中有個朋友朝你走過來（因為維持社交關係很重要）。

拿詹姆斯所說的熊當例子，如果杏仁體真的確定眼前有明確的危險，就會發出訊息，讓身體準備好做出反應：迎戰或逃跑。我們知道，這會讓「下視丘－腦下垂體－腎上腺」的連線啟動，使得你的腎上腺分泌出腎上腺素，這種激素再加上其他因子，使得你的心跳速率加快，肺部的平滑肌放鬆，讓你能夠吸進更多氧氣。心臟、肺臟和血管的機械性受體會偵測到這些變化，傳出去的訊息會由腦島皮質（見第 122 頁）接受，腦島這個部位會處理身體的感覺訊息，並且對於情緒的產生很重要。一旦你確認到這些來自身體內部的訊息，依照詹姆斯的說法，你才會感到恐懼。

如果你不相信這套理論，可以想想如果沒有呼吸急促、身體顫抖和心跳加速，那麼恐懼感到底是什麼？相同的狀況下，憤怒到底是什麼？詹姆斯寫道：「如果沒有溢滿胸中的憤慨、沒有臉上發紅發熱、如果鼻孔沒有放大、如果沒有咬牙切齒、如果沒有採取激烈行動的衝動，取而代之的是放鬆的肌肉、平穩的呼吸，以及沉著的面容，那麼憤怒就如同身體外貌所呈現的那樣，完全消失無蹤了。」

身體感覺圖譜

不是每個人都接受這套論點。舉例來說，美國生理學家坎農（見第 203 頁）就不相信來自身體的感覺會引發情緒。不論如何，詹姆斯和蘭格的想法依然成立，只是從他們的想法所發展出來的理論，已經有所調整：腦部對於你的身體在某種場景中，會呈現出什麼狀態的預測，會影響你的感覺。

人類不同的情緒各自對應到獨特的身體感覺模式，對此某些研究人員抱持懷疑的態度。但最近這種反對減緩了，至少有些研究人員是如此。

芬蘭土庫大學紐曼瑪（Lauri Nummenmaa）所領導的團隊，在2018 年詢問了一千多人在一百多種情緒和心理狀態下，身體哪些部位有感覺。心理狀態的種類非常多，包括：感激、恐懼、愛、罪惡、社會排斥、醉酒、絕望、自傲、推理、追憶等。之後研究團隊彙整這些反應，製作出各種心理狀態下的彩色身體圖譜，有亮黃色的點，代表回答問題者對於該區域的感覺最為明顯，排在後面的是紅色，而黑色代表完全無關的部位。

令人驚訝的是，參與者對於出現不同感覺的身體部位，相同的程度很高。除此之外，幾乎每種感覺狀態都有一個獨特且分明的身體圖譜，呈現出「身體感覺指紋」。這些圖譜中，往往包括來自於器官與肌肉的感覺，也就是本體感覺。舉例來說，在「放鬆」這個心理狀態，整個身體都是紅色，只有肩膀和手臂有些黃色。在「生氣」時，手是黃色，在頭顱頂部也有黃色團塊。「快樂」時則是有黃色從心臟散發出來，亮黃色幾乎遍布整個頭部，手臂上有些許紅色。

紐曼瑪認為：這項研究指出了意識到的感覺（包括情緒但不限於情緒）來自於身體的回饋，包括了內感受、觸覺、身體位置與本體感覺的訊息。

參與芬蘭這項研究的人，從各方面來說都不是情緒專家，但是他們對於在身體哪些部位感覺到情緒的觀點，都有實驗室研究證據的支持。舉例來說，不論你是生氣或是恐懼，心跳速率都會加快。不過生氣時，流到手臂的血液會增加（以備你會用到手，可能是要揍人），但是在恐懼的時候不會。除此之外，恐懼的時候流到臉部的血液會減少，但是在生氣時，臉部血液會增加而變得潮紅。雖然這兩種狀態的共通點是心跳加速，同時我們都知道在強烈情緒下，有人會突發心臟病，但是這種突發狀況在憤怒時較常出現，在恐懼時就少得多。薩塞克斯大學的克里奇利（見第264頁）說，憤怒時心臟的調節方式，與恐懼時不同。

克里奇利和葛芬柯（見第264頁）認為：我們能夠下意識辨識出身體內部訊息的模式，利用這項訊息構成對於情緒的感知，就如同來自於味覺與嗅覺受器的刺激，構成對於一道餐點味道的感知。

在身體以外更廣闊的世界中，人類也非常善於找尋出模式，如果沒有學會為了自己的利益而利用身體訊息的模式，那才是很奇怪的事。（事實上，克里奇利和葛芬柯這兩位科學家合作研究倫敦股票交易員的直覺，證實了人類確實會如此，這在第11章〈胃腸道感覺〉已有論及。）

不過有人可能會想，如果下意識的過程能夠偵測代表威脅或利益的對象或事件，有助於我們的生存與繁衍，那麼為什麼還需要意識到情緒？答案在於下意識的辨認是一回事，但是情緒影響了我們，強迫我們集中注意力，驅使我們利用所有資源，準備做出最佳反應。

舉例來說，憤怒可能讓我們想揍人，但是如果我們能夠控制這種衝動，就可能讓我們致力於找出非暴力的方式，迫使對方順從。不過，如果憤怒可讓你改變真的需要改變的事情，那麼憤怒就很有用了。（關於憤怒，亞里斯多德說得好：「在有用與美好的狀態下，憤怒是高貴的。」）又例如，見到朋友時感到高興，會讓你有正確的心態去加強朋友關係，可能有助於你在將來熬過難關。

在理想世界中，我們全都會準確的解讀身體感覺，會立即理解每一次遭遇的完整脈絡，而我們也擁有豐富的情緒術語庫，能夠詳細描述各種細微的心理狀態，並且與我們的感受完全一致。

不過，想像有個人都只喝無咖啡因的咖啡，在參加商務會議時，不小心給自己倒了一杯有咖啡因的咖啡。（很容易拿錯壺，對吧，我就幹過這種事。）結果這個人的心跳開始加速，但是她完全不知道喝錯咖啡，因此認為自己是感到焦慮，且覺得是準備不周才焦慮的。這種恐怖的念頭造成了真正的焦慮，使得她在會議上的表現缺乏自信與說服力，就像是喝了讓自己跌跤、情緒扭曲的攙迷藥酒。

第一次約會，該做什麼事？

這種搞錯咖啡的事情，不太可能經常發生，但我們很有可能在某些情況下，選擇了錯誤的情緒標籤——特別是在感覺不夠明確的情況下，或是與兩種情緒相關的身體感覺模式有所重疊、且所處狀況又很複雜的情況下。

1974 年，美國心理學家阿倫（Arthur Aron）和加拿大心理學家達頓（Donald Dutton）指出這些狀況確實會發生。兩人的這項經典研究，很快就成為心理學講師的最愛，原因之一是能夠讓他們在教授情緒課程時增添趣味，因為這項研究和許多學生關係密切：是對於順利進行第一次約會的建議。

阿倫和達頓的實驗是在北溫哥華進行的，對象是十八歲到三十五歲之間的男性，他們得從兩座橋中的一座走過。卡皮蘭諾吊橋的扶手很低，又容易搖晃，七十多公尺下方是岩石和急流，不管怎麼看都是讓人「害怕」的吊橋。另一座橋不是吊橋，堅固而寬廣，位於附近的小溪上，只有三公尺高，完全不會讓人害怕。

研究助理（「俊美」的男性或女性詢問者）會在橋上等待，在看到男性走來時，會迎向他，依照問卷上的題目詢問問題。完成問卷後，詢問者會把自己的名字和電話號碼，寫在問卷紙的角落，撕下來給對方，告訴他如果想要進一步討論這項研究，可以打這支電話。

阿倫和達頓發現：受試者如果在恐怖的橋上，遇到的是女性詢問者，那麼之後更有可能會打電話給她，但是在堅固扎實的橋上就不會。他們的結論是：走在搖晃吊橋上的男性，至少把某些因為恐懼而產生的身體興奮，解釋成受到性吸引力（假設他們都是異性戀者）。這項研究意味著：第一次約會時，看驚悚片或恐怖片，或是搭雲霄飛車，會是個好選擇。但是研究結果同時也指出：「身體感覺指紋」偵測系統遠遠稱不上是個頂尖偵探。我們有的時候就是會認錯對象。

心驚膽戰而誤判

在有些狀況下，身體的內感受訊息甚至會深深的誤導我們，並且有可能導致毀滅性後果。

強烈的警覺心，經常伴隨著恐懼而起，同時讓人寧願過於小心，特別是在感到不確定的狀況下。草地沙沙作響，那是什麼？

應該是攻擊者而不是風吹草動。那個黑人手中拿的是什麼？應該是槍而不是手機——這個令人震驚的結果，來自於克里奇利、葛芬柯和同事在 2017 年發表的研究。他們準備了黑人或白人手持槍枝或是手機的照片，在人面前閃現，閃現的時間分別是在他們心臟收縮時（這時心臟的壓力受器會送出訊息），或是在兩次收縮之間。如果照片是在心臟收縮時閃現，看到的人更有可能認為黑人手上拿的東西是槍枝。

研究人員說，這項研究的主要的意義是：當心跳速率愈快、力道愈強，你就愈有可能把無害的東西當成是威脅。因為杏仁體認為有危險時，會讓心跳變快變強，這時身體的內感受訊息會回傳到腦部。而且如果你偏向認為黑人比白人更常攜帶槍械，那麼你可能就會看到槍械。

研究人員認為：這種因為心跳訊息所造成的判斷錯誤，有助於解釋為何在沒有攜帶武器的狀況下，黑人遭受槍擊的數量要遠超過白人。最近五年，《華盛頓郵報》每年持續更新警方的槍擊資料。根據這份資料， 美國警方射殺了約千人，其中絕大部分都攜帶了武器。在 2017 年的分析指出，2015 年被警方殺死的非裔美國人有 15% 沒有攜帶武器，而被警方殺死的白人只有 6% 沒有攜帶武器。最近的資料指出，在 2015 年之後，美國警方殺死無武器人數的比例大幅下降，但是其中黑人與西班牙裔的死亡人數依然占比較高。

有些人確實比較擅長控制自己的情緒和行動，不會突然暴怒和衝動行事。主要是因為他們的前額葉皮質對於杏仁體的抑制性連結更強。這些連結在兒童與年輕時期發育出來，有些人的大腦皮質對於情緒的控制能力，就是比他人的強。

但是一開始感覺到的身體訊息有多強烈，也非常重要。譬如你可能會覺得鄰居的茉莉花味道太濃了，但是鄰居本人幾乎都沒有聞到。有些人對於與情緒相關的身體訊息更為敏銳，這種差異很重要，甚至能夠決定你和伴侶相處得有多融洽。因為自己和伴侶在感覺身體內部訊息的能力高低與警覺程度，深深的影響了情緒，甚至決定了情緒。

述情障礙

史帝芬結過兩次婚，經歷兩次婚禮，說過兩次「我願意」，但是對於這兩次婚姻或是夫妻關係，都沒有留下快樂的回憶。

史帝芬是在護理師先修班，遇見第一位妻子，那時他才十六歲。六年之後，他們結婚了，三年之後離婚，史帝芬說第一位妻子不是自己的真命天女。過了將近二十年，2009 年，史帝芬透過約會網站認識了第二位妻子。他深深投入到這段關係中，隔年他們在雪菲爾德市公證結婚了，由他父親和妻子的兩位成年手足見證。兩人就住在雪菲爾德市，我現在和他談話的電影咖啡廳也在這座城市。史帝芬在拍攝結婚照的時候，露出微笑，因為他知道這是其他人想看到的。不過他說：「從我內心的感覺來說，我所做出的情緒反應，感覺起來都像是假造的。我的反應幾乎都是學習而來的。在每個人都雀躍快樂的場合，我覺得自己在撒謊，在演戲。我就是這樣……總是在說謊。」

快樂並不是史帝芬一直難以表達出來的情緒。興奮、羞愧、厭惡、期待，甚至戀愛……等，他全都無法感覺到。「我似乎有感覺到什麼，但是我實際上無法區分出來那是什麼感覺。」史帝芬熟悉的感覺只有恐懼與憤怒。

這種嚴重的情緒問題，有時候和自閉症或是精神病態有關，不過史帝芬並沒有自閉症，也沒有精神病態。最近，在他五十一歲的時候，終於知道了他的狀況是極少有人知道的「述情障礙」（alexithymia），英文名詞來自希臘字：a 代表無、lexis 的意思是字彙、thymia 是情緒。讓人驚訝的是，由於大家幾乎都不知道這種狀況，而研究指出：成年人中，十個裡面有一個屬於述情障礙的範圍內。也就是說，我們全都可能認識有述情障礙的人。

雖然名稱叫述情障礙，但是有述情障礙的人實際上的問題並非真的找不到字彙來描述自己的情緒，而是本身就缺乏情緒。當然，並不是每個有述情障礙的人都有相同的體驗。有些人是一般的情緒中有缺失或是受到扭曲，或是剛好情緒是「平坦」的。有些人知道自己感覺到了情緒，但卻區分不出來是什麼情緒。還有人是搞混了和情緒狀態相關的訊息，例如可能把因為緊張而產生的興奮感，當成了飢餓的難受感覺。

述情障礙這個詞，最早出現在一本 1972 年出版的書，起源於佛洛伊德派的心理動力學文章。現在學術界幾乎所有的心理學家都沒在理會佛洛伊德的概念了，一如英國牛津大學心理學教授博德（見第 270 頁），他說：「並非不尊重那些傳統，但是在認知科學、神經科學和實驗心理學界，已經沒有那麼多人對於和佛洛伊德有關的東西，真正感興趣了。」

但是當博德仔細閱讀述情障礙者的資料，發現其中的描述相當吸引人。「實際上真的令人非常驚訝。對於絕大多數人來說，在情緒起伏程度低的時候，你可能有點無法確定實際上你感受到的情緒是什麼，但如果情緒強烈，你通常會知道是什麼情緒。」

不過，的確有某些人的狀況並沒有那麼單純。

因此，博德展開一系列關於述情障礙的研究，並且有了一些發現。舉例來說，有這種狀況的人在辨認臉孔，或是區分微笑和皺眉的照片上，沒有問題。博德說：「我們發現一些真的有述情障礙的人，能夠分辨微笑和皺眉，但是並不知道這兩者所代表的意義，這非常奇怪。」

對史帝芬來說，他當然認得出來微笑，也會親切回應，只是稍有延遲。我走近史帝芬所坐著的咖啡桌旁，他的微笑不是自動展露出來的。我能夠看得出來，他必須要有意識的注意到我對他微笑，之後再選擇和我一樣也微笑。

博德見過許多有這種狀況的人，這些人說，曾經聽到別人說自己和其他人不一樣，其中有些人自己很早就發現這點了。博德說：「我猜這有點像是無法看出顏色。然後周圍每個人都在嚷著說，這個紅有多紅或是那個藍有多藍，然後你就會瞭解到，人類體驗中的這個面向，是自己不曾體會過的。」

博德和同事除了更精確的指出述情障礙的特徵，也詳細研究了如何解釋述情障礙。在史帝芬知道理論上認為是充滿情緒的狀況，例如告訴某人「我愛你」，他確實會感到自己身體內部的一些變化。史帝芬說：「我覺得心跳加速，腎上腺素大量分泌，但是對我來說，這種感覺很可怕。我不知道該做出什麼反應。這使得我不是想逃跑，就是在言語上變得有攻擊性。」史帝芬能夠瞭解恐懼和憤怒，以及混亂，但是「其他的感覺都一樣，都是感覺到『嗯，我覺得很不舒服，不應該這樣。』」

博德之前的學生布魯爾（見第 261 頁），現在任職於倫敦大學皇家哈洛威學院。對布魯爾來說，史帝芬的情況很合理。「有述情障礙的人在自己有情緒的時候，通常會知道，但是並不清楚是哪種情緒。這代表他們可能依然會感到沮喪，那是因為他們想要努力區分不同的負面情緒，想要努力分辨出各種正面情緒。焦慮也是，可能是有人感受到和心跳速率加快的情緒反應，這或許是興奮，但是他們不知道該如何解釋這個狀況，就可能對於自己身體發生的事情感到恐慌。」

同理心的生理基礎

博德、布魯爾和其他人發現到：有述情障礙的人對於產生、偵測和解釋這些身體變化的能力減退了，有些人甚至完全不具備這種能力。有這種狀況的人，智商仍落在正常範圍之內，在看到蜘蛛而非有吸引力的潛在伴侶、或是一個咖啡杯時，理解到的內容和他人相同；但他們若不是沒有產生在這種狀況下需要出現的身體變化，就是沒有辦法好好解讀這些身體變化的訊息，正如同史蒂芬那樣。2016 年，博德、布魯爾、以及倫敦大學城市學院的庫克（Richard Cook），共同發表了一篇研究報告，把述情障礙定義為「內感受的普遍缺失」。

在這種變化範圍中的另一端，是第 8、9、10 章提到的，對於各種內在感覺測試表現良好的人，他們感覺到的情緒往往更強烈，能夠體驗到更細微的情緒。事實上，這些人不但更容易瞭解自己的情緒，對他人的情緒也是，這是展現同理心的重要起步。

相反的，史蒂芬之類的人不僅難以瞭解自己的情緒，也很難有同理心。但這並不代表史蒂芬不在意別人。舉例來說，一位員工近親剛去世了，非常痛苦，需要放下工作一陣子，這點他完全能夠瞭解。但是對於沒有述情障礙的人來說，因為朋友的小孩出生而高興、看到新聞中因戰事而毀的城鎮中的孤兒照片而哭泣，這時我們體驗到的種種情緒，並不是因為我們認為要感受到那些情緒，而是因為我們自動自發就覺得與那些人「同在」。

不過，要瞭解同理心如何產生，還需要知道更多關於人類感覺的事情。

情緒傳染

哈菲爾特（Elaine Hatfield）是美國夏威夷大學的心理學教授。1980 年代末，哈菲爾特還是心理治療師，和同事拉普森（Richard Rapson）一起看診。她和拉普森開始提到，他們時不時就很容易抓到病人感覺的「節奏」，而結果是他們自己的心情會隨著不同的時間看不同的病人，而產生變化。

在之後完成的書中，哈菲爾特寫到自己和一位憂鬱症病人在一起時，自己感到「死亡、催眠的感覺」來襲。她寫道：「我很容易受到憂鬱症病人的影響，甚至要和他們持續交談都很困難。我發現自己總是想陷入沉眠。」

這些結果讓這兩位學者，和後來帶頭研究孤獨而著名的心理學家卡喬波（John Cacioppo，詳見《為什麼要戀愛》一書）合作，找出這種現象的基本原因，例如：一隻狗的咆哮是怎樣讓其他狗也跟著咆哮，或是一個嬰兒開始哭泣後，整個育嬰室的嬰兒很快都一起哇哇大哭。他們稱這種自動又下意識的過程為「情緒傳染」（emotional contagion）。

科學家認為：同理心是以情緒傳染為基礎所演化出來的，情緒傳染顯然對於生存很重要。聽到尖叫聲時，你馬上也高聲發出警訊，準備迎戰或逃跑。看到新的夥伴帶著微笑，向你走來，就會有相反的舉動：你認為對方可能是夥伴或朋友，就會覺得應該要歡迎對方。

視覺和聽覺對於感知他人情緒狀態而言很重要，嗅覺也是。莫耐爾化學感官中心的達頓（見第 309 頁）研究了人的情緒狀態對於體味的影響。我在第 4 章〈味覺〉提到人類的呼氣、尿液、甚至血液中，包含具有味道的分子，不過體味主要是從腋下散發出來的。達頓和同事先讓受試者在實驗室中感受到壓力，再蒐集受試者腋下氣味的樣本，接著讓另一群人聞這些味道，同時觀看錄影帶，影片中有女性正在做一些會產生壓力的事情，像是一面煮早餐、一面要讓小孩準備好去上學，不過女性的面容、動作和姿勢都看不出來有受到壓力。（達頓說：「我們看了多達幾百部影片，才找出有符合要求的片段。」）

看影片的人如果聞到的是「壓力下」的體味，便認為影片中的女性受到的壓力更大；如果聞的是清淡中性的香水，或是採集自受試者運動時的氣味，就不認為壓力很大。在聞到「壓力下」的體味時，只有男性受試者會認為影片中的女性不值得信賴、能力不足、缺乏自信，但是女性受試者並不會這麼認為。看影片的受試者並沒有認為哪種氣味比較好聞或難聞，或是認為和其他氣味有很大的差別。研究團隊認為，訊息是在下意識中傳遞的。

這項研究在 2013 年發表，刺激了這個領域裡其他各種實驗的出現。2018 年，位於德國普朗克化學研究所的一支研究團隊，發表了能夠決定一部電影觀眾年齡分級的「客觀」方式。研究團隊測量了十一部不同電影的一百三十五場上映場次中，放映廳空氣中的分子，這些場次的觀眾總加起來超過一萬三千人。研究人員發現空氣中某種分子的濃度，和電影的年齡分級關聯程度很高，這種分子是異戊二烯（isoprene）。

研究團隊的領導人威廉斯（Jonathan Williams）說：「看來異戊二烯是團體中情緒緊張程度的優秀指標。」為何會這樣，答案很明顯。異戊二烯儲存於肌肉中，在運動時會釋放出來，例如當你在戲院椅子上扭動、或是因恐懼或興奮而肌肉緊張時，異戊二烯就會釋出。

同一年，義大利的團隊發表研究結果，指出聞到其他人的恐懼，可能會產生重大影響。他們指出：牙醫學生會用假人練習，如果假人穿的運動衫之前有參加艱難考試的學生穿過，那麼練習表現就比較糟（所謂「比較糟」的狀況是：「健康的」牙齒受到損壞），如果假人身上穿的運動衫來自輕鬆課程的學生，牙醫學生練習的表現就比較好。牙醫學生顯然「感染」到了他們同學之前的體驗，表現因此受到影響。

我們每天散發與聞到的哪些分子，會造成恐懼和其他情緒，目前還在研究當中。但是請牢記，不論這些化合物是什麼，如果你的身體能夠製造出來，你也會吸進去。

舉例來說，如果你要準備一項重要考試，或是要在一大群人面前演講。如果你像我一樣，可能光是想到這些事情，就會神經緊張。但是有個東西可以讓腦袋冷靜下來：除臭劑。由於達頓並不覺得自己的體味很重，就不常使用除臭劑。但是達頓如果知道自己將處於有壓力的狀態，她就會使用。這是因為她想要避免受到自己身體製造出來、可能傷害心理的氣味所影響。

達頓認為，更深入瞭解氣味對於自己的影響，可能對所有人都有益。她解釋說：「如果我們不知道自己受到影響，那就不能加以防護。」

鏡像神經元

所以說，我們會利用視覺、嗅覺、聽覺、可能還有觸覺，得到他人情緒狀態的訊息。但是這種訊息要如何才能夠讓我們分享情緒呢？因為朋友的好事而發自內心覺得快樂，或是在他們失落時一同哭泣？對此，神經科學家夫妻——凱瑟斯（見第 247 頁）與加佐拉（Valeria Gazzola），提出了一個具有說服力的理論。

荷蘭神經科學研究所距離阿姆斯特丹市中心約十公里，其中「社會腦」實驗室由凱瑟斯與加佐拉共同主持。在實驗室的主要空間，大約擺放了二十張桌子、一臺很大的咖啡機，以及一架古董立式鋼琴，譜架子上放著一本打開的舒伯特樂譜。加佐拉會彈鋼琴，她微笑說：「我比較喜歡彈蕭邦和貝多芬，凱瑟斯的父親在二手市場發現這本舒伯特的作品，送給了我。我還沒試彈。」

但如果現在有人走進實驗室，彈奏起舒伯特的曲子，加佐拉不僅聆聽到音樂，在她看著彈琴者的手指彈奏琴鍵時，她的前運動皮質（premotor cortex）也會活躍起來，腦中的這個部位會讓你的肌肉準備進行同樣的彈奏動作。已有證據指出：前運動皮質是鏡像系統（mirror system）的一部分，這個系統可以讓你直接理解其他人的身體動作。凱瑟斯和加佐拉推展了這個想法，認為鏡像系統可以讓你模擬他人的情緒感受，對於產生同理心至關重要。

這項研究起於猴子、葡萄乾，和 1999 年的一場演講，當時凱瑟斯是蘇格蘭聖安德魯斯大學的博士班研究生，義大利帕爾馬大學的神經生理學家迦利思（Vittorio Gallese）前來演講。迦利思提到在 1990 年，自己和研究團隊於恆河猴腦部的前運動皮質，找到了鏡像神經元（mirror neuron），當猴子從盤中撿起一顆葡萄乾，腦中的這種神經元會活躍。當這隻猴子看到迦利思從盤子裡撿起一顆葡萄乾，那個神經元也會活躍。不論猴子自己做那個動作，或是看到其他猴子或其他人類做那個動作，同一個神經元都會產生反應。在演講中，迦利思把這個概念推廣，認為鏡像神經元可能讓我們從本能，就瞭解到其他人的身體動作。

凱瑟斯深深著迷於這個概念。他提交博士論文後兩個星期，便直接前往帕爾馬大學，加入迦利思的團隊。該團隊進一步研究恆河猴，發現前運動皮質中有 10% 的神經元屬於鏡像神經元，彼此會產生反應的事物稍有不同。拿吃花生來當例子好了，有些神經元會在猴子自己剝花生、或其他猴子或人類剝花生時活躍，有些神經元是在把花生從殼中取出時活躍，還有些是在拿起花生送到嘴裡時活躍。這些鏡像神經元活動的模式，就像是記錄了一連串個別的動作，總加起來就是吃了一顆花生——類似於控制肌肉運動的電腦程式，能夠讓猴子模仿這些動作，因此猴子藉由觀察，就能學習到。

到目前為止，科學家在恆河猴腦部七個不同區域，發現到了鏡像神經元，有兩個位於前運動皮質，其他的位於和眼睛運動有關的區域、以及體感覺皮質（這種皮質當然會處理觸覺與本體感覺的訊息）。

能夠感受到其他猴子的動作，使得猴子熟練新技術（例如剝殼取出花生）的速度加快。理論上，鏡像神經元同樣對人類有幫助——從內在瞭解到他人正在做的事情，當然對於人們合作從事活動很有幫助，包括狩獵、踢足球、或是舞蹈。

古老的格言依然成立：如果要擅長某種技術，多練習便熟能生巧。但是有證據指出，當我們練成某種技術後，不但對於自己身體動作的預期結果更為準確，對於他人的身體動作也是。讓籃球員坐在螢幕前觀看其他人在球場上投籃的影片，他們能夠輕鬆告訴你球會落到哪裡去。如果讓一個幾乎沒有打過籃球的記者來做這件事，表現就沒有那麼好了。

凱瑟斯說：「如果某些動作不在你的動作資料庫中，你依然可以加以預期，不過只是純粹由視覺和統計去預期。」這說明了為何就算是非常有天分的籃球員，參與的比賽愈多，預期其他選手身體動作時就愈準確，自己在比賽中的表現也更好。

有述情障礙的人缺乏同理心

現在請回想一下，一野洋子（見第 181 頁）在北方芭蕾舞團的本體感覺課程。在好幾堂課中，舞者可以把眼睛睜開，不過遮住鏡子的黑色簾幕仍是從天花板垂掛到地板上。學員無法看到自己的身體，就只能看到一野洋子精確熟練的動作。學員全神貫注在這些動作、以及自己身體的感覺上，而不是看著鏡子中自己的身體，這讓學員能夠「進入一野洋子的狀態」，無疑能夠學得更好更快。

但這裡要提出重要的警告：目前還沒有人能夠確實的在人類的前運動皮質中，找到單一個鏡像神經元，但是從腦部造影研究得到的證據，的確支持人類具有鏡像運動系統的說法，這個系統讓我們從內在，感覺到他人身體的動作。

如果鏡像運動系統真的能夠讓我們「深入」其他人的肢體動作中，是否還有其他類似的系統讓我們深入其他人的身體感覺、情緒，並且產生同理心？

凱瑟斯和加佐拉利用腦部造影技術研究這個想法。磁振造影（MRI）掃描儀會發出噪音，同時可能造成幽閉恐懼症，受試者躺在掃描儀裡，很難把正面情緒引發出來。所以，凱瑟斯和加佐拉一開始是測試「噁心」這種情緒，那就容易多了。他們利用麻醉面罩，把聞起來像是腐敗奶油的丁酸（butyric acid）等難聞的氣味給受試者聞。（凱瑟斯回憶說：「非常有效，不過我們得趕緊讓某位受試者從掃描儀中出來，因為他真的嘔吐了。）他們發現：受試者聞到噁心氣味或看到其他人在噁心時，腦島下方區域（已知和情緒有密切關聯）特別活躍。不過活躍的程度有差異，自己實際體會的活躍強度是看到他人體會時的三、四倍，但是腦部活躍的模式是相同的。

腦島會接收各種感覺訊息，包括嗅覺、味覺和內感受訊息。腦島的背側（上側）區域能夠發送運動訊息到胃部。這個路徑的目的之一，是當你感知到有毒食物或是腐敗食物，能夠引發嘔吐反應（旁邊有人嘔吐時，也可能引發你的嘔吐反應）。這個腦島背側區域同樣也會接受來自內臟的感覺訊息，包括了胃臟和腸道的訊息。凱瑟斯指出：「對我們來說，這是非常有趣的區域，因為它不包含情緒的抽象訊息，而是內臟的實在訊息。」

有了鏡像運動系統，你應該就能夠在自己通常用來引發動作與感覺的神經迴路上，反映出其他人的動作以及相關的感覺，例如，手摸到花生殼或網球拍的觸感。而且就噁心這個情緒來說，似乎用來呈現他人噁心狀態的腦迴路，就是自己感覺噁心的腦迴路。從這點推論下來就是：如果你從來沒有覺得噁心過，那就無法瞭解噁心的感覺，當然對於其他人的噁心就無法有同理心。若一如凱瑟斯和加佐拉推測的，處理其他情緒也有這種鏡像過程，就能夠解釋為何有述情障礙的人缺乏同理心。

自閉症者為何不看別人眼睛

這項研究也有助於瞭解，為何具有自閉症的人難以發揮同理心。同理心障礙一直是自閉症的重要特徵之一。不過，牛津大學心理學教授博德，對這種想法抱持嚴厲譴責的態度：「人們向來認為有自閉症的人缺乏同理心，但那是垃圾觀念。只要遇見過一些自閉症病人，你就能立即發現並非如此。」

事實上，博德是因為研究自閉症，從而研究內感受。2010 年代初期，博德開始把自閉症的某些症狀（不會注視他人的眼睛、甚至是厭惡看著他人的眼睛）和述情障礙聯繫起來。

然後，博德把注意力轉到了關於同理心的種種宣稱。過去，這個領域的研究結果往往南轅北轍：有些研究人員得到的結論是自閉症病人無法產生同理心，另一些研究人員則得出完全相反的結論。自閉症病人自己的說法也是正反結果互見：有些人說自己真的無法「產生」同理心，而另一些人則說自己具有同理心，而且強烈到難以承受。

博德、專門研究自閉症的心理學家傅瑞斯（Uta Frith）和同事想要知道述情障礙的有無，會不會是同理心產生與否的關鍵。在一般人當中，每十個人就有一人具有述情障礙，而研究指出在自閉症病人中，有述情障礙的占了一半。

博德回憶說，這支研究團隊招募了成年自閉症病人和他們心愛的人（往往是母親），一起到實驗室來。「我們用的方法聽起來真的很可怕，就是給他們電擊。」這項實驗的目標是想要找出自閉症病人受到傷害時，腦部產生反應的區域，接著觀測自閉症病人觀看所愛之人受到電擊時的腦部活動。

實驗結果顯示：約一半的自閉症病人腦部產生反應的部位，和沒有自閉症也沒有述情障礙的人的反應部位相同。然而，另外大約一半的自閉症病人顯然有述情障礙。一旦排除述情障礙這個因素，自閉症病人和非自閉症病人對疼痛產生同理心時，腦部的指標就沒有差異。博德說：「我們覺得這非常重要，許多自閉症病人的人際關係缺陷，可以用述情障礙來解釋。」

這項結果在 2010 年發表。從那時候起，博德和同事蒐集了更多證據，表明了有些自閉症病人會缺乏同理心，是因為述情障礙而引起的，他們的體內感知出了狀況。但是為什麼自閉症病人的內感受更容易有狀況？正如下一章會談到的那樣，科學家在自閉症病人身上觀察到，各種感覺太過敏銳了，或不夠敏感，而且通常兩種狀況都有。

在另一項研究中，凱瑟斯和同事讓一些成年自閉症病人觀看顯示了各種情緒的照片，同時掃描了自閉症病人的腦部。凱瑟斯說：「我們看到的是，和同理心相關的區域反應過度。」這項結果代表了在這一群人當中，他們的同理心反應沒有損傷，反而是加強了。

與此同時，在美國進行的研究發現：當自閉症病人受到直接看過來的眼神時，杏仁體會過度活躍。他們似乎將他人的眼神解讀成強烈的威脅。

對凱瑟斯來說，至少有些自閉症病人難以和他人互動，並且避免正對他人臉孔，可能不是他們對面孔或其他人沒有興趣，而是因為他們看著別人時，得到了太多訊息、太多刺激，因此試圖要避免。

博德同意，對於一些有述情障礙的自閉症病人來說，可能不是因為無法產生（或感知到）與情緒相關的身體感覺，以致出現述情障礙，而是這些感覺讓他們太痛苦了，於是他們訓練自己去壓抑那些感覺。如果與情緒相關的身體訊息大到難以招架，那麼努力忽略這些訊息，試著學會不去感受，可能有所幫助。

童年創傷影響久遠

如果你經常受到極度的痛苦，在這樣可怕的環境中成長，你會怎樣？荷蘭阿姆斯特丹大學的南奇斯（Lieke Nentjes）研究了受監禁的精神病罪犯，發現他們在體內感覺測試中的表現比較差。南奇斯還觀察到：至少某些犯下暴力罪的精神病人，與沒有犯下可怕罪行的精神病人之間的區別，似乎是童年時期的創傷。

南奇斯說：「我與他們交談時，讓我印象深刻的一件事，是他們的教養經歷，更正確的說是缺乏適當的教養經歷。他們受到情緒虐待、性虐待、冷漠對待，還有許多身體傷害。精神病人其實很擅長推斷他人在想什麼，但是我聽他們說，情緒對他們沒有用；他們在成長過程中感受到的，只有恐懼。」所以，學會不去和正常的內在感覺訊息調整到同步，可能是對可怕環境的適應結果？南奇斯說：「還需要更多的研究，但這可能是一種解釋。」

史帝芬當然經歷了悲慘童年，他現在認為自己的母親有產後憂鬱症，但是沒有診斷出來。母親對他進行情緒虐待，貶低他，拒絕稱讚他。史帝芬六歲時，母親放火燒了房子，顯然是想自殺同時殺死自己的孩子。史帝芬童年的其他時間裡，只受到斷斷續續的照顧。學會不去感受，對他來說可能是一種生存機制。

然而，博德補充說，有很多具有述情障礙的人，童年並不悲慘，他們不記得被情緒壓得喘不過氣，而是根本沒有真正感受過情緒。

自我訓練內在感覺

內在感覺敏銳程度低和情緒障礙之間的關聯，讓某些科學家探究是否能訓練這種類型的感覺，做為治療情緒障礙的方法。由於敏銳的內在感覺能夠帶來種種利益（包括第 11 章〈胃腸道感覺〉介紹的直覺），可能讓所有人得到更多的好處。

薩塞克斯大學的葛芬柯和奎德（見第 213 頁）蒐集了初步的證據，指出了訓練內在感覺，可以幫助那些難以瞭解自己感受到什麼情緒的人，那些人經常感到焦慮。葛芬柯和奎德希望這種訓練方法可以幫助自閉症病人，減少對於身體感覺的困惑，以減緩焦慮。

奎德在一項前導研究中，為一群健康的志願學生進行了一連串心跳計數測試，就像我做過的那樣，但是奎德每次都會給予回饋。奎德解釋說：「所以可能是你說數了三十三下心跳，但其實是四十四下。」然後，她執行了另一個常用的心臟內感受測試：播放一連串嗶嗶聲，學生必須指出嗶嗶聲是否與心跳同步。奎德在每個人測驗之後也都會給予回饋，告知他們是對還是錯。然後她要學生進行一些運動，例如開合跳、或是爬實驗室附近的陡峭山丘，使他們的心臟奮力鼓動，讓計算心跳變得更容易，之後，學生再次進行測試，並且得到回饋。

每次訓練課程約三十分鐘，受試者每星期進行兩次訓練，持續六個星期。但是在訓練開始後三個星期，幾乎所有人的內感受準確程度以及內感受的感知能力，都有顯著的進步。奎德在每次訓練時蒐集的焦慮指數，也顯示下降了 10% 至 12%。受試者是健康的學生，沒有任何人診斷出有心理疾病，而訓練甚至能減緩他們日常的焦慮。

奎德的研究團隊現在正在對一百二十名成年自閉症病人進行試驗，以確定這種訓練方式在他們身上是否也能夠發揮效果。覺得難以理解自己情緒的人，從事這種訓練或許能帶來幫助。那麼，有簡單的自我訓練方式嗎？奎德微笑說：「我們正在研發一款應用程式……」在等待應用程式完成期間，下面是她建議的訓練方式：

1. 坐在安靜的地方，利用計時器（用手機、手錶或是家庭數位助理）設定一分鐘的時間，這時還不要開始做任何事。
2. 閉上眼睛，嘗試感覺自己的心跳。
3. 現在啟動計時器，憑感覺來計算自己的心跳次數。
4. 再做一次，但是這次要按著脈搏，好得到準確的心跳數字。（這是回饋，應該能幫助提高內感受意識。）
5. 重複以上全部步驟。

如果你感覺不到自己的心跳，可能要先做點運動，讓心跳更明顯。

精神疾病的關鍵謎團

儘管述情障礙才是同理心出了問題的根本原因，而不是因為自閉症，但是自閉症病人具有述情障礙的比例，依然高出了非自閉症病人。包括思覺失調症在內的其他以情緒「平坦」為特徵的疾病，內在感覺同樣出了問題，這可能有助於解釋這些與情緒有關的病症。

實際上科學家一再發現：許多罹患精神疾病的病人，都有內在感覺障礙，包括思覺失調症、自閉症、飲食失調和憂鬱症。這種狀況讓博德想知道內在感覺的缺陷，是否能為心理學界長期以來的一個關鍵謎團提供解釋。這個謎團是：為什麼符合某種精神疾病診斷標準的人，其中一半的人也符合第二種精神疾病的診斷標準？而且符合兩種診斷標準的病人當中，有一半也會符合第三種精神疾病的診斷標準？

似乎有一種普遍的潛在風險因素，造成了某種形式的精神疾病，這個因素稱為 P 因子。但沒有人能確定這個因子是什麼。博德認為：「很有可能就是內感受。」

博德和研究團隊發現：具有述情障礙的人，不僅難以感受到情緒和同理心，同時也睡不好。博德認為，這可能是因為他們沒有感受到身體肌肉的疲勞訊號，而長期睡眠品質不良，又導致各種情緒、認知和身體健康問題。

因此，如果內感受不良干擾了情緒處理過程、阻擾了人際關係、妨礙了睡眠，就會波及到學習能力和做出明智決策的能力，甚至正如證據所指出的那樣，危及成為一個「連續的自我」，那麼內感受不良，就可能是各種診斷的核心。博德補充說，現在已觀察到在青春期，懷孕期間和更年期，內感受可能會出現問題。那些都是較容易出現心理問題和精神疾病的生命階段，包括焦慮症、憂鬱症和思覺失調症（通常在年輕時開始發展）。

博德帶著謹慎與熱情的語氣說：「這真的是新發現。如果我們可以說『是的，內感受的影響力擴及所有與各種精神疾病相關的事情』，而且我們也證明了病人在青春期、懷孕時期、或更年期，內感受出現了問題，那麼我們就得到了能夠解釋精神疾病發生原因的機制了。」

我說這確實很令人振奮。博德點頭說：「的確令人振奮。」稍停一下，稍微搖頭說：「但也有可能完全錯誤……但也有可能真的正確。」

鏡像疼痛

想到情緒時，我們通常會想到快樂、恐懼、憤怒、愛情等，通常不會想到還有痛苦。但是回想一下第 10 章〈痛覺〉，疼痛帶有一個重要的情緒成分。當親人出事的時候，我們可能會覺得自己也體會到他們正在經歷的痛苦。最近的研究表明，在某種程度上，確實如此。

荷蘭的夫妻檔科學家凱瑟斯和加佐拉，以及德國的社會神經科學家辛閣（Tania Singer）分別發現證據，指出當你感受到他人的痛苦時，自己腦中負責感知疼痛的部位也會活躍起來。

辛閣和同事在 2004 年發表研究結果，後來受到學術界大量引用。在這項研究中，他們把十六對情侶送入磁振造影掃描儀。研究小組注意到，當情侶的其中一人受到電擊時，受電擊者腦中分辨疼痛的區域和情緒痛苦區域都活躍了，這點一如所料。而當情侶的另一人看到伴侶遭受電擊的影像時，雖然分辨疼痛的區域沒有產生反應，但是情緒痛苦區域當然出現了反應，尤其是前腦島（anterior insula），在掃描影像中特別亮。

之後有更多的研究證實了這種「對痛苦產生同理心」的神經網絡存在，而且這個神經網絡不會區別是否為他人的身體痛苦或心理痛苦。辛閣指出：「基本原理是一樣的。」

這些研究都指出了：要感受他人的感覺，在神經運作的層面上，我們幾乎會把自己與他人融合在一起，而這至少要消除一些劃分「自我」與「他人」的界線。有些人（例如史帝芬），幾乎無法輕易融合。而有些人則落入相反的另一個極端。

2017 年，有人要我寫一篇新聞報導，內容是關於疼痛的替代知覺（vicarious perception of pain）的新研究，這種現象有時也稱為鏡像疼痛（mirror pain）。該項新研究指出：大約有 27% 的人在看到、聽到或甚至被告知有人受到身體傷害時，自己身體同一部位也會感覺到劇烈的疼痛，或者是遍及全身、令人作嘔的疼痛。只有 27% 嗎？在讀到那篇論文之前，我根本不知道原來不是每個人都會這樣。

我自己的鏡像疼痛非常短暫，確切來說，並不會造成傷害。這種感覺更像是一兩分鐘便會消失的輻射電脈衝。有時我會在別人受傷的相同部位感受到疼痛，但通常發生腿上。

克里奇利（見第 308 頁）和聯覺專家瓦德（見第 42 頁）是那篇論文的作者。由於刺激到某種感覺（視覺或聽覺）會觸發另一種感覺（疼痛），鏡像疼痛有時算成某一類聯覺，但最好是看成無法正確區分自己實際經歷的感覺和只是在模擬而產生的感覺。

為什麼有人會將疼痛模擬到這種程度？在某些情況下，甚至模擬到疼痛發生的真正部位？有人認為這種真正到位的模擬，有助於讓人學習如何對可能的損傷做出反應。

義大利波隆那大學的阿韋納提（Alessio Avenanti）和同事，讓成年人觀看其他人手臂接受注射的影片，研究人員注意到旁觀者的運動神經元受到了抑制（這些運動神經元原本可讓手臂肌肉產生動作），推測這是因為我們從小就學會了讓受傷的手臂保持不動，以防止進一步的傷害。這項發現代表了我們都有像鏡子一樣的複雜疼痛系統，它所帶來的不只是疼痛的情緒層面。

然而，真正會感受到鏡像疼痛的人，腦部確實和不會的人之間有些差異。他們的腦島和體感覺皮質中，有更多的灰質（代表活躍程度更大），而在右腦的顳頂交界區的灰質則較少（這個部位和區分「自我」與「他人」的表徵有關）。

2017 年，阿韋納提的研究團隊以功能性磁振造影，掃描有鏡像疼痛的人的腦部，發現他們的前腦島和右顳頂交界區之間，有更多的聯繫。研究團隊的結論是：那些人「身體系統無法把共享的身體表徵，歸因於他人」。換句話說，他們沒有正確的把自己的替代知覺當成是在模仿，反而認為發生在其他人身上的事情正發生在自己身上。

這支研究團隊的另一名成員，是倫敦大學高德史密斯學院的心理學教授巴尼西（Michael Banissy），他是鏡像觸覺聯覺（mirror touch synaesthesia）的國際權威。由於凱瑟斯發現「看到別人受觸摸時，具有鏡像觸覺的人的大腦裡，在自己受到觸摸時會活躍的區域，也跟著活躍起來」，巴尼西對這種現象做出了解釋：對於擁有鏡像觸覺的人而言，這種反應是「非常活躍的」，因此他們實際上會感覺到自己的皮膚受到觸摸。巴尼西補充說：這些人也明顯展現出模仿他人的傾向，並且更容易產生橡膠手錯覺（見第 176 頁）。總的來說，「他們難以提高『自我』，而且難以抑制『他人』。」

托蘭斯的奇幻經歷

巴尼西的研究指出：一般人當中，大約 1.6% 具有鏡像觸覺的經驗，相當於光是在英國就有一百多萬人。第 1 章〈視覺〉提到的多重聯覺者托蘭斯，也有鏡像觸覺和鏡像疼痛的經驗。事實上她說，自己的感覺與他人的感覺之間的界限不只是模糊，而是消融了。

現年四十多歲的托蘭斯還記得，從很小的時候起，就感覺到自己意識到的自我，有時會「融入」其他人，甚至包括動物。身為在南非長大的孩子，每當看到蜻蜓、蚊子、蝴蝶和鳥兒飛過，「會覺得好像是自己的身體在飛。」托蘭斯看著父母互相擁抱時，「如果我專注看著母親，會覺得自己像是受到擁抱的母親。如果我專注看著父親，會覺得自己像是受到擁抱的父親。」有次在我們談話時，我不經意的用筆碰了我的下巴，她的手指也馬上伸向自己的下巴。她解釋說自己感覺到了，就好像我的筆碰到了她一樣。

對於托蘭斯來說，感覺到自己進入另一個人的身體，可以帶來一些好處。托蘭斯小時候不必像大多數人那樣練習彈吉他，這並不是因為她具有「聲音－顏色」的聯覺，或者至少這不是主要原因。托蘭斯告訴我：「事實上，前幾天我和母親談過這件事。

她說『你父親從來不必把你的手指按在琴弦上，你總是用聽的，自己就能夠彈奏曲調。』但是我記得，如果我看著父親，能感覺到我自己就是他，我能在腦海中看到他的（和我的）手指在琴弦上的位置。這就是我學會彈奏曲調的方式。」這聽起來像是猴子通過觀察和模擬另一隻猴子的動作，來學習如何處理花生的某種版本，但托蘭斯的案例更要複雜得多。

托蘭斯的超強模擬能力並不止於此。我自己的鏡像疼痛是輕微且短暫，但是托蘭斯的鏡像疼痛就不是這樣了。有一次，朋友找她去電影院看《龍紋身的女孩》，她覺得看這部電影的經歷很可怕：「當莎蘭德這個角色受到折磨時，我感覺自己的身體好像被人毆打。」

托蘭斯看到他人情緒痛苦時，自己也會覺得難受。如果她看到別人非常痛苦，自己就會覺得胸口煩悶。這種感受到他人疼痛和其他情緒的事，在她身上一直自動產生，即使她只是在街上和別人擦身而過。托蘭斯告訴我：「我認為這是我母親在我小時候已經發現了，卻難以處理的事情。因為我記得所有擦身而過的路人的情緒。」

對托蘭斯來說，明瞭他人的感受之際，最清楚的線索是在他們周圍所看到的「雲」的顏色，主要是分布在他們的手腳周圍。對托蘭斯而言，藍色代表痛苦，橙色表示疾病，有時灰色也代表疾病，而紫黑色表示憤怒。但是如果通常友善的人變得憤怒時，平常散發出來的綠色就會變深。例如她父親生氣時，「雲」的顏色會從橄欖綠變成深綠。

托蘭斯說，在動物周圍也看到了這些顏色。她有一群寵物，她可以從寵物的顏色瞭解牠們的狀況。小時候她住在農場，養了一隻牧羊犬。「有天雖然牠沒有生病的跡象，但我在牠的綠色中看到橙色，感覺牠病了。幾天後，牠顯然生病了，因為吃到了噴灑在農場上的毒藥。我趕緊帶牠去看獸醫，照顧了一星期，牠活了下來。」

「靈氣」的顏色……能用來當作情緒和疾病指標……這些都是非比尋常的說法。如果你很懷疑，我當然能夠理解。聯覺專家瓦德不確定托蘭斯的「情緒－顏色」聯覺背後成因到底是什麼，但他確信其中有些道理。托蘭斯沒有造假，那是她的親身經歷，其中很可能有些有意義的東西。

感覺不敏銳，就等於遲鈍？

雖然托蘭斯很難和身體有疼痛的人在一起，但托蘭斯說，這些經歷讓她對他人的情緒和身體健康，有著強烈而即時的直覺。現代研究可以在某種程度上（或是完全）找出可能的原因。然而我們很容易就可以想像出：在不同的時代，可能在不同的地方，托蘭斯這樣的人會成為傳統治療師而受到尊崇，或是成為女巫而遭受審判。

事實上，沒有「情緒－顏色」聯覺的人，或不具備任何聯覺的人，只要感官夠敏銳，也能體驗到強烈的同理心，以及與周遭世界的接觸更為直接而原始。對於某些研究人員來說，這些都是很有趣的研究主題，包括：獨特的感官處理過程是否有助於解釋我們認為可能是「敏感」的人格特質？而其他人呢？感覺比較不敏銳，是否就代表了「遲鈍」？

我將在下一章，探討這樣一種觀點：人類多種感官的不同運作模式，和個人的性格有密切關聯。因為很明顯，要瞭解自己、家人和朋友，瞭解他們的種種，你必須充分瞭解他們的感受。

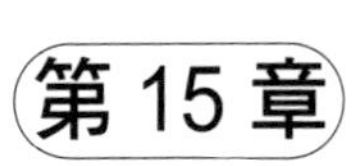

第 15 章

敏感

—— 個性「敏感」的真正意義

想一下自己的一些朋友，如果你有小孩的話，想一下小孩。你會用什麼詞形容他們？

某個人可能是「大膽」或是「粗魯」。另一個人可能是「臉皮薄」或甚至是「敏感」。

我們都熟悉「敏感」的人是什麼樣子：那種很容易感受到他人情緒的人，聽到悲傷（甚至快樂）的故事時很容易哭泣，以及在聚會中往往就屬於印象中的「壁花」。但新的研究表明，這些性格特徵和感覺敏銳程度更高之間，有密切的關聯。事實上現在各種研究，都把感覺方式和行為方式建立起了關聯。

我們會發現，對於感官處於各種極端狀況的人來說，日子都會過得很辛苦。但是清楚瞭解到感官差異能夠解釋某些疾病的由來，包括自閉症、注意力不足過動症（ADHD）、感覺處理失調（SPD，一種鮮為人知的疾病。據估計，每二十人當中會有一人，也許小學每個班上都有一名），便有可能進一步揭露出感官狀態在生活中扮演的角色。

1. 他人的情緒會影響我。
2. 我很容易因為周遭明亮的燈光、粗糙的織物或警報器聲音等事物，而不知所措。
3. 我似乎會很在意所處環境中的細微之處。
4. 我很容易受驚。
5. 非常飢餓會讓我產生強烈反應，注意力或情緒會受到干擾。
6. 讓生活免於受到侵擾或過度負荷，對我而言是很重要的事。

以上這六個問題，取自總分 27 分的「高度敏感者」（Highly Sensitive Person, HSP）檢核清單。如果你得到 14 分以上，就可能是高度敏感者。這份清單和背後的概念，是由美國心理學家伊蓮·阿倫（Elaine Aron）發展出來的，我問阿倫這份檢核清單中，有多少條敘述適用於她自己，她笑著說：「我想每一條都適用。」

阿倫現在七十多歲了，她花了幾十年時光，把「高度敏感」這概念發展成為一種人格特質，這種人格特質是建立在一般感官處理的敏銳程度上。阿倫在這個領域的先驅工作，是由她自己的體驗所推動的。小時候，她覺得自己與大多數人不同。她告訴我說：「我認為最主要的原因，可能是我在一群很興奮的女孩中，表現得似乎不太好。我有努力，但就是做不到。事實上，我最近發現一張幼兒園的成績單，老師在上面寫道：伊蓮是一個非常敏感、很安靜的孩子。」阿倫溫柔的笑了笑：「所以其他人也知道這點。」

阿倫讀的大學是加州大學柏克萊分校，那時候她的情況並沒有比較好。她有時候會感到學生生活中的現實壓力和社群壓力很沉重，常躲進廁所裡哭泣。直到 1990 年，一位治療師表示她是

「高度敏感」時，阿倫才開始思考其中可能的科學意義。她的第一步是採訪其他與自己有相似感覺的人（那些人是經由加州大學聖克魯茲分校和當地一個藝術組織招募的）。阿倫說：「我只是好奇。我想，如果採訪那些認為自己高度敏感的人，我就能知道高度敏感到底是什麼。」

經由這些訪談，阿倫找出了六十個可能與高度敏感相關的因子，其中主要與感覺和情緒有關。她的丈夫亞瑟·阿倫（見第309頁）把這些因子以統計學技術整合起來，兩人共同設計了第一份高度敏感者量表。她說，當他們完成後，對相互關聯的因子之多樣，感到驚訝（也就是說，如果有人對一個敘述勾選「是」，很可能會對其他敘述也勾選「是」）。例如對疼痛非常敏感的人，也可能非常謹慎認真，能深深為藝術和音樂所打動，並且傾向注意環境中的細微之處。

但是後來阿倫瞭解到，把這些看似完全不同的敘述，在背後連結起來的，是一個巨大深邃的程序。

五分之一的人高度敏感

阿倫認為像她這樣的人，更容易受到周圍發生的事情影響。譬如由於「臉皮薄」，從咖啡廳播放的音樂、到因為好運而得到的巨額財富，都會對他們造成更深的影響，引發更強烈的反應。他們的感覺敏感程度天生就「位於高檔」，這代表可能會難以承受聲音、燈光或其他人的情緒。在某種程度上，這些刺激是可以忍受的，只是仍然會造成影響。

阿倫住在加州馬林郡的蒂伯龍市，我和她在那兒的一家海岸咖啡館見面。考慮到店裡播放的輕音樂和外面偶爾傳來的行人和汽車噪音，我們花了一些時間才找到合適的座位。可以想見，阿倫若是身處在狂亂的感官風暴環境中，例如新生宿舍、喧鬧的派對，甚至是開放式辦公室，如果沒有足夠的平靜時間，確實會讓她非常難熬。阿倫指出：「人們注意到的是高度敏感者的表面行為，例如因為太多噪音而心煩意亂，或是動不動就哭泣、不喜歡倉促做出決定。但是在表象之下，最重要的是他們會更深刻而徹底的處理信息。」

阿倫的第二步是針對居住在加州聖克魯斯郡的二百九十九人進行電話調查。這些隨機挑出的居民接受了阿倫的採訪，並得到一份簡短的高度敏感者量表。根據他們作答的結果，阿倫初步估計可能有 20% 的人高度敏感，這也就表示 80% 的人不是高度敏感者。大約三百人的訪談人數，對於這樣的調查研究來說，並不算很多，而且那些居民都比較富裕，聖克魯斯郡當地也有一所重要的大學。意思就是：這些高所得、高教育程度的居民，並不能代表整個美國，更不能代表地球上的其他地方。

然而，自那次電話調查研究以後，至少又有其他地方的幾千人接受了調查。阿倫說，「大約 20% 的人高度敏感、80% 的人較不敏感」的粗略模式，一直重複出現。

高度敏感的這群人，似乎有一個敏感範圍，其他人都在這個範圍之外。阿倫認為，大多數人根本就「不敏感」，她說，這兩個群體之間的差異，「與性別差異一樣大，對人們的影響是相當巨大的。」

由於目前這方面的研究並不多，要在少數敏感者和大多數不敏感者之間，劃分出明確的界線，聽起來可能困難重重。但後來對嬰兒的研究，以及對多彩太陽魚（*Lepomis* 屬）等的各種研究，都支持這個概念。

大膽的魚、害羞的魚

1993 年，就在阿倫的電話調查研究之後幾年，紐約州賓漢頓大學的威爾遜（David Sloan Wilson）團隊率先進行了系統性調查，研究動物是否可能存在了與人格類型相當的特徵。威爾遜團隊從康乃爾大學一個小時車程外的湖泊中，捕捉到成年的駝背太陽魚（pumpkinseed）。這些太陽魚產下的卵孵化成幼魚時，就轉移到康乃爾大學的一個實驗池塘中，以便就近觀察。

研究人員很快注意到不同魚之間，存在明顯的差異，而且這些差異有持續性。研究人員把一個新奇的物體：圓柱形捕魚陷阱放入池塘後，有些魚馬上就前去探索。這些勇於探索的魚，也不太在意是否和其他的魚游在一起，而且更有可能接近爬入池塘的研究人員。這些魚轉移到實驗室之後，很快就習慣了所棲息的水槽。研究人員指出：「這種種差異，都表明了某種程度的大膽。」

相比之下，其他魚就對陷阱小心翼翼，表現出另一組的共同特性：在池塘中，牠們往往一起游動，傾向於避開開闊的水域，而且更常逃離進入棲息區域的研究人員。這些魚搬到實驗室的水槽後，需要經過更長的時間，才能安定下來。

研究團隊的結論是駝背太陽魚有「大膽」和「害羞」之分。而且，受這種分類影響的不僅是魚本身，還包括魚池生態系中的其他物種。駝背太陽魚住在池塘的時候，大膽的魚所吞下的橈足類（一種小型甲殼類動物），是害羞的魚的三倍。捕捉橈足類比捕捉生活在雜草中的水蚤更危險，因為橈足類往往棲息在開闊水域，駝背太陽魚在那裡更容易被飢餓的鳥或其他更大的魚抓到。儘管大膽的魚和膽小的魚屬於同一物種，但是飲食和行為截然不同。

這些研究結果很重要，原因之一就如同研究人員所說：「雖然每個和動物相處的人，都知道同一種動物也有不同的性格，但群體中的個體差異的本質，很少成為研究的重點。」除此之外，這項研究揭露出，太陽魚中有大膽與害羞的區別。但為什麼太陽魚中會有性格區別呢？為何隨後對於山羊、大山雀和豬等動物的研究，也都發現到相同的二分趨勢？

2019 年，我在一次學術會議上遇到了威爾遜。身為傑出的演化生物學家，他在會議上談論了關於人類群體的傑出新研究。我逮到機會問他，對於阿倫所提出的概念有什麼想法。阿倫的「高敏感群體與不敏感群體」的概念，顯然也能運用到動物研究中，包括了威爾遜對太陽魚的研究。

他馬上就興致勃勃。「我喜歡那項研究！那是個好主意，而且似乎確實存在於其他物種中。有一段關於豬的影片，你看到了嗎？」我搖搖頭。他接著說：「是這樣的，你讓豬沿著一條路線奔跑，並在盡頭向左轉，可以尋到食物。牠們都學會了這樣做，會往前跑再左轉，然後得到食物。接下來，你在牠們轉彎的位置之前，放上一個新的障礙物，一個桶子。有些豬會忽略桶子，繼續前進再左轉。有些豬會停下來，花一分鐘時間看著桶子，全都非常膽怯。這些豬都是非常敏感的，就像《夏綠蒂的網》的小豬韋柏。接下來，你把食物改放到右邊。會在桶子旁邊停下來的那些豬，很快就學會了朝右走而得到食物。其他的豬，那些漫不經心的豬，仍繼續往另一邊走，牠們需要花更長的時間，才能學會要往右走。」

我們一再看到的，是一群動物當中，有些個體性子急、愛冒險，而其他個體則對於環境的反應更敏銳、更靈活。荷蘭格羅寧根大學的庫哈斯（Jaap Koolhaas）帶領團隊，回顧了關於幾種鳥類和哺乳動物攻擊性差異的研究，指出「攻擊性」和「無攻擊性」個體之間的基本差異，實際上是對於環境不敏感與敏感。在某些鳥類中，科學家觀察到具有攻擊性的雄鳥會迅速養成習慣，行為更加死板，而無攻擊性的個體則更加靈活，對周圍發生事情的覺察和反應更加敏銳。

阿倫認為，這兩種生活方式反映了截然不同的生存策略。如果時局艱難，一隻性急的鳥可能會為食物而戰；一隻更謹慎、更細心的鳥可能會回憶起曾經瞥見遠方某處一棵樹上有大量果實，然後飛往那裡。

「敏感」的動物和人，對各種感官訊息更容易產生反應，觀察時間更長，反應速度更慢，這會讓他們看起來比較膽小、缺乏衝動，並且避開風險（不過阿倫強調，當牠們遇到熟悉的情況，而且其中有其他個體錯過的機會時，也能很快展開行動）。相較之下，對這些感官訊息反應較差的動物和人，更依賴自動指引，這可以讓他們更快展開行動。

蒲公英兒童、蘭花兒童

駝背太陽魚的研究，其實是受到了對兒童研究的啟發。1950年代，心理學家闕斯（Stella Chess）和湯瑪斯（Alexander Thomas）

率先研究了嬰兒的氣質。兒童從很小的時候，就展現出獨特的行為模式，有些兒童很隨和，而有些兒童常常發脾氣或挑剔，這是為何？當時大多數心理學家認為，人格是由經驗決定的。之所以這麼主張，是因為在第二次世界大戰之後，人們很害怕討論遺傳差異。但是正如阿倫所說：「闕斯和湯瑪斯看穿了這一切，因為每個家長和老師都知道兒童個個不同。」

在 1980 年代和 1990 年代，哈佛大學的心理學家卡根（Jerome Kagan）和斯尼德曼（Nancy Snidman）進一步了推動這個方向的研究，並描述一種看起來非常像高度敏感的氣質特徵。卡根和斯尼德曼首先證實，嬰兒的氣質不只天生就有明顯的差異，而且這些差異往往會持續存在。這項研究始於 1986 年，觀察了五百名四個月大的嬰兒。當這些嬰兒拿到一些彩色的新玩具時，大約 20% 會不停揮舞手腳並且哭泣，40% 無動於衷，其餘的 40% 則介於兩者之間。

這些孩子成長的過程中，會一次又一次回實驗室接受其他測驗和採訪。在十一歲時，那些最初「有反應」發出哭聲的孩子，有 20% 接受研究人員採訪後，歸類為害羞的人，他們在壓力下的生理反應也更強。在「無反應」的冷靜嬰兒中，大約三分之一變得自信而且善於交際。大多數孩子的反應特性，往往位於中庸地帶。只有 5%「無反應」嬰兒在青春期之前轉變為「有反應」，而「有反應」嬰兒在青春期之前轉變為「無反應」的比例同樣也是 5%。

家庭和學校生活所處的環境，顯然也產生了影響。不過這項研究工作被認為是：指出遺傳因素影響了嬰兒的氣質和青春期早期的性格。

加州大學舊金山分校的兒科暨精神病學教授波伊斯（Thomas Boyce），研究兒童四十多年。波伊斯根據研究結果，把大多數孩子歸類為「蒲公英」——孩子就像是蒲公英，具有適應能力，只要環境不惡劣，他們在任何地方都能長得很好。（威爾遜很喜歡這項研究，他說：「把他們置於艱難或良好的環境中，基本上沒有差別，表現會相同。」）

但是大約有 20%（與卡根和斯尼德曼認為「有反應」的嬰兒比例，以及阿倫歸類為高度敏感的成年人比例相同），是波伊斯所說的「蘭花」——蘭花對周圍環境更為敏感。在受到忽視、遭受虐待的環境中，蘭花會受到嚴重的傷害；但是在溫暖、營養充足的環境中，蘭花會茁壯成長。

波伊斯在實驗室中研究了這個概念。他觀察兒童在各種不同情況出現的反應：從與陌生人交談、到一滴檸檬汁滴在他們的舌頭上。波伊斯發現有些他稱為蘭花的孩子，有強烈的戰鬥或逃跑反應，同時壓力激素皮質醇的濃度會顯著增加，其他孩子的生理反應要弱得多。

在許多不同的研究中，反應強烈（用波伊斯的術語來說就是「蘭花」）牽涉到某種可調節血清素（serotonin）濃度的基因的特定版本。

1989 年，羅馬尼亞獨裁者齊奧塞斯庫倒臺之前，羅馬尼亞孤兒院收養的兒童受到可怕的漠視，這些兒童在十一歲時由他人收養，一項研究發現：在收養時，那些帶有這種短版本基因的兒童，具有最嚴重的情緒問題。在這一群兒童中，那些後來遭受比較多壓力事件的，總體情緒問題得分是最高的，為 15 分。然而在這段期間很少經歷壓力事件的兒童，情緒問題分數下降的程度最大。正如波伊斯所預料的那樣，比較脆弱的「蘭花」兒童，如果由能給予支持而且壓力比較小的家庭來收養，依然能夠好好成長茁壯。

阿倫認為「蘭花」兒童長大後，可能會成為高度敏感者。波伊斯當然接受這個想法，他說：「阿倫從成年病人身上看到的情況，與我們在蘭花兒童身上看到的，非常接近。」

中度敏感的鬱金香兒童

倫敦大學瑪莉皇后學院的心理學家普勒斯（Michael Pleuss）也在這領域進行研究。普勒斯更喜歡「環境敏感性」（environmental sensitivity）這個詞。對他來說，對環境敏感的人，記錄和處理環境訊息的能力更好，不論那些訊息是好的（可能是慈愛的父母或接觸到音樂和美術），還是壞的（例如遭到忽視或自然災害）。

普勒斯領導的團隊（成員包括阿倫夫婦）使用了新的高度敏感兒童量表，他們在 2018 年發表了對於英國兒童的調查結果。這份包含十二條敘述的問卷，參考了阿倫夫婦的成年人高度敏感者量表，專為八歲到十九歲的兒童設計，使用了純粹的感覺處理體驗敘述，例如「我不喜歡強烈的噪音」、「我喜歡美食」等；對於細微之處的觀察力，例如「當所處環境發生微小變化時，我會注意到」；以及感到不知所措，例如「我覺得同時處理很多事情，讓人不愉快」。

對不同兒童群組的測試，都可以把兒童分成三類：大約 20% 到 35% 屬於高度敏感，41% 到 47% 屬於中度敏感，25% 到 35% 展現出低度敏感。普勒斯團隊的研究結果似乎與卡根和斯尼德曼發現兒童可以分成三群的調查結果，彼此吻合。

對於波伊斯的模型來說，這個結果所代表的意義是什麼呢？普勒斯認為，也許有第三個、中度敏感的「鬱金香」兒童群體，一直隱藏在個性花園中。

無論把位於某一端的孩子稱為「蘭花」、「高度敏感」、「環境敏感」或是「有反應」，顯然他人對待這些兒童的方式，會影響到他們青少年時期的心理，因而持續到成年時期。

阿倫發表的研究指出：在高度敏感者量表上得分高、而且童年悽慘的成年人，情緒失調的程度也特別嚴重。

記得阿倫曾說，她會對高度敏感者檢核清單上的所有二十七條敘述都勾選「是」。但是有些人會對每一條敘述都勾選「不」，這些人展現的行為通常是這樣：要去看煙火？帶上我吧。熱鬧的聚會？超愛的！

阿倫認為處於這兩個極端的人，基本上生活在兩個不同的世界裡。我們沒有必要對高度敏感的孩子，堅持說靠近看煙火表演很有趣，就像沒有必要對看到 #thedress 是藍色和黑色的朋友，說那件衣服是白色和金色的。你所感知的情況，就是你感知到的實情。

阿倫說，如果高度敏感孩子的父母或老師明顯不敏感，孩子的日子可能會過得很辛苦，對父母或老師來說也是如此。「養育高度敏感的孩子，要鼓勵他們在面對會令人猶豫的新事物時，盡可能努力去嘗試，同時又不能把他們逼迫到會造成傷害的地步、或是對自己感到傷心難過。你需要保持平衡。你真的必須有耐心聆聽孩子的說話。」

高度敏感者的美麗與哀愁

美國波士頓東北大學人類學副教授赫許（Carie Little Hersh）有一個部落格，介紹日常生活中的人類學，其中有一篇文章是對於阿倫的書《高度敏感者》的讀後感：「這就像我個人的《達文西密碼》，饒有興味、引人入勝，徹底解開了一個我不知道自己身上具備的謎團。在我的一生中，總感到比其他人更容易疲憊、不知所措與過度興奮。但我在天主教家庭長大，遵守新教徒的職業道德，同時美國人又認為缺乏忍受力是軟弱的。我之前認為我的敏感和知覺程度高，是需要克服的個人缺點。」

赫許提出了一些自我問答，以及她習慣做出的反應：

- 為什麼肌肉痠痛、鞋子太緊或是窄小的汽車頭枕，會在十分鐘後，就讓我變得非常煩躁，我須得做些事情來結束這種感覺？——吃點布洛芬（Ibuprofen）止痛藥，我得堅強起來。
- 儘管我對熱鬧的酒吧和街頭節慶很好奇，也感興趣，但為何待了超過二十分鐘就會想趕快回家？——別老抱怨了，放輕鬆。
- 為什麼到下午五點，我就完全筋疲力盡，幾乎無法動彈？——你只是懶惰罷了。

雖然在某些方面，赫許的孩子性格不同，但也都很敏感。他們討厭手上有黏黏的東西，不喜歡被弄溼，拒絕穿任何非絨面的衣服。他們很快就能察覺到其他孩子的情緒狀態。赫許和她的孩子都不喜歡改變。

就阿倫的長期經驗來看，能夠順利成長的高度敏感者，的確就是那些在成長環境中獲得許多支持的人，相當於蘭花栽種於碎粒與樹皮混合物中，在溫暖和光線充足的環境中成長。但是，就這個世界的現實狀況而言，高度敏感者要在童年時期和成年時期都能獲得理想的生活條件，可能難上加難。阿倫指出：「敏感的男性和其他男性截然不同。」如果你在沒把感覺敏銳和強烈情緒反應視為男子氣概的文化中長大，可能會帶來問題。「對他們來說是件大事，因為人們把敏感的行為與女性氣質聯繫在一起，很容易認為他們很女性化。但其實他們不是。」

美國舊金山灣區的心理學家澤夫（Ted Zeff）專門為高度敏感的男孩和男子提供治療。他非常贊同阿倫的研究結果，阿倫對澤夫的研究也很贊同。澤夫對不同國家的男性進行了調查，以瞭解北美以外地區的人，對於高度敏感特質的看法。

澤夫於 2019 年去世，但我在他生前，有幸與他談論了他的研究。澤夫強調，認定高度敏感男性有問題的「歪曲觀點」，來自於文化。澤夫說：「我有一個研究對象來自泰國，是個高度敏感者。他告訴我，由於泰國非常重視善良和敏感，他讀書的時候獲選為班長。我採訪過的印度、泰國和丹麥的男性表示，他們很少因為敏感而受到歧視，然而北美的敏感男性則經常受到歧視。」其他研究也支持這點。一項針對中國和加拿大態度的調查發現：在中國，害羞和敏感的孩子通常被視為理想的玩伴，但在加拿大則不是。

澤夫認為在歷史上，高度敏感者在社會裡多擔任神職顧問和巫師。至於現代世界中，阿倫發現在某些職業中，高度敏感者所占的比例超乎尋常，特別是在自由業和需要創意的工作領域。例如歌手兼詞曲作家莫莉塞特（Alanis Morrisette）就知道自己是高度敏感者，還因參與研究計畫而成為阿倫的朋友。

如果感官訊息對你有更大的影響，就會吸引你的注意，並且占據你的注意力。因此，對音符反應更敏銳的人，可能會更喜歡音樂，而被花園的繽紛色彩迷住的人，可能會想要畫下來，都是有箇中原因的。

高度敏感者常有超自然體驗

正如我們所知，高度敏感這種特質在聯覺者中很常見，他們在創意相關行業的比例高出尋常，但有一個顯然的例外：頂級烹飪。

音樂和顏色之間的獨特關聯，也可能讓非聯覺者感到愉悅，著名聯覺者康丁斯基（Wassily Kandinsky）的畫作，就是很好的例子。但是心理學家史賓斯（見第 137 頁）、廚師尤瑟夫（見第 138 頁）和倫敦大學學院感覺研究員德羅伊（Ophelia Deroy）在最近的一篇論文中指出：「聯覺創造力以食物的形式表達時，可能根本就不可口。」

我們很容易就能瞭解，如果有人因為感官敏銳而察覺到他人無法感知的事物，他可能很難解釋自己的那些感知。幾年前的夏天，我收到美國華盛頓特區前公共事務官賈威爾（Mike Jawer）的電子郵件。此前不久，我寫了一篇關於感官敏感的專題文章，他讀到了，想問我採訪過的人之中，是否有人提到自己有超自然體驗。賈威爾解釋說，他會問這個問題，是因為他自己也採訪過許多高度敏感者，其中許多人告訴他異常的故事。

賈威爾對此的興趣，起始於他為美國國家環境保護署調查某些建築物或辦公環境中，有哪些特徵可能會導致「病態建築症候群」（sick building syndrome），這是指有些人（而不是所有人）會抱怨說，因為待在某一建築物內而有了各種健康問題，通常是工作場所。賈威爾與各種各樣的人交談，很快瞭解到：相較於沒有抱怨的人來說，有一條共同的線索，把特定建築物中出現頭痛或呼吸系統問題的工作者連繫起來，那些人往往也會報告說自己有各種感官敏感。其中一些人告訴賈威爾，自己還有其他異於尋常的經歷，例如看到鬼魂、感覺到有靈氣或幽靈。這促使賈威爾調查了更多的高度敏感者。這次他也發現到，其中有大量的異常感知情況。

對於賈威爾的發現，他和我的解釋方式不同。賈威爾認為這種現象和靈性的關係密切，他覺得感官更敏感的人可以發現到真正的超自然現象，而我並不這麼認為。賈威爾的心態是開放的，而且很好奇，因此得到了一些有趣的結論。而我認為如果從「高度敏感」這角度來看那些靈異現象，其實頗有道理，不是嗎？

對各種類型感覺的高度敏感者，會聽到、聞到、感受到其他人感覺不到的事物。其他人如果處於完全相同的環境中，由於感覺不到那些事物，因此加以否認，這可能會導致高度敏感的人傾向認為有超自然現象。

有可能支持這種想法的奇特研究，是 2003 年對音樂會觀眾所進行的。英國作曲家安格利斯（Sarah Angliss）為了這項研究，設計了心理實驗，其中包含「無聲音樂」：由遠低於大多數人可用耳朵感知的頻率組成，因此一般人聽不到，但可以刺激到身體其他部位的機械性受器。正如安格利斯所說，超低頻音「在英國各地的大教堂中融入管風琴聖樂」。有人認為，超低頻音讓人產生敬畏感，特別是在進行宗教儀式時。

七百五十位不知情的音樂會聽眾，並不瞭解自己將會聽到什麼。他們來到倫敦市中心的普賽爾廳，準備要欣賞葛拉斯（Philip Glass）、德步西（Claude Debussy）、安格利斯、以及其他作曲家的作品。聽眾並不知道其中一些作品（不是全部作品）中，放入了超低頻音，那些超低頻音是由英國國家物理實驗室的聲學專家，仔細控制發聲器所產生的。音樂會結束後，聽眾必須填寫一份調查問卷，詢問他們在聆聽任何一首曲子時，是否有「不尋常的體驗」。如果有，請描述一下。

整體來看，在有加入超低頻音的作品中，報告有這類體驗的人多於 22%。受訪者寫道：感覺「手腕顫抖」、胃部有「奇怪的感覺」、心跳加速、感到焦慮，甚至突然出現和情緒低落有關的記憶。並非所有聽眾都有這些體驗，意味著有些人比其他人對超低頻音更為敏感。在日常生活中，交通工具、引擎、甚至空調設備裡的風扇經常發出超低頻音。在其他情況下，超低頻音與鬼魂出沒的報導有關，尤其是「有什麼東西存在的感覺」，至少對某些人來說是這樣。

高度敏感的外向者

英國赫特福德大學的心理學教授魏斯曼（Richard Wiseman）是參與這項無聲音樂計畫的兩位心理學家之一，另一位是在第 9 章〈溫覺〉提到的超心理學家歐基夫（見第 224 頁）。魏斯曼那時候告訴《衛報》，基於你所在地而產生的預期心理，很容易影響你對超低頻音的詮釋：「如果你走進一棟現代建築，突然感到有點不舒服，但不知道為什麼，你可能會歸因於病態建築症候群。但如果你走進一座著名的蘇格蘭古堡，就會認為那是鬼魂。」

如果你是高度敏感者、並且在「開放性」這項人格特質的得分很高，那麼你看到鬼的機率可能會更高。「容忍曖昧、情緒矛盾和感知聯覺」都是開放性人格的特徵。而更開放的人也更可能相信超自然現象。截至目前，「高度敏感」的特徵並沒有納入任何常用的人格特質模型中，包括廣泛採用的五大人格特質模型。正如你所知，這個模型根據外向性、神經質、開放性、親和性和嚴謹自律性的得分，來定義你的性格。

但是這個模型有一些問題。不只是心理學家對「外向性」的精確含義有不同的意見，除此之外，「外向」和「內向」的意義也隨著時間而改變。當瑞士心理學家榮格（Carl Jung）在 1921 年定義這些術語時，他把內向的人描述為將自身的「心理能量」朝內、朝向自己的思想和感受，而外向的人則是注意力向外、朝向周圍的世界。榮格解釋說：內向的人在做出決定之前，會仔細權衡各種選擇，並努力避免壓力。

榮格所謂內向的人，聽起來很像是高度敏感者。然而，榮格對於內向的定義，不太符合現今「外向性分數低」的意思。內向性（introversion）現在往往更常理解成對社會報償的反應比較低，與他人相處時互動比較少。這自然會影響人的行為方式。有人認為外向者從與他人互動獲得的樂趣更多，因此他們會更為合群，並從事比較危險的事情，好讓其他人留下深刻印象。相比之下，內向的人只是覺得沒有同樣的參與需求。

根據常見的定義，熱情、奔放與自信的人，是外向的人；但熱情、奔放與自信的人也可能是高度敏感者。事實上，雖然阿倫本人既高度敏感、又內向，但是她發現大約 30% 的高度敏感者是外向的人。

史崔克蘭（Jacquelyn Strickland）是高度敏感的外向者，也是高度敏感者的顧問，多年來採訪過許多高度敏感者，並熱心強調高度敏感與內向之間的區別。史崔克蘭寫道：高度敏感的外向者需要從外在世界取得能量，也需要獨處的時間來休息和恢復，「在我們的身心能量處於『內向』狀態而得到補充之後，我們就會走出去，『向外』對世界呈現我們的看法、喜好或作品。」

感覺處理障礙

無論你是外向還是內向，如果你是高度敏感的人，你必須知道這種特質非常重要。阿倫認為：因為那樣的話，你不會覺得自己必須像其他 80% 的人一樣。儘管阿倫通過寫作、靈修和電影《敏感與戀愛》等方式，宣傳她的研究工作，但她還想做更多。回想起自己在大學的經歷，以及許多新同行顯然與自己不同，阿倫說：「我很想挺身站在大學輔導員之前，因為我確信有些高度敏感者承受不了壓力而退學……我肯定有些人會自殺。」

根據各人所處的環境，對於在高度敏感量表中得分高的人來說，日常生活肯定充滿了挑戰。然而，感覺敏銳程度有兩個極端——有的人是過度敏感，有的人則是敏感程度太低，這兩種極端狀況都已經超乎正常範圍，代表了一種心理障礙。對高度敏感者而言，可能需要待在家中夠久，才能夠從聚會中恢復過來。極度敏感的人，可能甚至覺得離開家都困難。

診斷患有自閉症的人，經常會出現感覺過度敏銳和敏銳程度過低的狀況，而這些狀況都是「感覺處理障礙」(sensory processing disorder, SPD) 的基本特徵。有些研究人員認為，感覺處理障礙代表了極端的高度敏感。然而過去十年的研究，改變了人們對於感覺處理障礙的看法，現在對於「非典型感覺在自閉症中的角色」的想法也發生了轉變。對於一些帶領自閉症研究的科學家來說，感覺處理障礙現在已經從配角，變成舞臺中央的主角了。

克雷文的案例

克雷文（Jack Craven）在嬰兒時期，除非由筆直坐著的成年人抱著，同時一手牢牢壓著他頭頂，否則他是不會睡覺的。克雷文的母親羅瑞回憶說：「如果我們的身體放鬆了、手移開，或是打瞌睡，他就會開始尖叫。我們必須輪班四個小時。這很嚴酷，真的。」

後來，克雷文會走路時，羅瑞記得自己把他放在紐約著名的布魯明黛百貨公司閃亮的大理石地板上。羅瑞回憶說：「大理石地板有很多反射的影像，他的全身開始顫抖，看起來他好像癲癇發作了。」克雷文從小就覺得，聲音很大的地方都讓人難以忍受。羅瑞回想道：「如果聲音吵雜，他就會一直發出尖叫。實際上，他只會一直尖叫。」

克雷文六歲時，開始告訴父母他想死，並且說「上帝創造我的時候，犯了一個錯誤。」羅瑞說她甚至不知道這個年紀的孩子居然會有這種念頭，「你能想像自己的孩子說出這樣的話嗎？」

克雷文現在十五歲，感官依然非常敏銳。不久之前，他們住在喬治亞州亞特蘭大市北方的羅斯威爾市。羅瑞都待在家裡教育克雷文，這是幫助克雷文的方法之一，能鼓勵他欣賞和控制她所告訴他的「超能力」。而且，雖然克雷文的敏感讓他和父母與妹妹生活得很辛苦，但是他確實有一些特殊的能力。

羅瑞說：「你可以進行一項測試：你看著一張照片，然後把目光移開，盡量記住所有細節。克雷文就能夠記住所有細節。」克雷文不僅在吸收視覺細節方面能力出眾，他也有絕對的音感：「天啊！克雷文真會唱歌！他還能改變自己的聲音，例如他在唱披頭四的歌曲時，能夠模仿藍儂和麥卡尼。而且他也可以很輕鬆的模仿別人的口音。」

當克雷文有了特別喜好的事物時，他會全神貫注，去做大多數同齡孩子不會想做的事。我第一次通過視訊與羅瑞交談時，克雷文十二歲，我們的談話一度被她那邊突然「砰」的一聲給打斷了。羅瑞抬頭看了看天花板，說：「你聽到了嗎？他在慈善二手店買了一些 Nerf 玩具槍，把它們拆開，上漆、並且更換彈簧，讓槍變得更好更快……我很確定，他那裡有大約六十把 Nerf 玩具槍。」

多達 90% 的自閉症病人有感覺方面的問題，通常是感覺過度敏銳。無論是身處於視覺背景還是聲音背景中，克雷文對細節的關注，也是自閉症的特徵。除此之外，出現一段吸收能力很強的時期，也是注意力不足過動症的症狀之一，但有時這種症狀受到低估了。

有一段時間，羅瑞和丈夫很擔心克雷文是不是同時罹患這兩種病症，不過，克雷文的狀況似乎與自閉症並不相符。羅瑞說：「當他和你在一起時，他就和你在一起，他被鎖定了。」儘管醫師懷疑是注意力不足過動症，但對注意力不足過動症兒童有效的藥物，對克雷文沒有任何幫助。無論如何，羅瑞都很謹慎：「當醫師不太想理會我兒子，並且說這是注意力不足過動症，吃這種藥就好，我自然就會很謹慎。我不想掩蓋那些症狀，不論症狀是什麼，我都想直接面對。」

羅瑞尋找可以幫忙找出克雷文問題根源的人，後來找到了加州大學舊金山分校的兒科神經學家馬寇（Elysa Marco）。克雷文十一歲時，羅瑞帶他去見馬寇。馬寇也認為克雷文沒有自閉症中典型的社交困難症狀。

馬寇確定克雷文有感覺處理障礙。雖然克雷文的耳朵、眼睛和其他感覺器官都完全正常，但克雷文腦部處理傳入的感覺訊息的方式卻有異。

一盞明燈為我打開了

馬寇現在公認是世界級的感覺處理障礙頂尖專家，然而在十二年前，她甚至沒有聽說過感覺處理障礙。馬寇當時是自閉症專家，並且開始更常思考她的許多年輕病人的症狀中，感覺問題所扮演的角色。

馬寇在諮詢室裡，看到各種有腦部障礙的孩子，她說：「我瞭解到，那些家人走進來，而我從孩子有自閉症的角度出發，和他們談論孩子的癲癇發作、頭痛或是語言問題。這些議題，父母也想談論。但他們真正想說的是每一分鐘、每一天的生活都非常艱難：他們無法讓孩子去浴室洗頭，因為孩子不讓別人摸自己的頭；或是無法讓孩子穿上襯衫，因為他們會有如遇到血腥謀殺般尖叫；或是父母不能在廚房裡用果汁機攪拌濃湯，因為孩子會摀著耳朵奪門而出。」

美國加州的職業治療師、教育心理學家艾爾斯（Jean Ayres）在 1960 年代，率先認定感覺處理障礙是一種獨特的症狀，當時艾爾斯稱之為「感覺統合障礙」。一些有感覺處理障礙的人，出現了一種或多種感覺反應不足的現象，但也有許多病人是一種、兩種或更多種感覺反應過度。

米勒（Lucy Jane Miller）是艾爾斯的學生，研究感覺處理障礙至今已經有三十多年。米勒現在是科羅拉多州落磯山健康專業大學的兒科教授，也是感覺處理障礙基金會的創辦人，她開發了診斷用的評估量表，將研究成果轉變為療法，並竭盡全力宣導感覺處理障礙這種病症的存在。根據一些研究，約有 5% 到 16% 的人有某種形式的感覺處理障礙。

2008 年夏天，米勒在加州大學戴維斯分校的神經發育障礙醫學研究所，進行了一場關於感覺處理問題的演講。馬寇在觀眾席上，她回憶說：「就好像一盞明亮的大燈為我打開了，我非常興奮。我想：對！這就是我需要思考和研究我的病童的方式。」

馬寇強調，感覺過度敏銳在兒童時期並不少見，當然這並非代表孩子一定有了某種疾病。馬寇說：「如果你能帶你的孩子去看煙火，而他們摀住耳朵看完了，回家之後就恢復正常了，一切都很好⋯⋯那麼就帶上耳塞。但如果你不能帶他們去任何可能會出現爆裂聲的地方，或者每次你用吸塵器打掃房子時，他們都會連續尖叫幾個小時，或者你給他們包尿布時，他們會尖叫並抓破皮，這時你就知道有問題了。」

馬寇在她的諮詢室裡，觀察到許多有感覺處理障礙孩子的父母報告了本身也有類似但輕微、不那麼嚴重的症狀。羅瑞是其中一位。羅瑞告訴我：「我記得在四年級，有次直到考試結束時，什麼內容都記不起來了，因為我旁邊有個孩子一直在用鉛筆敲桌子。我還記得有次參加考試時，我能聽到用鉛筆寫字的摩擦聲，我能聽到時鐘的滴答聲，我能聽到螢光燈的嗡嗡聲，我只記得眼淚滴落在紙上……我在想，這到底是怎麼回事，為什麼其他人都在寫這份考卷，而我就是無法寫答案？除此之外，我在很小的時候就注意到，當有任何事情特別響亮和令人吃驚時，其他人都很自在，但我總是覺得這種震驚的感覺隨時都在。我能感覺到自己的身體有些不對勁。」

就算到了現在，羅瑞也隨身攜帶耳塞，在鄰居用割草機除草時、或是附近有嬰兒哭泣時，就會戴上。羅瑞說：「除了嬰兒的哭聲之外，聽到其他的聲音，我都能夠讓自己平靜下來。戴上耳塞，我還是能夠聽到所有聲音，但是感覺沒有那麼讓人心煩。」

羅瑞也知道自己的本體感覺有問題，不過問題出在反應不夠敏銳。在健身房的課程需要肢體協調，羅瑞說她的表現「完全都在出醜……現在我幾乎每天都做瑜珈，我知道自己的本體感覺糟糕得不可思議。」

對羅瑞來說，這些問題只是「狀況」而已，她依然覺得自己能夠處理好。她從來沒有接受過感覺相關的診斷，但是她親身瞭解到過度的感覺刺激會多麼讓人分心。如果她很清楚的注意到時鐘的滴答聲、或是鉛筆劃過紙張的摩擦聲，就會難以專心。

注意力有問題，確實是注意力不足過動症的症狀之一，但是反應力不足，可能會讓人出現和感覺處理障礙與注意力不足過動症相關的行為。

我是個愛好擁抱者！

在一場於美國芝加哥舉辦的感覺處理問題研討會上，我遇到了友善活潑的年輕女性史奈德（Rachel Schneider），她有感覺處理障礙。我們在大廳旁樸素單調的準備室裡坐下，她等下就要在大會議廳發表演講了。

說史奈德「很難靜下心來」，是過度委婉的表達方式。史奈德說：「我現在，在這個房間裡的感覺如何？可怕！這是一個很可怕的房間！我盡量不把注意力放在燈光上，不讓燈光打擾我。我試著不去聽回聲，因為我要聽我喉嚨發出的聲音，而在空氣中有我的聲音，也有從牆壁上彈回的聲音。我們坐在這裡，後面有這個空隙，所以我是飄浮在房間中央！而且我會想：『希望這不會讓我在上臺的時候搞砸。』……我想房門是鎖著的？沒有人進得來，對吧？」

顯然史奈德對於光線和聲音非常敏感，她說自己在情緒上也像是「海綿」。如果有人走進房間，她馬上就能夠感受到他們的感覺，如果進來的人情緒糟糕，就會讓她覺得頭暈目眩。

克雷文的母親羅瑞說她的兒子也是這樣。羅瑞去找馬寇時，在舊金山訂了旅館房間，她並不知道訂的旅館位於城中犯罪密集的地方。羅瑞回憶說：「我們剛從旅館走出來的時候，克雷文就緊緊抓住我的手，並且發抖。他嚇到了。他說：『我不喜歡舊金山，有太多悲傷的人了。』」在家中，羅瑞、他的丈夫和女兒對於克雷文所做的事情和所說的話，不論多麼傷感情，都只能溫柔回應。如果他們不贊同，「那麼就像是手中有顆炸彈。」

史奈德繼續滔滔不絕的說，所以我知道了她的觸覺反應很遲鈍，就像羅瑞那樣，對本體感覺訊息也很遲鈍。史奈德很需要身體接觸，「我是個愛好擁抱者！」她覺得有玩弄東西的衝動，例如項鍊之類的。她發現自己得到本體感覺訊息最好的方式，就是壓自己的四肢，或是走動。史奈德說，有的時候，她覺得自己得站起來，跳上跳下。

為何對於觸覺和本體感覺的反應遲鈍，會讓她想要做這些舉動？這可以用「感知預期」理論（見第 72 頁）來解釋。我們知道感知並不是被動詮釋感覺訊息，在訊息還不明確的時候，我們會主動蒐集更多訊息。一如賽斯（見第 36 頁）所解釋的：「我可以經由改變我的預期，來讓感知預期的錯誤降到最低，也可以改變感覺訊息，移動是改變感覺訊息的一種方法。」

例如在光線昏暗時，靠近花瓶會得到更多可用的數據，讓你蒐集到更詳細的視覺訊息，產生更準確的感知。這時，你會看到瓶子上有樹木圖案，而在之前，你以為看到的是人像。對於腦部沒有接收到足夠多本體感覺訊息的人來說，藉由按壓肌肉或移動四肢，來刺激本體感覺的受器，就相當於靠近那個花瓶，有助於提高對各個身體部位在空間中位置感知的準確程度。

為了得到更多關於肢體位置的訊息，而持續移動身體，可能會被解釋為過動症，或者至少被視為「難以保持不動、並專注於手中的事情」。因此，感覺處理障礙和注意力不足過動症表現出來的症狀多少會重疊。事實上，米勒領導的一項全美國的研究，向父母詢問了孩子的注意力不足過動症和感覺處理障礙症狀，發現具有某個病症的孩子中，大約有 40% 也有另一種病症。（根據估計，大約六分之一的注意力不足過動症兒童有感覺處理障礙，日常生活因此受到影響。）

自閉症有別於感覺處理障礙

自閉症的症狀也有重疊到。約翰霍普金斯大學的精神病學家肯納（Leo Kanner）於 1943 年發表了第一篇關於自閉症的論文。在這些早期案例的研究中，肯納注意到了感官的特殊性。例如他描述的一些孩子真的不喜歡吸塵器。人們早就知道自閉症中很常見到感覺問題，但核心特徵症狀一直都是與他人交流和互動上的缺陷，此外還有出現重複的行為模式，以及興趣或活動很有限，例如身體會搖晃，或是痴迷於某種事物，例如棒球。

長久以來，對自閉症的研究主要集中在與人互動的問題上。然而在 2013 年，有「精神科醫師的聖經」之譽的《精神疾病診斷與統計手冊第五版》（DSM-V），把感覺問題列為主要症狀：

> 對感官輸入的訊息過度反應或反應遲鈍，或是對環境帶來的感覺有不尋常的興趣（例如對疼痛與溫度顯然漠不關心，對特定聲音或質地有不良反應，太常去聞嗅或觸摸物體，著迷於看著燈光或運動）。

這確實有助於改變現況，馬寇說：「在臨床方面，已經更加認識到有這些基於感官產生的行為，我們需要考慮到孩子接收感官訊息的方式，以及這些訊息造成的感覺和影響的行為。」

美國達特茅斯學院自閉症研究所的羅伯遜（Caroline Robertson）和英國劍橋大學自閉症研究中心主任巴龍－科恩（見第 45 頁），2017 年共同撰寫了一篇證據回顧的論文，結論是：「感官症狀是自閉症神經生物學的核心和主要特徵。」他們寫道，與早期研究相比，這代表了自閉症概念的「革命性轉變」。由馬寇領導的神經生物學研究也表明：自閉症和感覺處理障礙之間是有區別的。

當我與史奈德談到這些論文時，她的興奮程度飆升，用拳頭敲桌子說：「這是重點！大重點！我第一次聽說這個想法時，就非常興奮，我想馬上舉辦一場遊行！」她停頓了片刻，說：「我不喜歡遊行。」對史奈德來說，這些論文很重要，主要是因為證明了她日常生活中的困難，有其神經生物學的原理，並且向其他人證明這些問題是真實的。

馬寇的研究報告說：在一組患有感覺處理障礙的兒童和一組診斷為有自閉症的兒童中，他們發現處理基本感覺訊息的腦部區域之間的「連線」狀況較差。但兩組兒童之間也有一些差異。自閉症兒童在對「社交－情緒處理」很重要的連結方面比較弱，例如，負責處理面部視覺訊息的區域和杏仁體（偵測威脅）之間的連結比較弱。感覺處理障礙的兒童在這方面就沒這麼弱。

難以進行眼神接觸和解讀面部表情，是自閉症的常見特徵。馬寇的研究團隊發現：面部視覺處理區域與情緒處理區域之間的連結愈弱，孩子就愈不容易與他人互動。

羅伯遜正在開發正確描述自閉症病人感官差異的方法。羅伯遜說：感覺障礙做為自閉症病人社交問題的潛在原因，並沒有得到應有的重視，原因之一可能是「證據還不夠扎實……但我認為現在已經夠扎實了。」

神經科學家和同理心專家凱瑟斯（見第 247 頁）對這個題目很感興趣。但若要研究和比較自閉症病人的腦部造影結果，有一個困難是自閉症病人的行為表現各有不同，例如有些自閉症病人不說話，另一些則是話停不下來。肯納本人也注意到：雖然有些自閉症兒童建立了某種程度的人際關係，但其他人從未能達成。

因此，凱瑟斯和同事決定盡全力招募到最多的自閉症病人：一百六十六名年齡在七歲到五十歲之間的男性，以及一百九十三名沒有自閉症的男性，以便加以比較。凱瑟斯的研究團隊並沒有一開始就假設他們可能會在兩組之間發現到哪些差異，而是測量了整個腦部的活動十五分鐘，讓腦部「自己表現」。雖然自閉症病人之間可能存在很多差異，但是凱瑟斯和同事想知道，如果他們腦部存在了共有的特徵，會是什麼？

有一個現象凸顯出來了：自閉症者的腦部最不尋常的地方，在於接收和分送感官訊息的視丘與初級感覺皮質之間的連結程度大幅增加了（在這項研究中，初級感覺皮質主要是初級體感覺皮質、初級聽覺皮質和初級視覺皮質）。更重要的是，任何人的這種「過度連結」情況愈多，自閉症特徵就愈為顯著。視丘和這些感覺皮質之間的大量連結，代表有更多的觸覺訊息、聽覺訊息和視覺訊息輸入到皮質；那些大量傳入的訊息會造成巨大的衝擊。

然而，在沒有自閉症的人群中，也有一個有趣的模式：那些區域之間的連結在兒童中最強，並且隨著年齡的增長而減弱。

過度敏感會讓腦神經超載

要想像或思考事情時，需要能夠把自己的內部體驗和外部刺激區隔開來。凱瑟斯說：「如果你閉上眼睛，想想自己上次打網球的情景，這時我掃描你的大腦，會發現感覺皮質現在不再受視丘掌握了，而是由更高層次的皮質所控制。」通常隨著年齡的增長，這樣的能力會加強，在需要「暫時脫離」現實的時候，要能好好阻擋來自感覺受器的訊息。「而我們從自閉症病人的腦部觀察到的是，情況並不是如此。」凱瑟斯的研究團隊並沒有想要尋找與感覺相關的異常處理過程，「我們只是想讓數據直接呈現出來，便出現了這樣的主要結果。」

這是過度敏感讓腦部神經系統超載的例子之一，讓我們理解腦部暫時脫離當下感官世界的能力有多重要。

從理論上來說，這項發現有助於解釋觸覺、聽覺和視覺的過度反應。「過度連結」的程度與自閉症特徵的嚴重程度相關，這項發現很重要。凱瑟斯總結說：「這一切都指出了來自外在世界的入侵感。在自閉症病人的腦中，外在世界入侵的道路更通暢，也許他們的內在程序與外在世界發生的事情，通常不是那麼容易脫鉤。」這個說法符合上一章提到的：有些自閉症病人出現了述情障礙，因為他們被情緒的感覺訊息淹沒了。

在其他感官方面，觸覺過度敏感可能會對發育中的兒童，帶來各種影響。討厭尿布的感覺是一回事，但是覺得母親的撫摸像砂紙摩擦，那就嚴重了，因為我們已經清楚瞭解到：來自他人的觸摸，對於正常的社交和情緒發展是很重要的。對燈光和聲音過度敏感，也可能阻礙社交技能的發展，因為讓人很難在公共場所（例如商店或學校）學習與他人互動的模式。

不過，羅伯遜希望能超越這類在直觀上很吸引人、但是依然粗略的論點，更深入研究自閉症病人感覺差異的細節。羅伯遜認為這類實驗研究應當能夠證明：至少對有些自閉症病人來說，感官問題導致了難以與他人互動。

羅伯遜和巴龍－科恩認為現在已有明確的證據表明：在後來診斷出自閉症的人身上，感覺處理程序的差異可在生命早期階段就觀察到（約六個月大，在任何與他人互動的問題明顯之前），同時由感覺處理障礙的嚴重程度，可以預期自閉症的嚴重程度，包括病人的社交能力，以及認知與思維問題。

羅伯遜自己專注於視覺研究。舉例來說，羅伯遜利用自然景象風格的 3D 虛擬世界，發現到非自閉症者往往會受到面孔和文字的吸引，但自閉症者卻更喜歡場景中顏色或方向不同而顯著的區域。羅伯遜認為，這是自閉症病人在視覺上偏好「注重細節」的有力證明。這種專注導致了人們說自閉症病人無法「只見森林不見樹木」。（這也證明了對自閉症病人來說，臉部的吸引力比較小；如果你在成長過程中很少注意別人的臉部，那就很難學習到如何詮釋表情與眼神可能的含義。）

深入探究，發展新療法

與此同時，其他研究發現：一些自閉症病人很難聽清語音之間的差異。這很容易使理解語言和說出語言變得更加困難。

在更基本的層面上，有證據指出腦部負責處理聽覺、視覺和觸覺訊息的區域中，γ-胺基丁酸（GABA）這種重要神經傳遞物質的濃度出現了變化。羅伯遜和巴龍－科恩寫道：這樣的研究代表了 γ-胺基丁酸系統「是自閉症神經生物學的關鍵」。

γ-胺基丁酸是一種「抑制性」神經傳遞物質，可以讓神經系統「平靜」下來。理論上，γ-胺基丁酸系統功能不彰，會導致神經系統的興奮和抑制失去平衡，這可以解釋感覺反應過度和反應不足。羅伯遜解釋道：「各部位之間的這種不平衡可能存在差異。對於某些人來說，體感覺確實受到了影響，而在其他人身上，受到影響的是視覺。也可能是這種不平衡導致弱點產生：對環境非常敏感。例如，我並不是一直都對觸覺敏感，但當我受到過度刺激時，就會更快達到超過負荷的門檻。」

異常的 γ-胺基丁酸濃度也與注意力不足過動症有關。這或許可以解釋，為何自閉症者和注意力不足過動症者有一些共同的特徵，例如經常出現感覺問題和注意力難以集中。

自閉症和注意力不足過動症是比較常見的疾病。在英國，有證據指出 1.5% 的人屬於自閉症譜系（autism spectrum），而根據估計，十六歲以下的兒童，每兩百人就有一人曾經服用注意力不足過動症藥物。更深入理解感覺差異在這些疾病的症狀中扮演的角色，理論上可以發展出新的療法。舉例來說，治療目標是「過度敏感」腦中對感覺訊息的反應方式，或許能降低敏感強度，不再如此消耗心神，有可能幫助到各種具有這種症狀的人。這正是馬寇目前在實驗室探索的方向。

不過更廣泛來說，像阿倫的研究清楚表明了：對我們所有人來說，敏感程度高低會對生活帶來深遠影響。當我在序章〈32 感的新科學〉寫道「感官顯然不只是讓我們得到訊息，而且塑造了我們」時，說的正是這項研究。許多研究發現到人們在不同感官上有所差異，這些都是我最關心的。

第 16 章

改變的感覺

現在各個定義都分明了，讓我們討論感覺的整體。

—— 亞里斯多德，《論靈魂》

現在各種感覺的定義都分明了，讓我們來看看這趟瞭解感官之旅把我們帶到了何處，以及前方的道路。

首先，我們顯然不只有 5 種感覺。亞里斯多德的模型屬於科學史，而不屬於學校教學的內容。在我們瞭解了這麼多種感覺的同時，也瞭解到這些感覺有古老的起源。一起演化的生命形式，具有共同的感覺，因此，人類、細菌、蚯蚓和蝦的共同點，比我們想像的要多。

回想一下那些早期的生命形式，它們可以檢測到環境和自己身體狀態的變化，並且加以對應，而且無需腦部的幫助。從人類腸道中的類味覺細胞，到精子中的嗅覺受器，都留下了這段歷史的紀錄。正如我們現在所知道的，有意識的感官知覺，只代表了我們所偵測到的感官訊息的一小部分。事實上，就感覺來說，如果你除去了位於中央的有意識體驗，人類基本上真的與香蕉樹或橡樹有多少不同嗎？

不幸的是，植物的感官如此受到低估的原因之一，也是因為亞里斯多德，他說：「在植物中，我們不會發現感覺和任何感覺器官，或是任何類似的東西。」這是一種持續至今的觀點，儘管並不是每個人都接受這個觀點。

植物也有感覺

以查爾斯國王（2022 年 9 月 8 日登基）為例。長久以來他都因為和植物交談而受到嘲笑，他認為這樣有助於植物生長。（如果你的年紀和我差不多，也許你會記得，針對查爾斯的諷刺漫畫中，他總是和植物說話。）如果你直接對著植物說話，你當然是對著植物噴灑二氧化碳。但從《流言終結者》到韓國國家農業生物技術研究所最近的研究，全都發現人類說話或音樂的錄音，確實可以促進植物生長，也許是因此改變了基因的表現？《流言終結者》的調查發現：植物在播放說話錄音的溫室中，生長得比較好，在播放古典音樂時，生長得更好，但死亡金屬音樂是所有音樂中，刺激生長效果最強的。

我們都知道植物聽不到聲音，但是他們可以感覺到振動或其他訊息。瞭解其他生命形式的感覺方式，有助於讓我們瞭解自己的定位，不是嗎？人類只是地球上另一種「能對影響生命存活的訊息，以不可思議的多感知方式產生反應」的生物。

這些古老的起源代表了：在思考能力出現之前，感知已經走了很長一段路。這段歷史意味著來自感官的訊息，仍然時時影響著我們的決定。在某些情況下，感官會為我們做出決定。每當你去拿一杯水，是因為你感到口渴，打開中央暖氣系統，則是為了防寒冷⋯⋯你的感覺會指導你的行動。但正如我們現在瞭解到的，感覺對我們心智的影響，可能更為深遠。

我們現在明白，感官知覺對於內隱學習至關重要。內隱學習使我們能夠在世界中發現各種模式，而無需在意識上知道那些模式是什麼。這種學習方式可能真的比較原始，但我們人類仍然時時使用。

擅長內隱學習的人，具備真正的生存優勢。我之前提到那些倫敦的股票交易員，他們傑出的內感受，驅動著他們的賺錢「智慧」。然而，對我們所有人來說，這類感覺對於感受情緒和同理他人的能力，非常重要，是相當重要的社會感知。有些研究人員甚至認為：正是來自於身體的訊息（來自器官和肌肉的訊息），造就了人類對自我的感知，從而讓我們產生了「我」這個主觀的感覺。

同樣也顯而易見的是：在基因、生活經歷和文化的差異，會造就各式各樣的感覺體驗。知道這件事應該有助於我們更能容忍鄰居和朋友的意見。如果有人說房間「太暖」，或者這頓飯「太鹹」，或那些花「發臭」，而你沒有同樣的感覺，也許你也能挺身化解正反意見，甚至告訴他們：人類對現實的感知可能存在很大的個人差異。同時，別人與你自己的看法衝突，也不應該視為冒犯了你的「自我感覺良好」。（雖然你可能很難說服頂級主廚。尤瑟夫也笑著承認，他和其他主廚一樣，認為自己確實知道一道菜需要放多少鹽，才恰到好處。）

無論我們如何感知這個世界，感知這個世界所帶來的結果有多重要，再怎樣強調都不為過。在某些情況下，有些人可能很難相處，例如：某些有感覺處理障礙或自閉症的兒童、觸覺過度敏感的人、或是聲音處理程序出了問題而罹患精神病的人。不過，其他感覺上的變化，往往可以帶來不同類型的體驗，例如：奧林匹克運動員和艾美獎獲獎音樂家的成功，至少在一定程度上要歸功於他們感知內在世界和外在世界的方式。但即使對於我們這些感官差異輕微的人來說，也能深深影響我們與他人互動的方式，並且塑造了我們的職涯。

學會以不同方式看世界

然而，正如我們所瞭解的，改變感覺的方式是極有可能辦得到的，也可以因此改變自己。從伯克海德（見第 85 頁）在大學浴室裡聽音辨人（他不想告訴我那是浴室。我猜他擔心在這樣的房間中進行實驗，可能會讓人覺得不體面，但他確實是在浴室），到閉上眼睛從事運動，我提到了各種改變感覺能力的方法。

當然，我們不可能都是頂尖芭蕾舞者或深海潛水員，但我們可以訓練自己的前庭感覺和本體感覺，更能覺察身體各部位的位置，也可以更加「接觸到」自己的心臟，這些都對身體和情緒的健康有好處。我們可以學會戰勝疼痛（至少在某種程度上），並且不僅把溫覺用在實際目的上，還可以影響心理狀態。我們也可以提高自己的方向感，以及對於他人的同理心。當談到根本的改變時，有比真正學會以不同方式看世界更重要的嗎？

經由練習，我們還可以將非常普通的嗅覺變成奇妙的能力。調香師阿查布喜歡教所有人打從內心聞味道，而不是像平常一樣隨意嗅一下。阿查布告訴我：「我的建議是：你需要暫停呼吸、並開始聞氣味。但因為你無法停止呼吸，你總是不經意的聞到氣味，所以你最好是有意識的聞氣味。」

在所有改變感覺的方法中，有一種方法我還沒有介紹。事實上，我一直藏著沒說，因為那是最快、也最強大的方法。

如果知覺之門得到淨化，
一切事物在人看來都會如其原貌，無限。
但由於人把自己封閉起來，
在洞穴透過狹窄縫隙看所有事物……
—— 布萊克（William Blake），〈天堂與地獄的婚姻〉

1953 年春天，作家赫胥黎（Aldous Huxley）第一次服用仙人掌毒鹼（mescaline，三甲氧苯乙胺）時，對英國精神病學家奧斯蒙（Humphry Osmond）來說，赫胥黎就如同心甘情願、「非常渴望」進行實驗的天竺鼠。奧斯蒙相信「致幻」（psychedelic）藥物（他從古希臘字 psyche 和 deloun 創造出來的術語，psyche 意思是思想或靈魂，deloun 意思是呈現），可用於治療精神疾病。對於赫胥黎而言，則是很想知道是否能藉由服用仙人掌毒鹼，打破個人現實的界限，深入瞭解幻想家、靈媒或神祕主義者的心理活動。

赫胥黎閉上眼睛躺著，預期會看到「動態的建築」和「符號戲劇」等美妙景象。但正如他在《眾妙之門》書裡解釋的，那些情況並沒有發生。不過，他對於日常事物的感知改變了，這點帶來了啟發。赫胥黎被花瓣的顏色和他褲子的布料皺褶給迷住了。在服用仙人掌毒鹼之前，一朵玫瑰、一朵康乃馨和一朵鳶尾花，只是簡單插在玻璃花瓶中，但是之後發生了變化：康乃馨變成了「羽毛般的熾熱」，鳶尾花變成了「具備感情的紫水晶做成的光滑捲軸」。

無數人寫下自己使用迷幻藥的體驗，但肯定沒有人寫得像赫胥黎那般華麗。赫胥黎體驗到與物質世界合而為一。舉例來說，他描述自己花幾分鐘「或是幾個世紀」凝視著椅子的竹製椅腳，同時「成為它們」，赫胥黎的自我意識，以及他自己和那些椅腳之間的區別已經消失了。

奧斯蒙對於迷幻藥在理解和治療精神疾病的潛力很感興趣。但是，當搖腳丸（LSD，麥角二乙胺）和仙人掌毒鹼與 1960 年代的「反文化」聯繫在一起時，就很難獲得實驗室使用許可，這些藥物在精神病上的用途研究便停止了。然而最近，這種情況發生了改變。在《眾妙之門》出版六十多年後，神經科學研究終於揭露了迷幻藥讓腦部發生了什麼變化，使得赫胥黎具有當時的那些體驗。

超驗的經驗

2016 年，科學家首次對服用搖腳丸的人進行腦部造影研究，結果類似於對其他典型致幻劑的研究，例如來自神奇蘑菇的裸蓋菇鹼（psilocybin），以及來自死藤的二甲基色胺（dimethyltryptamine, DMT）。搖腳丸會引發更大的混亂，並讓腦中的連結性增加，把通常不會相互交流的區域連結起來。

這種連結性或靈活性的增強，能夠打破根深蒂固的想法，讓思維更有彈性。在研究迷幻藥對於憂鬱症和焦慮的實驗中，服用迷幻藥的人，確實報告說有這類影響。

對於搖腳丸的研究指出：這時腦中和其他部位「連結程度超強」的區域有兩個：腦島（這個區域會接收感覺訊息，對情緒也很重要）與額頂葉皮質（frontoparietal cortex，這個區域涉及「與時間和這個世界相關的知識」的表徵）。研究人員觀察在搖腳丸的影響之下，腦中網絡有哪些部位和這兩個區域的互動更加密切，結果發現到有四個部位，而且這些部位都涉及到感覺，第一個部位是感覺運動皮質，這個部位很重要，另兩個部位是視覺皮質中的兩個區域，第四個部位是聽覺皮質中的一個關鍵節點。

2019 年，另一項對於搖腳丸的研究，得到了重要的新發現。研究結果指出：迷幻藥宛如打開了視丘（功能是傳遞感官訊息）和皮質之間的閘門，使得關於內在世界和外在世界的感官訊息傳遞「過量」，可能造成的結果是出現感官知覺的改變，以及自我感覺的消解——這帶來了與物質世界融為一體的感覺。正如帶領 2016 年研究的荷蘭神經科學家塔立亞祖奇（Enzo Tagliazucchi）所說的：朝向皮質的感覺之流膨脹了，可能會加強自我意識與周圍環境之間的聯繫，「或許會讓個體性的邊界變得模糊。」

這很了不起，對吧？如果塔立亞祖奇是對的，湧入腦部的大量感官訊息，便造成了我們與周圍物質世界的隔離感和其他感覺的消融。

人們還會把某些其他的狀態，說成是「超驗（transcendence）狀態」。在這些體驗中到底發生了什麼，目前還不清楚。但是人們在繁忙的辦公室或酒吧裡，當然不會產生這些體驗，這些超驗狀態往往發生在偏僻的自然環境中，例如在一個星光燦爛的國家公園的夜晚，或者是根據我自己的親身經歷，在澳大利亞的紅色核心聖域——烏盧魯。

我永遠不會忘記距今二十多年前，我站在烏盧魯巨岩底下，仰望蔚藍天空中飄過的縷縷白雲，有一種萬物皆靜止的感覺，時間已經停下了，自己身處於無限之中。「我」覺得自己屬於某種永恆的存在。像這樣令人震驚的經驗，並不是由我們理性的腦部引發的，而是來自於更深之處，更「原始」，更來自於感覺。

那種感覺很快就消失了。迷幻藥的藥理作用也是如此，當然會逐漸減弱。但是，根據許多參與心理治療藥物試驗者的證詞，強烈的「自我消解」對於心理造成的影響，可能會改變人生。

支持這一點的案例研究，多到數不盡。例如，有一位三十年來都苦於憂鬱症的人，參加了倫敦帝國學院的團隊進行的裸蓋菇鹼研究。如同他對《馬賽克》雜誌所說，他之前幾乎已經放棄了克服憂鬱的希望，但一劑藥物改變了一切：「我簡直不敢相信改變來得如此之快。我的生活方式、人生態度、看待世界的方式，全部都在一天中完全改變。」

重新打造對於人生的展望

暫時改變腦部接收感官訊息的方式，或是所接收到的訊息類型，似乎可以讓人受到衝擊，並且重新打造對於人生的展望。

當然，這種改變所辦不到的，是引導我們瞭解「現實」。赫胥黎寫道，仙人掌毒鹼讓他能夠看到事物的「真實面貌」；但是我們清楚的知道，事實並非如此。感官只能讓我們與「外界」的任何事物有間接的、並不完整的接觸。迷幻劑只能用另一種幻覺代替原先受到控制的現實幻覺。

儘管如此，赫胥黎對仙人掌毒鹼可能的效果所抱持的期待，會讓許多人產生共鳴。赫胥黎有一種強烈的渴望，希望以不同的方式體驗世界，希望能繞過自身神經系統和腦部的「減壓閥」，讓身處洞穴中朝外看的新「縫隙」能夠擴大，甚至完全撬開。

雖然我們永遠無法確切知道，像西部菱背響尾蛇那般感知紅外線，會是什麼感覺，或是蜜蜂感知蒲公英的電場是什麼感覺，但如果能親身體驗其他種類的感官，借用赫胥黎的話來說：真的瞭解到不同生命的存在方式，甚至是這顆特殊星球上某個動物的存在方式，會是多麼棒！

我想知道可能會先得到哪種感覺。即使磁覺不是人類自然就有的感覺，一旦我們瞭解其他動物是如何擁有磁覺的，那麼假設很快有一天，人類也可以接受調整而具有磁覺，似乎也並沒那麼科幻。我還想到了可以感覺到紅外線的小鼠。如果這種視覺增強能在小鼠身上實現，理論上，也可以在人類身上實現。我還記得第 1 章〈視覺〉提到的那隻遠古動物，牠首度露出水面窺視，看見了一個全新的世界。

在讓人類進入那個階段的研究，正在慢慢進行，但人類現有感官種類的規模也足以讓人驚嘆了。我們對感官的新發現是亞里斯多德、甚至薛林頓爵士都無法想像的。我們已經從 5 種感覺發展到 32 種，並且瞭解到感覺不是次要功能，感官支配了我們生活的各個層面，深深影響人類的思考、感受和行為方式。

當然，還有很多問題懸而未決。有些是關於細節的問題，已有明確的定義，例如：究竟哪些蛋白質限制了本體感覺的敏銳程度？

其他的問題則是更加開放，更能誘人深入：

- 每個人的味覺受體，影響身體健康的程度有多大？
- 改變感知體內世界的方式，是如何影響心理健康的？

- 如果可以預防或修復感覺能力的退化，這會對年長者的生活品質和腦部健康產生什麼影響？
- 甚至，人類是否還有未發現到的感覺？

對於動物，科學家已經知道有一些很重要的未知問題。例如對於鳥類學家伯克海德來說，鳥類中特別顯著的問題是：不知為什麼，在非洲南部海岸過冬的紅鸛，可以感知數百公里外、位於波札那和納米比亞的鹽水窪地有下雨。除非降下足夠多的雨水，才值得牠們離開度冬地，長途飛行到內陸。紅鸛如何偵測何時下雨，以及下了多少雨？沒有人知道。

目前為止，人類在感官方面並沒有這樣大的謎團。但是有鑑於近年來，我們對於感官的理解已經有了許多不同，這讓人不禁想知道，還會有哪些具有里程碑等級的發現。

每天做五項感官新活動

1889 年，拉德－富蘭克林（見第 190 頁）在發表於《科學》期刊的論文〈一種未知的感覺器官〉裡寫道：「在當今經常受到詳細討論的發展問題上，有一個是目前無法迴避的：我們有時會想知道在未來，是否注定要賦予人類現在還不具備的感官。」

也許，人類的新感覺不會被發現到，而是被賦予的。儘管如此，拉德－富蘭克林如果今天還活著，思考同樣的問題，答案也會是一樣的：是的，這點毫無疑問。而且，從我們現代的觀點來看，我們還可以領會到其他事：有了額外的感覺，不僅能體會到新現實面，還會有新的存在方式。

誰知道未來人類的感官會帶我們去哪裡，又會對人類產生什麼影響。但就目前而言，我已經很滿足於更深入瞭解我自己的非凡感官世界，滿足於能欣賞它、沉浸其中，運用我對於感官運作的知識，並且盡我所能保護它。

然後，我要離開閣樓，走下黑暗樓梯，看看我兒子的臥室是否夠暖和，如果不夠，就調整暖爐的溫度。也要決定我真正需要吃的宵夜，伸展一下痠痛的脖子，然後進行我要做的新鮮事：刷牙時，單腿站立。簡單的說，就是在睡前進行依賴感官的「新活動」，每天至少五項。

誌謝

深深感謝那些花時間對我說明自己迷人研究的科學家。

書中有許多個人故事，我要感謝 Sue Barry、Nick Johnson、Nadjib Achaibou、Jozef Youssef、Stephen Levinson、Steph Singer、經由 Lauren Godfrey 介紹的一野洋子、Herbert Nitsch、Fiona Torrance、Rachel Schneider、Lori Craven。非常感謝他們分享自己的體驗。

本書的一些片段原本出自於我為《馬賽克》雜誌寫的文章，這本雜誌由威爾康信託基金會（Wellcome Trust）出版，但可惜現在已經停刊。我非常感謝該雜誌傑出的編輯：Michael Regnier、Mun-Keat Looi 和 Chrissie Giles。第 3 章〈嗅覺〉、第 14 章〈感官與情緒〉和第 15 章〈敏感〉的一些段落，原本出自於《馬賽克》雜誌，依照創用 CC 授權條款（Creative Commons Licence）用在這本書中。

我為英國心理學會《研究文摘》（British Psychological Society's *Research Digest*）寫的一些介紹科學研究的文章，也納入本書中。我要謝謝我在英國心理學會的同事：Jon Sutton、Matt Warren 和 Christian Jarrett。

Kate Douglas 不只是傑出的編輯、睿智的建議者，也是好朋友，謝謝你要我寫這本書，並且提供了許多建議和支持（特別是經常騎自行車來和我吃午餐）。

很高興有其他親人和朋友願意提供專業協助，並且騰出時間檢閱文章，我要謝謝 Jane Dixon 博士、Anu Carr 博士、Simon Carr 博士和 Andrew Thorpe 博士，非常感謝。也要謝謝你，Bish 先生。

我還要謝謝我的朋友與科學記者同行的作家 Gaia Vince 和 Jo Marchant，謝謝你們一開始就支持我（只有我們才知道，這本書是多久以前就開始寫了）。

謝謝我出色的經紀人 Toby Mundy，感謝你一直以來的熱情和支持，感謝你與 John Murray 一起為這本書找到了完美歸宿。感謝我的出版商 Georgina Laycock 讓這本書以不同的、更好的形式呈現。還要感謝 Abi Scruby 的細心編校，帶來很大的幫助。

最後，要謝謝我的丈夫詹姆士（James）最堅定的支持，也要謝謝我那兩個聰明、好奇、又有趣的兒子賈可布（Jakob）和盧卡斯（Lucas），謝謝你們的愛，並且讓我的生活各層面都大為擴展，包括了寫作。

參考資料

本書各章所引用的學術文獻或評論，皆列在下方。

我個人進行訪談而得的資料，則未列出。

序章　32 感的新科學

https://www.newscientist.com/article/dn17453-timeline-the-evolution-of-life/

Smith, C.U.M., *Biology of Sensory Systems*, 2nd edn, Wiley-Blackwell (2008).

Hug, Isabelle, et al., 'Second Messenger–Mediated Tactile Response by a Bacterial Rotary Motor', *Science* 358.6362 (2017): 531–4.

Haswell, Elizabeth S., Phillips, Rob and Rees, Douglas C., 'Mechanosensitive Channels: What Can They Do and How Do They Do It?', *Structure*, 19.10 (2011): 1,356–69.

Albert, D. J., 'What's on the Mind of a Jellyfish? A Review of Behavioural Observations on Aurelia sp. Jellyfish', *Neuroscience & Biobehavioral Reviews*, 35.3 (2011): 474–82.

Perbal, G. (2009), 'From ROOTS to GRAVI-1: Twenty-Five Years for Understanding How Plants Sense Gravity', *Microgravity Science and Technology*, 21.1–2 (2009): 3–10.

https://www.aao.org/eye-health/anatomy/rods

Howes, David (ed.), *The Varieties of Sensory Experience*, University of Toronto Press (1991); for a truly fascinating read, visit: http://www.sensorystudies.org/sensorial-investigations/doing-sensory-anthropology/

Chang, Yi-Shin, et al., 'Autism and Sensory Processing Disorders: Shared White Matter Disruption in Sensory Pathways but Divergent Connectivity in Social-Emotional Pathways', *PloS ONE*, 9.7 (2014): e103038.

第 1 章 視覺

Schuergers, Nils, et al., 'Cyanobacteria Use Micro-Optics to Sense Light Direction.' *eLife* 5 (2016): e12620.

https://news.northwestern.edu/stories/2017/march/vision-not-limbs-led-fish-onto-land-385-million-years-ago/

MacIver, M. A., et al., 'Massive Increase in Visual Range Preceded the Origin of Terrestrial Vertebrates', *PNAS*, 11412 (2017): E2375–84.

Pearce, Eiluned, Stringer, Chris, and Dunbar, Robin I. M., 'New Insights Into Differences in Brain Organization Between Neanderthals and Anatomically Modern Humans', *Proceedings of the Royal Society B: Biological Sciences*, 280.1758 (2013), https://doi.org/10.1098/rspb.2013.0168

Pearce, Eiluned, and Dunbar, Robin, 'Latitudinal Variation in Light Levels Drives Human Visual System Size', *Biology Letters*, 8.1 (2012): 90–3.

Caval-Holme, Franklin, and Feller, Marla B., 'Gap Junction Coupling Shapes the Encoding of Light in the Developing Retina', *Current Biology*, 29.23 (2019): 4,024–35.

Hyvärinen, Lea, et al., 'Current Understanding of What Infants See', *Current Ophthalmology Reports*, 2.4 (2014): 142–9.

Douglas, R. H., and Jeffery, G., 'The Spectral Transmission of Ocular Media Suggests Ultraviolet Sensitivity is Widespread Among Mammals', *Proceedings of the Royal Society B: Biological Sciences*, 281.1780 (2014) https://doi.org/10.1098/rspb.2013.2995.

https://www.newscientist.com/article/mg22630170-400-eye-of-the-beholder-how-colour-vision-made-us-human/#ixzz6CVtbVn6x

https://ghr.nlm.nih.gov/condition/color-vision-deficiency#statistics

Osnos, Evan, 'Can Mark Zuckerberg Fix Facebook Before It Breaks Democracy?', *New Yorker*, 10 September 2018.

Hunt, David M., et al., 'The Chemistry of John Dalton's Color Blindness', *Science* 267.5200 (1995): 984–8.

Jordan, Gabriele, et al., 'The Dimensionality of Color Vision in Carriers of Anomalous Trichromacy', *Journal of Vision*, 10.8 (2010): 12–12.

Winderickx, Joris, et al., 'Polymorphism in Red Photopigment Underlies Variation in Colour Matching', *Nature*, 356.6368 (1992): 431–3.

Provencio, Ignacio, et al., 'Melanopsin: An Opsin in Melanophores, Brain, and Eye', *Proceedings of the National Academy of Sciences*, 95.1 (1998): 340–5.

Roecklein, Kathryn A., et al., 'A Missense Variant (P10L) of the Melanopsin (OPN4) Gene in Seasonal Affective Disorder', *Journal of Affective Disorders*, 114.1–3 (2009): 279–85.

Terman, Michael, and McMahan, Ian, *Chronotherapy*, Penguin (2012).

Sherman, S., and Guillery, R., 'The Role of the Thalamus in the Flow of Information to the Cortex', *Philosophical Transactions of the Royal Society B: Biological Sciences*, 357.1428 (2002): 1,695–1,708, https://doi.org/10.1098/rstb.2002.1161

Huff, T., Mahabadi, N., and Tadi, P., 'Neuroanatomy, Visual Cortex', *StatPearls* (2019), pmid: 29494110.

Cicmil, Nela, and Krug, Kristine, 'Playing the Electric Light Orchestra: How Electrical Stimulation of Visual Cortex Elucidates the Neural Basis of Perception', *Philosophical Transactions of the Royal Society B: Biological Sciences*, 370.1677 (2015), https://doi.org/10.1098/rstb.2014.0206

Kanwisher, N., Stanley, D., and Harris, A., 'The Fusiform Face area is Selective for Faces Not Animals', *Neuroreport*, 10.1 (1999): 183–7.

Cuaya, L. V., Hernández-Pérez, R., and Concha, L., 'Our Faces in the Dog's Brain: Functional Imaging Reveals Temporal Cortex Activation During Perception of Human Faces', *PloS ONE*, 11.3 (2016): e0149431.

McCrae, Robert R., 'Creativity, Divergent Thinking, and Openness to Experience', *Journal of Personality and Social Psychology*, 52.6 (1987): 1,258–68.

Antinori, Anna, Carter, Olivia L., and Smillie, Luke D., 'Seeing It Both Ways: Openness to Experience and Binocular Rivalry Suppression', *Journal of Research in Personality*, 68 (2017): 15–22.

Davidoff, Jules, Davies, Ian, and Roberson, Debi, 'Colour Categories in a Stone-Age Tribe', *Nature*, 398.6724 (1999): 203–4.

Goldstein, Julie, Davidoff, Jules, and Roberson, Debi, 'Knowing Color Terms Enhances Recognition: Further Evidence From English and Himba', *Journal of Experimental Child Psychology*, 102.2 (2009): 219–38.

https://digest.bps.org.uk/2018/11/02/your-native-language-affects-what-you-can-and-cant-see/

https://www.urmc.rochester.edu/del-monte-neuroscience/neuroscience-blog/december-2018/the-science-of-seeing-art-and-color.aspx

http://persci.mit.edu/gallery/checkershadow

https://www.ted.com/talks/anil_seth_how_your_brain_hallucinates_your_conscious_reality/footnotes?fbclid=IwAR1F_kZNByH-hPf-7vRI9aTuW2nzbsBKITZIRBmgGFS8hMo2MNcrQGOUUgw

Otten, Marte, et al., 'The Uniformity Illusion: Central Stimuli Can Determine Peripheral Perception', *Psychological Science*, 28.1 (2017): 56–68.

https://jov.arvojournals.org/SS/thedress.aspx

http://escholarship.org/uc/item/15t2595z

http://www.sussex.ac.uk/synaesthesia/faq#howcommon

Simner, Julia, and Logie, Robert H., 'Synaesthetic Consistency Spans Decades in a Lexical–Gustatory Synaesthete', *Neurocase*, 13.5–6 (2008): 358–65.

Simner, Julia, et al., 'Synaesthesia: The Prevalence of Atypical Cross-Modal Experiences', *Perception*, 35.8 (2006): 1,024–33.

Bosley, Hannah G., and Eagleman, David M., 'Synesthesia in Twins: Incomplete Concordance in Monozygotes Suggests Extragenic Factors', *Behavioural Brain Research*, 286 (2015): 93–6.

Simner, Julia, et al., 'Early Detection of Markers for Synaesthesia in Childhood Populations', Brain, 132.1 (2009): 57–64

Simner, Julia, and Bain, Angela E., 'A Longitudinal Study of Grapheme-Color Synesthesia in Childhood: 6/7 Years to 10/11 Years', *Frontiers in Human Neuroscience*, 7 (2013), https://doi.org/10.3389/fnhum.2013.00603

Farina, Francesca R., Mitchell, Kevin J., and Roche, Richard A. P., 'Synaesthesia Lost and Found: Two Cases of Person-and Music-Colour Synaesthesia', *European Journal of Neuroscience*, 45.3 (2017): 472–7.

Ward, Jamie, et al., 'Atypical Sensory Sensitivity as a Shared Feature between Synaesthesia and Autism', *Scientific Reports*, 7 (2017), https://doi.org/10.1038/srep41155

Tilot, A. K., et al., 'Rare Variants in Axonogenesis Genes Connect Three Families with Sound-Color Synesthesia', *Proceedings of the National Academy of Sciences*, 115.12 (2018): 3,168–73.

Shriki, Oren, Sadeh, Yaniv, and Ward, Jamie, 'The Emergence of Synaesthesia in a Neuronal Network Model Via Changes in Perceptual Sensitivity and Plasticity', *PLoS Computational Biology*, 12.7 (2016), https://doi.org/10.1371/journal.pcbi.1004959

Forest, Tess Allegra, et al., 'Superior Learning in Synesthetes: Consistent Grapheme-Color Associations Facilitate Statistical Learning', *Cognition*, 186 (2019): 72–81.

Treffert, Darold A., 'The Savant Syndrome: An Extraordinary Condition. A Synopsis: Past, Present, Future', *Philosophical Transactions of the Royal Society B: Biological Sciences*, 364.1522 (2009): 1,351–7.

Baron-Cohen, Simon, et al., 'Savant Memory in a Man with Colour Form-Number Synaesthesia and Asperger', *Journal of Consciousness Studies*, 14.9–10 (2007): 237–51.

Baron-Cohen, Simon, et al., 'Is Synaesthesia More common in Autism?', *Molecular Autism*, 4.1 (2013): 40

Hughes, James E. A., et al., 'Is Synaesthesia More Prevalent in Autism Spectrum Conditions? Only Where There is Prodigious Talent', *Multisensory Research*, 30.3–5 (2017): 391–408.

Gomez, J., Barnett, M., and Grill-Spector, K., 'Extensive Childhood Experience with Pokémon Suggests Eccentricity Drives Organization of Visual Cortex', *Nature Human Behaviour*, 3.6 (2019): 611–24.

http://www.oepf.org/sites/default/files/journals/jbo-volume-14-issue-2/14-2%20 Godnig.pdf

https://nei.nih.gov/news/briefs/defective_lens_protein

Patel, Ilesh, and West, Sheila K., 'Presbyopia: Prevalence, Impact, and Interventions', *Community Eye Health*, 20.63 (2007): 40.

Zhou, Zhongqiang, et al., 'Pilot Study of a Novel Classroom Designed to Prevent Myopia by Increasing Children's Exposure to Outdoor Light', *PLoS ONE*, 12.7 (2017): e0181772.

Williams, Katie M., et al., 'Increasing Prevalence of Myopia in Europe and the Impact of Education', *Ophthalmology*, 122.7 (2015): 1,489–97.

Dolgin, Elie, 'The Myopia Boom', *Nature*, 519.7543 (19 March 2015): 276–8, https://doi.org/10.1038/519276a

Wu, Pei-Chang, et al., 'Outdoor Activity During Class Recess Reduces Myopia Onset and Progression in School Children', *Ophthalmology*, 120.5 (2013): 1,080–5.

Williams, Paul T., 'Walking and Running are Associated with Similar Reductions in Cataract Risk', *Medicine and Science in Sports and Exercise*, 45.6 (2013): 1,089.

Smith, Annabelle, K., 'A WWII Propaganda Campaign Popularized the Myth That Carrots Help You See in the Dark', *Smithsonian Magazine*, 13 August 2013.

Harrison, Rhys, et al., 'Blindness Caused by a Junk Food Diet', *Annals of Internal Medicine*, 171.11 (2019): 859–61.

Gislén, Anna, et al., 'Superior Underwater Vision in a Human Population of Sea Gypsies', *Current Biology*, 13.10 (2003): 833–6.

Gislén, Anna, et al., 'Visual Training Improves Underwater Vision in Children', *Vision Research*, 46.20 (2006): 3,443–50.

Sacks, O., 'Stereo Sue', New Yorker, 12 June 2006

Barry S. R., *Fixing My Gaze: A Scientist's Journey into Seeing in Three Dimensions*, Basic Books (2009).

Barry, Susan R., and Bridgeman, Bruce, 'An Assessment of Stereovision Acquired in Adulthood', *Optometry and Vision Science*, 94.10 (2017): 993–9.

Camacho-Morales, Rocio, et al., 'Nonlinear Generation of Vector Beams From AlGaAs Nanoantennas', *Nano Letters*, 16.11 (2016): 7,191–7.

Ma, Yuqian, et al., 'Mammalian Near-Infrared Image Vision Through Injectable and Self-Powered Retinal Nanoantennae', *Cell*, 177.2 (2019): 243–55.

https://www.eurekalert.org/pub_releases/2019-08/acs-ncs071819.php

Gu, Leilei, et al., 'A Biomimetic Eye With a Hemispherical Perovskite Nanowire Array Retina', *Nature*, 581 (2020): 278–82.

Seth, Anil K., 'From Unconscious Inference to the Beholder's Share: Predictive Perception and Human Experience', *European Review*, 27.3 (2019): 378–410.

第 2 章　聽覺

https://www.calacademy.org/explore-science/do-plants-hear

Jung, Jihye, et al., 'Beyond Chemical Triggers: Evidence for Sound-Evoked Physiological Reactions in Plants', *Frontiers in Plant Science*, 9 (2018), https://doi.org/10.3389/fpls.2018.00025

Appel, H. M., and Cocroft, R. B., 'Plants Respond to Leaf Vibrations Caused by Insect Herbivore Chewing', *Oecologia* (2014), https://doi.org/10.1007/s00442-014-2995-6

https://evolution.berkeley.edu/evolibrary/article/evograms_05

http://www.shark.ch/Information/Senses/index.html

https://www.phon.ucl.ac.uk/courses/spsci/acoustics/week2-9.pdf

DeCasper, Anthony J., and Fifer, William P., 'Of Human Bonding: Newborns Prefer Their Mothers' Voices', *Science*, 208.4448 (1980): 1,174–6

Busnel, Marie-Claire, et al., 'Tony DeCasper, the Man Who Changed Contemporary Views on Human Fetal Cognitive Abilities', *Developmental Psychobiology*, 59.1 (2017): 135–9.

Heinonen-Guzejev, Marja, et al., 'Genetic Component of Noise Sensitivity', *Twin Research and Human Genetics*, 8.3 (2005): 245–9.

https://digest.bps.org.uk/2019/10/04/harsh-sounds-like-screams-hijack-brain-areas-involved-in-pain-and-aversion-making-them-impossible-to-ignore/

https://www.psychologytoday.com/gb/blog/music-matters/201407/do-chimpanzees-music

Norman-Haignere, Sam V., et al., 'Divergence in the Functional Organization of Human and Macaque Auditory Cortex Revealed by fMRI Responses to Harmonic Tones', *Nature Neuroscience*, 22.7 (2019): 1,057–60;

https://www.sciencedaily.com/releases/2019/07/190711111913.htm

https://digest.bps.org.uk/2019/10/17/culture-plays-an-important-role-in-our-perception-of-musical-pitch-according-to-study-of-bolivias-tsimane-people/

Jacoby, N., et al., 'Universal and Non-Universal Features of Musical Pitch Perception Revealed by Singing', *Current Biology*, 29.19 (2019): 3,229–43.e12.

https://noobnotes.net/dancing-queen-abba/

Dolscheid, S., et al., 'The Thickness of Musical Pitch: Psychophysical Evidence for Linguistic Relativity', *Psychological Science*, 24.5 (2013): 613–21.

Dolscheid, S., et al., 'Prelinguistic Infants Are Sensitive to Space-Pitch Associations Found Across Cultures', *Psychological Science*, 25.6 (2014): 1,256–61.

Tajadura-Jiménez, Ana, et al., 'As Light as Your Footsteps: Altering Walking Sounds to Change Perceived Body Weight, Emotional State and Gait', *Proceedings of the 33rd Annual ACM Conference on Human Factors in Computing Systems*, Association for Computing Machinery (2015).

Powers, Albert R., Mathys, Christoph, and Corlett, P. R., 'Pavlovian Conditioning-Induced Hallucinations Result from Overweighting of Perceptual Priors', *Science*, 357.6351 (2017): 596–600.

Woods, Angela, et al., 'Experiences of Hearing Voices: Analysis of a Novel Phenomenological Survey', *Lancet Psychiatry*, 2.4 (2015): 323–31.

McCarthy-Jones, Simon, et al., 'A new Phenomenological Survey of Auditory Hallucinations: Evidence for Subtypes and Implications for Theory and Practice', *Schizophrenia Bulletin*, 40.1 (2014): 231–5.

Ford, J. M., and Mathalon, D. H., 'Anticipating the Future: Automatic Prediction Failures in Schizophrenia', *International Journal of Psychophysiology*, 83.2 (2012): 232–9.

Sterzer, Philipp, et al., 'The Predictive Coding Account of Psychosis', *Biological Psychiatry*, 84.9 (2018): 634–43

Frith, Chris, *Making Up the Mind*, 1st edn, Blackwell Publishing (2007); Corlett, Philip R., et al., 'Hallucinations and Strong Priors', *Trends in Cognitive Science*s, 23.2 (2019): 114–27.

Marshall, Amanda C., Gentsch, Antje, and Schütz-Bosbach, Simone, 'The Interaction Between Interoceptive and Action States Within a Framework of Predictive Coding', *Frontiers in Psychology*, 9 (2018): 180.

Klaver, M., and Dijkerman, H. C., 'Bodily Experience in Schizophrenia: Factors Underlying a Disturbed Sense of Body Ownership', *Frontiers in Human Neuroscience*, 10 (2016): 305.

Andrade, G. N., et al., 'Atypical Visual and Somatosensory Adaptation in Schizophrenia-Spectrum Disorders', *Translational Psychiatry*, 6 (2016): e804, https://doi.org/10.1038/tp.2016.63

Hanumantha, K., Pradhan, P. V., and Suvarna, B., 'Delusional Parasitosis – Study of 3 Cases', *Journal of Postgraduate Medicine*, 40.4 (1994): 222.

Ross, L. A., et al., 'Impaired Multisensory Processing in Schizophrenia: Deficits in the Visual Enhancement of Speech Comprehension Under Noisy Environmental Conditions', *Schizophrenia Research*, 97.1–3 (2007): 173–83.

Leitman, David I., et al., 'Sensory Contributions to Impaired Prosodic Processing in Schizophrenia', *Biological Psychiatry*, 58.1 (2005): 56–61.

https://www.birmingham.ac.uk/Documents/college-social-sciences/education/victar/thomas-pocklington-20-case-studies.pdf

Huber, Elizabeth, et al., 'Early Blindness Shapes Cortical Representations of Auditory Frequency Within Auditory Cortex', *Journal of Neuroscience*, 39.26 (2019): 5,143–52.

Stephan, Yannick, et al., 'Sensory Functioning and Personality Development Among Older Adults', *Psychology and Aging*, 32.2 (2017): 139–147.

Lin, F. R., et al., 'Hearing Loss and Incident Dementia', *Archives of Neurology*, 68.2 (2011): 214–20.

https://news.osu.edu/subtle-hearing-loss-while-young-changes-brain-function-study-finds/

https://digest.bps.org.uk/2020/05/27/gradual-hearing-loss-reorganises-brains-sensory-areas-and-impairs-memory-in-mice/

Beckmann, D., et al., 'Hippocampal Synaptic Plasticity, Spatial Memory, and Neurotransmitter Receptor Expression Are Profoundly Altered by Gradual Loss of Hearing Ability', *Cerebral Cortex*, 30.8 (2020): 4,581–96.

Huber, Elizabeth, et al., 'Early Blindness Shapes Cortical Representations of Auditory Frequency Within Auditory Cortex', *Journal of Neuroscience*, 39.26 (2019): 5,143–52.

Walsh, R. M., et al., 'Bomb Blast Injuries to the Ear: The London Bridge Incident Series', *Emergency Medicine Journal*, 12.3 (1995): 194–8.

http://www.euro.who.int/en/health-topics/environment-and-health/noise

https://www.nidcd.nih.gov/health/noise-induced-hearing-loss

https://www.who.int/mediacentre/news/releases/2015/ear-care/en/

http://www.uzh.ch/orl/dga2006/programm/wissprog/Fleischer.pdf

https://www.newscientist.com/article/mg18224492-300-bang-goes-your-hearing-if-you-dont-exercise-your-ears/

Fredriksson, S., Kim, et al., 'Working in Preschool Increases the Risk of Hearing-Related Symptoms: A Cohort Study Among Swedish Women', *International Archives of Occupational and Environmental Health*, 92.8: (2019): 1,179–90.

https://www.newyorker.com/magazine/2019/05/13/is-noise-pollution-the-next-big-public-health-crisis

Curhan, Sharon G., et al., 'Body Mass Index, Waist Circumference, Physical Activity, and Risk of Hearing Loss in Women', *American Journal of Medicine*, 126.12 (2013), https://doi.org/10.1016/j.amjmed.2013.04.026

Curhan, Sharon G., et al., 'Adherence to Healthful Dietary Patterns is Associated With Lower Risk of Hearing Loss in Women', *Journal of Nutrition*, 148.6 (2018): 944–51.

Anderson, Samira, et al., 'Reversal of Age-Related Neural Timing Delays With Training', *Proceedings of the National Academy of Sciences*, 110.11 (2013): 4,357–62

Song, Judy H., et al., 'Plasticity in the Adult Human Auditory Brainstem Following Short-Term Linguistic Training', *Journal of Cognitive Neuroscience*, 20.10 (2008): 1,892–902.

https://www.youtube.com/watch?v=lAtVOK04XvA

Kish's Ted talk, https://www.youtube.com/watch?v=uH0aihGWB8U

https://www.dur.ac.uk/research/news/item/?itemno=34855

Birkhead, T., *Bird Sense: What It's Like to Be a Bird*, Bloomsbury (2013).

第 3 章　嗅覺

https://www.facebook.com/sheriffcitrus/posts/do-you-have-a-scent-preservation-kitk9-ally-hopes-that-you-dolast-night-k9-ally-/1443416362380828/

Porter, Jess, et al., 'Mechanisms of Scent-Tracking in Humans', *Nature Neuroscience*, 10.1 (2007): 27–9; 'People Track Scents in the Same Way as Dogs', https://www.nature.com/news/2006/061211/full/061211-18.html

Louden, Robert B., ed., *Kant: Anthropology from a Pragmatic Point of View*, Cambridge Texts in the History of Philosophy, Cambridge University Press (2006).

McGann, John P., 'Poor Human Olfaction is a 19th-Century Myth', *Science*, 356.6338 (2017), https://doi.org/10.1126/science.aam7263

'The Olfactory Epithelium and Olfactory Receptor Neurons', *Neuroscience*, 2nd edn, Sinauer Associates (2001).

Reindert Nijland, and Burgess, Grant, 'Bacterial Olfaction', *Biotechnology Journal,* 5.9 (2010): 974–977.

Nagayama, S., Homma, R., and Imamura, F., 'Neuronal Organization of Olfactory Bulb Circuits', *Frontiers in Neural Circuits*, 8.98 (2014), https://doi.org/10.3389/fncir.2014.00098

Li, Wen, et al., 'Right Orbitofrontal Cortex Mediates Conscious Olfactory Perception', *Psychological Science*, 21.10 (2010): 1,454–63.

Bushdid, C., et al., 'Humans Can Discriminate More Than 1 Trillion Olfactory Stimuli', *Science*, 343.6177 (2014): 1,370–2.

Hoover, Kara C., et al., 'Global Survey of Variation in a Human Olfactory Receptor Gene Reveals Signatures of Non-Neutral Evolution', *Chemical Senses*, 40.7 (2015): 481–8.

'Evolution of Primate Sense of Smell and Full Trichromatic Color Vision', *PLoS Biology*, 2.1 (2004): e33; https://doi.org/10.1371/journal.pbio.0020033

Hughes, Graham M., Teeling, Emma C., and Higgins, Desmond G., 'Loss of Olfactory Receptor Function in Hominin Evolution', *PloS ONE*, 9.1 (2014): e84714.

Lee, David S., Kim, Eunjung, and Schwarz, Norbert, 'Something Smells Fishy: Olfactory Suspicion Cues Improve Performance on the Moses Illusion and Wason Rule Discovery Task', *Journal of Experimental Social Psychology*, 59 (2015): 47–50.

Schwarz, Norbert, et al., 'The Smell of Suspicion: How the Nose Curbs Gullibility', *The Social Psychology of Gullibility: Fake News, Conspiracy Theories, and Irrational Beliefs*, Routledge (2019): 234–52.

Mainland, Joel D., et al., 'The Missense of Smell: Functional Variability in the Human Odorant Receptor Repertoire', *Nature Neuroscience*, 17.1 (2014): 114–20.

Wedekind, Claus, et al., 'MHC-Dependent Mate Preferences in Humans', *Proceedings of the Royal Society B: Biological Sciences*, 260.1359 (1995): 245–9.

Keller, Andreas, et al., 'Genetic Variation in a Human Odorant Receptor Alters Odour Perception', Nature, 449.7161 (2007): 468–72; and related *Nature* news story, https://www.nature.com/news/2007/070910/full/070910-15.html

Spinney, L., 'You Smell Flowers, I Smell Stale Urine', *Scientific American*, 1 February 2011.

https://embryology.med.unsw.edu.au/embryology/index.php/Sensory_-_Smell_Development

Lipchock, Sarah V., Reed, Danielle R., and Mennella, Julie A., 'The Gustatory and Olfactory Systems During Infancy: Implications for Development of Feeding Behaviors in the High-Risk Neonate', *Clinics in Perinatology*, 38.4 (2011): 627–41.

Mennella, J. A., Jagnow, C. P. and Beauchamp, G. K., 'Prenatal and Postnatal Flavor Learning by Human Infants', *Pediatrics*, 107.6 (2001): e88, https://doi.org/10.1542/peds.107.6.e88

Majid, Asifa and Burenhult, Niclas, 'Odors are Expressible in Language, as Long as You Speak the Right Language', *Cognition*, 130.2 (2014): 266–70.

Majid, Asifa, et al., 'Olfactory Language and Abstraction Across Cultures', *Philosophical Transactions of the Royal Society B: Biological Sciences*, 373.1752 (2018): https://doi.org/10.1098/rstb.2017.0139

Majid, Asifa, and Krupse, Nicole, 'Hunter-Gatherer Olfaction is Special', *Current Biology*, 28.3 (2018): 409-413, https://doi.org/10.1016/j.cub.2017.12.014

Hippocratic Corpus, Prognosticon, cited in Bradley, Mark, ed., *Smell and the Ancient Senses*, Routledge (2014).

Willis, Carolyn M., et al., 'Volatile Organic Compounds as Biomarkers of Bladder Cancer: Sensitivity and Specificity Using Trained Sniffer dogs', *Cancer Biomarkers*, 8.3 (2011): 145–53.

https://www.parkinsons.org.uk/news/meet-woman-who-can-smell-parkinsons

Trivedi, Drupad K., et al., 'Discovery of Volatile Biomarkers of Parkinson's Disease From Sebum', *ACS Central Science*, 5.4 (2019): 599–606.

Beauchamp, G., *Odor Signals of Immune Activation and CNS Inflammation*, Monell Chemical Senses Center Philadelphia, P.A. (2014).

Ferdenzi, Camille, Licon, Carmen, and Bensafi, Moustafa, 'Detection of Sickness in Conspecifics Using Olfactory and Visual Cues', *Proceedings of the National Academy of Sciences*, 114.24 (2017): 6,157–9.

Gervasi, S. S., et al., 'Sharing an Environment With Sick Conspecifics Alters Odors of Healthy Animals', *Scientific Reports*, 8.1 (2018): 1–13.

Szawarski, Piotr, 'Classic Cases Revisited: Oscar the Cat and Predicting Death', *Journal of the Intensive Care Society*, 17.4 (2016): 341–5.

Parmentier, M., Libert, F., et al., 'Expression of Members of the Putative Olfactory Receptor Gene Family in Mammalian Germ Cells', *Nature*, 355.6359 (1992): 453–5.

Vanderhaeghen, P., et al, 'Specific Repertoire of Olfactory Receptor Genes in the Male Germ Cells of Several Mammalian Species', *Genomics*, 39.3 (1997): 239–46.

Pluznick, Jennifer L., 'Renal and Cardiovascular Sensory Receptors and Blood Pressure Regulation', *American Journal of Physiology-Renal Physiology*, 305.4 (2013): F439–44.

Abaffy, Tatjana, 'Human Olfactory Receptors Expression and Their Role in Non-Olfactory Tissues: A Mini-Review', *Journal of Pharmacogenomics & Pharmacoproteomics*, 6.4 (2015): 1.

Zapiec, Bolek, et al., 'A Ventral Glomerular Deficit in Parkinson's Disease Revealed by Whole Olfactory Bulb Reconstruction', *Brain*, 140.10 (2017): 2,722–36.

https://www.monellfoundation.org/index.php/the-monell-anosmia-project/

Seow, Yi-Xin, Ong, Peter K. C., and Huang, Dejian, 'Odor-Specific Loss of Smell Sensitivity With Age as Revealed by the Specific Sensitivity Test', *Chemical Senses*, 41.6 (2016): 487–95.

Lecuyer Giguère, Fanny, et al., 'Olfactory, Cognitive and Affective Dysfunction Assessed 24 Hours and One Year After a Mild Traumatic Brain Injury (mTBI)', *Brain Injury*, 33.9 (2019): 1,184–93.

Corbin, A,, *The Foul and the Fragrant*, Harvard University Press (1986).

http://www.sirc.org/publik/smell.pdf

Liu, Bojing, et al., 'Relationship Between Poor Olfaction and Mortality Among Community-Dwelling Older Adults: A Cohort Study', *Annals of Internal Medicine*, 170.10 (2019): 673–81.

Holbrook, Eric H., et al., 'Induction of Smell Through Transethmoid Electrical Stimulation of the Olfactory Bulb', *International Forum of Allergy & Rhinology*, 9.2 (2019): 158–64.

Bendas, J., Hummel, T., & Croy, I., 'Olfactory Function Relates to Sexual Experience in Adults', *Archives of Sexual Behavior*, 47.5 (2018): 1333–9.

http://centreforsensorystudies.org/occasional-papers/sensing-cultures-cinema-ethnography-and-the-senses/

Majid, Asifa, and Levinson, Stephen C., 'The Senses in Language and Culture', *The Senses and Society*, 6.1 (2011): 5–18.

第 4 章　味覺

Spence, Charles, 'Oral Referral: On the Mislocalization of Odours to the Mouth', *Food Quality and Preference*, 50 (2016): 117–28.

Breslin, Paul A. S., 'An Evolutionary Perspective on Food and Human Taste', *Current Biology*, 23.9 (2013): R409–18.

Keast, Russell S. J., and Costanzo, Andrew, 'Is Fat the Sixth Taste Primary? Evidence and Implications', *Flavour*, 4.1 (2015): 5

Besnard, Philippe, Passilly-Degrace, Patricia, and Khan, Naim A., 'Taste of Fat: A Sixth Taste Modality?', *Physiological Reviews*, 96.1 (2016): 151–76. Asifa Majid and Stephen Levinson have analysed cross-linguistic data (taken from widely different cultural contexts) on tastes, and, interestingly, this work supports the idea that sweet, salt, sour and bitter are basic tastes, with umami and fatty 'likely' basic tastes as well.

https://www.monell.org/news/fact_sheets/monell_taste_primer

Mainland, Joel D., and Matsunami, Hiroaki, 'Taste Perception: How Sweet It Is (To Be Transcribed by You)', *Current Biology*, 19.15 (2009): R655–6.

Lindemann, Bernd, Ogiwara, Yoko, and Ninomiya, Yuzo, 'The Discovery of Umami', *Chemical Senses*, 27.9 (2002): 843–4.

https://www.sciencedirect.com/topics/neuroscience/tas1r1

Chandrashekar, Jayaram, et al., 'The Cells and Peripheral Representation of Sodium Taste in Mice', *Nature*, 464.7286 (2010): 297–301

Lewandowski, Brian C., et al., 'Amiloride-Insensitive Salt Taste is Mediated by Two Populations of Type III Taste Cells With Distinct Transduction Mechanisms', *Journal of Neuroscience*, 36.6 (2016): 1,942–53.

Huang, Angela L., et al., 'The Cells and Logic for Mammalian Sour Taste Detection', *Nature*, 442.7105 (2006): 934–8

Challis, Rosemary C., and Ma, Minghong, 'Sour Taste Finds Closure in a Potassium Channel', *Proceedings of the National Academy of Sciences*, 113.2 (2016): 246–7.

Jaggupilli, A., et al., 'Bitter Taste Receptors: Novel Insights into the Biochemistry and Pharmacology', *International Journal of Biochemistry & Cell Biology*, 77 (2016): 184–96.

Sagioglou, Christina, and Greitemeyer, Tobias, 'Individual Differences in Bitter Taste Preferences are Associated With Antisocial Personality Traits', *Appetite*, 96 (2016): 299–308.

Lachenmeier, Dirk W., 'Wormwood (Artemisia absinthium L.) – A Curious Plant With Both Neurotoxic and Neuroprotective Properties?', *Journal of Ethnopharmacology*, 131.1 (2010): 224–27.

Laffitte, Anni, Neiers, Fabrice, and Briand, Loïc, 'Functional Roles of the Sweet Taste Receptor in Oral and Extraoral Tissues', *Current Opinion in Clinical Nutrition and Metabolic Care*, 17.4 (2014): 379.

Benford, H., et al., 'A Sweet Taste Receptor-Dependent Mechanism of Glucosensing in Hypothalamic Tanycytes', *Glia*, 65.5 (2017): 773–89.

Lazutkaite, G., et al., 'Amino Acid Sensing in Hypothalamic Tanycytes Via Umami Taste Receptors', *Molecular Metabolism*, 6.11 (2017): 1,480–92.

Kotrschal, K., 'Ecomorphology of Solitary Chemosensory Cell Systems in Fish: A Review', in *Ecomorphology of Fishes*, ed. Luzkovich, Joseph J., et al., Springer (1995): 143–55.

Howitt, Michael R., et al., 'Tuft Cells, Taste-Chemosensory Cells, Orchestrate Parasite Type 2 Immunity in the Gut', *Science*, 351.6279 (2016): 1,329–33.

Verbeurgt, C., et al., 'The Human Bitter Taste Receptor T2R38 is Broadly Tuned for Bacterial Compounds', *PLoS One*, 12.9 (2017): e0181302.

Xu, J., et al., 'Functional Characterization of Bitter-Taste Receptors Expressed in Mammalian Testis', *MHR: Basic Science of Reproductive Medicine*, 19.1 (2012): 17–28.

Maurer, S., et al., 'Tasting Pseudomonas Aeruginosa Biofilms: Human Neutrophils Express the Bitter Receptor T2R38 as Sensor for the Quorum Sensing Molecule N- (3-oxododecanoyl)-l-homoserine lactone', *Frontiers in Immunology*, 6 (2015): 369, https://doi.org/10.3389/fimmu.2015.00369

Lin, W., et al., 'Epithelial Na+ Channel Subunits in Rat Taste Cells: Localization and Regulation by Aldosterone', *Journal of Comparative Neurology*, 405.3 (1999): 406–20

Pimenta, E., Gordon, R. D., and Stowasser, M., 'Salt, Aldosterone and Hypertension', *Journal of Human Hypertension*, 27.1 (2013): 1–6.

Rose, E. A., Porcerelli, J. H., and Neale, A. V., 'Pica: Common but Commonly Missed', *Journal of the American Board of Family Practice*, 13.5 (2000): 353–8.

Knaapila, Antti, et al., 'Genetic Analysis of Chemosensory Traits in Human Twins', *Chemical Senses*, 37.9 (2012): 869–81.

Dowd M., ' "I'm President," So no more broccoli!', *New York Times*, 23 March 1990, http://www.nytimes.com/1990/03/23/us/i-m-president-so-no-more-broccoli.html

Hall, T., 'Broccoli, Hated by a President, is Capturing Popular Votes', *New York Times*, 25 March 1992, http://www.nytimes.com/1992/03/25/garden/broccoli-hated-by-a-president-is-capturing-popular-votes.html?pagewanted=all

Sandell, Mari A., and Breslin, Paul A. S., 'Variability in a Taste-Receptor Gene Determines Whether We Taste Toxins in Food', *Current Biology*, 16 (2006): R792–4.

Lipchock, S. V., et al., 'Human Bitter Perception Correlates With Bitter Receptor Messenger RNA Expression in Taste Cells', *American Journal of Clinical Nutrition*, 98. 4 (2013): 1,136–43.

Bartoshuk, L. M., 'Comparing Sensory Experiences Across Individuals: Recent Psychophysical Advances Illuminate Genetic Variation in Taste Perception', *Chemical Senses*, 25.4 (2000): 447–60.

Miller Jr, I. J., and Reedy Jr, F. E., 'Variations in Human Taste Bud Density and Taste Intensity Perception', *Physiology & Behavior*, 47.6 (1990): 1,213–19; for the test itself, https://www.scientificamerican.com/article/super-tasting-science-find-out-if-youre-a-supertaster/

Masi, Camilla, et al., 'The Impact of Individual Variations in Taste Sensitivity on Coffee Perceptions and Preferences', *Physiology & Behavior*, 138 (2015): 219–26.

Lu, Ping, et al., 'Extraoral Bitter Taste Receptors in Health and Disease', *Journal of General Physiology*, 149.2 (2017): 181–97.

Adappa, Nithin D., et al., 'The Bitter Taste Receptor T2R38 is an Independent Risk Factor for Chronic Rhinosinusitis Requiring Sinus Surgery', *International Forum of Allergy & Rhinology*, 4.1 (2014): 3–7.

Choi, Jeong-Hwa, et al., 'Genetic Variation in the TAS2R38 Bitter Taste Receptor and Gastric Cancer Risk in Koreans', *Scientific Reports*, 6.1 (2016): 1–8.

Reed, Danielle R., and McDaniel, Amanda H., 'The Human Sweet Tooth', *BMC Oral Health*, 6.1 (2006), https://doi.org/10.1186/1472-6831-6-S1-S17

Mainland, Joel D., and Matsunami, Hiroaki, 'Taste Perception: How Sweet It Is (To Be Transcribed by You)', *Current Biology*, 19.15 (2009): R655–6.

Haznedaroğlu, Eda, et al., 'Association of Sweet Taste Receptor Gene Polymorphisms With Dental Caries Experience in School Children', *Caries Research*, 49.3 (2015): 275–81.

Raliou, M., Wiencis, A., et al., 'Nonsynonymous Single Nucleotide Polymorphisms in Human tas1r1, tas1r3, and mGluR1 and Individual Taste Sensitivity to Glutamate', *American Journal of Clinical Nutrition*, 90.3 (2009): 789S–799S.

Sagioglou, Christina, and Greitemeyer, Tobias, 'Individual Differences in Bitter Taste Preferences Are Associated With Antisocial Personality Traits', *Appetite*, 96 (2016): 299–308.

Sagioglou, Christina, and Greitemeyer, Tobias, 'Bitter Taste Causes Hostility', *Personality and Social Psychology Bulletin*, 40.12 (2014): 1,589–97.

Eskine, Kendall J., Kacinik, Natalie A., and Prinz, Jesse J., 'A Bad Taste in the Mouth: Gustatory Disgust Influences Moral Judgment', *Psychological Science*, 22.3 (2011): 295–9.

Ruskin, J., *Traffic*, Penguin Classics (2015).

Chapman, Hanah A., et al., 'In Bad Taste: Evidence for the Oral Origins of Moral Disgust', *Science*, 323.5918 (2009): 1,222–6.

Ren, Dongning, et al., 'Sweet Love: The Effects of Sweet Taste Experience on Romantic Perceptions', *Journal of Social and Personal Relationships*, 32.7 (2015): 905–21.

Wang, Liusheng, et al., 'The Effect of Sweet Taste on Romantic Semantic Processing: An ERP Study', *Frontiers in Psychology*, 10 (2019), https://doi.org/10.3389/fpsyg.2019.01573

Spence, C. *Gastrophysics: The New Science of Eating*, Viking (2017).

Velasco, Carlos, et al., 'Colour–Taste Correspondences: Designing Food Experiences to Meet Expectations or to Surprise', *International Journal of Food Design*, 1.2 (2016): 83–102.

Spence, C., and Parise, C. V., 'The Cognitive Neuroscience of Crossmodal Correspondences', *i-Perception*, 3.7. (2012): 410–12.

Sievers, Beau, et al., 'A Multi-Sensory Code for Emotional Arousal', *Proceedings of the Royal Society B*, 286.1906 (2019), https://doi.org/10.1098/rspb.2019.0513

Morrot, Gil, Brochet, Frédéric, and Dubourdieu, Denis, 'The Color of Odors', *Brain and Language*, 79.2 (2001): 309–20; Spence, C., 'The Colour of Wine – Part 1', *World of Fine Wine*, 28 (2010): 122–9.

Kaufman, Andrew, et al., 'Inflammation Arising From Obesity Reduces Taste Bud Abundance and Inhibits Renewal', *PLoS Biology*, 16.3 (2018): e2001959

Majid, A., and Levinson, S. C., 'Language Does Provide Support for Basic Tastes', *Behavioral and Brain Sciences*, 31.1 (2008): 86–7.

第 5 章 觸覺

Böhm, Jennifer, et al., 'The Venus Flytrap *Dionaea muscipula* Counts Prey-Induced Action Potentials to Induce Sodium Uptake', *Current Biology*, 26.3 (2016): R286–95.

Müller, J., trans. Baly, W. M., *Elements of Physiology*, vol. 2, Lea and Blanchard (1843).

Purves, D., et al., 'Mechanoreceptors Specialized to Receive Tactile Information', *Neuroscience* (2001).

Bell, Jonathan, Bolanowski, Stanley, and Holmes, Mark H., 'The Structure and Function of Pacinian Corpuscles: A Review', *Progress in Neurobiology*, 42.1 (1994): 79–128.

Miller, L. E., et al., 'Sensing With Tools Extends Somatosensory Processing Beyond the Body', *Nature*, 561.7722 (2018): 239–42.

Abraira, Victoria E., and Ginty, David D., 'The Sensory Neurons of Touch', *Neuron*, 79.4 (2013): 618–39.

https://faculty.washington.edu/chudler/receptor.html

Maksimovic, Srdjan, et al., 'Epidermal Merkel Cells are Mechanosensory Cells that Tune Mammalian Touch Receptors', *Nature*, 509.7502 (2014): 617–21.

Merkel, F., 'Tastzellen und Tastkörperchen bei den Hausthieren und beim Menschen', *Archiv für mikroskopische Anatomie*, 11. 1 (1875): 636–52.

Hoffman, B. U., et al., 'Merkel Cells Activate Sensory Neural Pathways Through Adrenergic Synapses', *Neuron*, 100. 6 (2018): 1,401–13.

Linden, David, J., *Touch: The Science of the Sense that Makes us Human*, Viking (2015).

Carpenter, Cody W., et al., 'Human Ability to Discriminate Surface Chemistry by Touch', *Materials Horizons*, 5.1 (2018): 70–7.

Lieber, J. D., and Bensmaia, S. J., 'High-Dimensional Representation of Texture in Somatosensory Cortex of Primates', *Proceedings of the National Academy of Sciences*, 116.8 (2019): 3,268–77.

https://www.illusionsindex.org/i/aristotle

Cicmil, N., Meyer, A. P., and Stein, J. F., 'Tactile Toe Agnosia and Percept of a "Missing Toe" in Healthy Humans', *Perception*, 45.3 (2016): 265–80.

http://www.ox.ac.uk/news/2015-09-22-confusion-afoot

Ackerley, R., et al., 'Touch Perceptions Across Skin Sites: Differences Between Sensitivity, Direction Discrimination and Pleasantness', *Frontiers in Behavioral Neuroscience*, 8. 54 (2014), https://doi.org/10.3389/fnbeh.2014.00054

Ackerley, Rochelle, et al., 'Human C-Tactile Afferents Are Tuned to the Temperature of a Skin-Stroking Caress', *Journal of Neuroscience*, 34.8 (2014): 2,879–83.

Vallbo, Å. B., Olausson, Hakan, and Wessberg, Johan, 'Unmyelinated Afferents Constitute a Second System Coding Tactile Stimuli of the Human Hairy Skin', *Journal of Neurophysiology*, 81.6 (1999): 2,753–63.

McGlone, Francis, Wessberg, Johan, and Olausson, Håkan, 'Discriminative and Affective Touch: Sensing and Feeling', *Neuron*, 82.4 (2014): 737–55.

https://gupea.ub.gu.se/handle/2077/51879

Field, Tiffany M., et al. 'Tactile/Kinesthetic Stimulation Effects on Preterm Neonates', *Pediatrics*, 77.5 (1986): 654–8.

Frenzel, Henning, et al., 'A Genetic Basis for Mechanosensory Traits in Humans', *PLoS Biology*, 10.5 (2012), https://doi.org/10.1371/journal.pbio.1001318

Ranade, S. S., et al., 'Piezo2 is the Major Transducer of Mechanical Forces for Touch Sensation in Mice', *Nature*, 516.7529 (2014): 121–5.

Chesler, A. T., et al., 'The Role of PIEZO2 in Human Mechanosensation', *New England Journal of Medicine*, 375.14 (2016): 1,355–64.

Harrar, Vanessa, Spence, Charles, and Makin, Tamar R., 'Topographic Generalization of Tactile Perceptual Learning', *Journal of Experimental Psychology: Human Perception and Performance*, 40.1 (2014): 15–23.

Muret, D. et al., 'Neuromagnetic Correlates of Adaptive Plasticity Across the Hand-Face Border in Human Primary Somatosensory Cortex., J. *Neurophysiol.*, 115 (2016): 2,095–104.

Field, Tiffany, *Touch*, MIT Press, (2014).

Field, T. 'American Adolescents Touch Each Other Less and Are More Aggressive Toward Their Peers as Compared With French Adolescents', *Adolescence*, 34.136 (1999): 753–8.

https://greatergood.berkeley.edu/article/item/why_physical_touch_matters_for_your_well_being

Sonar, Harshal Arun, and Paik, Jamie, 'Soft Pneumatic Actuator Skin with Piezoelectric Sensors for Vibrotactile Feedback', *Frontiers in Robotics and AI*, 2 (2016), https://doi.org/10.3389/frobt.2015.00038

Tee, B. C.-K., et al., 'A skin-Inspired Organic Digital Mechanoreceptor', *Science*, 350.6258 (2015): 313–16.

Kim, Y., Chortos, et al., 'A Bioinspired Flexible Organic Artificial Afferent Nerve', *Science*, 360.6392 (2018): 998–1,003.

Ptito, Maurice, et al., 'Cross-Modal Plasticity Revealed by Electrotactile Stimulation of the Tongue in the Congenitally Blind', *Brain*, 128.3 (2005), 606–14

Twilley, N., 'Seeing With Your Tongue', *New Yorker*, 8 May 2017, https://www.newyorker.com/magazine/2017/05/15/seeing-with-your-tongue

https://www.smithsonianmag.com/innovation/could-this-futuristic-vest-give-us-sixth-sense-180968852/

Neosensory: https://neosensory.com

第二部　新發現的感覺

Sloan, Phillip Reid, ed., *The Hunterian Lectures in Comparative Anatomy (May and June 1837)*, University of Chicago Press (1992).

第 6 章　本體感覺

Pearce, J. M. S., 'Henry Charlton Bastian (1837–1915): Neglected Neurologist and Scientist', *European Neurology*, 63.2 (2010): 73–8.

Liddell, Edward George Tandy, 'Charles Scott Sherrington 1857–1952', *Obituary Notices of Fellows of the Royal Society*, 8.21 (1952): 241–70.

Sherrington, Charles, 'The Integrative Action of the Nervous System', *Journal of Nervous and Mental Disease*, 34.12 (1907): 801–2

Burke, Robert E., 'Sir Charles Sherrington's the Integrative Action of the Nervous System: A Centenary Appreciation', *Brain*, 130.4 (2007): 887–94.

Sarmadi, Alireza, Sharbafi, Maziar Ahamd, and Seyfarth, André, 'Reflex Control of Body Posture in Standing', *2017 EEE-RAS 17th International Conference on Humanoid Robotics (Humanoids)*, IEEE, 2017.

Sherrington, C. S., *Yale University Mrs. Hepsa Ely Silliman Memorial Lectures. The Integrative Action of the Nervous System* (1906), https://doi.org/10.1037/13798-000

Purves, Dale et al., eds, *Neuroscience*, 2nd edn, Sinauer Associates (2001).

Eccles, John Carew, 'Letters from CS Sherrington, FRS, to Angelo Ruffini between 1896 and 1903', *Notes and Records of the Royal Society of London*, 30.1 (1975): 69–88.

Gilman, S. 'Joint Position Sense and Vibration Sense: Anatomical Organisation and Assessment', *Journal of Neurology, Neurosurgery & Psychiatry*, 73.5 (2002): 473–7.

Gandevia, Simon C., et al., 'Motor Commands Contribute to Human Position Sense', *Journal of Physiology*, 571.3 (2006): 703–10.

Oby, E. R., Golub, et al., 'New Neural Activity Patterns Emerge With Long-Term Learning', *Proceedings of the National Academy of Sciences*, 116.30 (2019): 15,210–15.

https://thebrain.mcgill.ca/flash/i/i_03/i_03_cl/i_03_cl_dou/i_03_cl_dou.html

Cole, Jonathan, *Pride and a Daily Marathon*, MIT Press (1995)

McNeill, David, Quaeghebeur, Liesbet, and Duncan, Susan, 'IW – "The Man Who Lost His Body" ', *Handbook of Phenomenology and Cognitive Science*, Springer (2010): 519–43.

Woo, Seung-Hyun, et al., 'Piezo2 is the Principal Mechanotransduction Channel for Proprioception', *Nature Neuroscience*, 18.12 (2015): 1,756–62.

Mehring, C., et al., 'Augmented Manipulation Ability in Humans With Six-Fingered Hands', *Nature Communications*, 10.2401 (2019), https://doi.org/10.1038/s41467-019-10306-w

https://www.youtube.com/watch?v=Ks-_Mh1QhMc

https://digest.bps.org.uk/2018/03/28/54-study-analysis-says-power-posing-does-affect-peoples-emotions-and-is-worth-researching-further/

https://www.telegraph.co.uk/rugby-union/2017/08/24/leading-haka-fires-like-adrenalin-rush/

https://www.sciencedaily.com/releases/2017/08/170801144247.htm

Liu, Y., and Medina, J., 'Influence of the Body Schema on Multisensory Integration: Evidence From the Mirror Box Illusion', *Scientific Reports*, 7.1 (2017):1–11.

Botvinick, Matthew, and Cohen, Jonathan, 'Rubber Hands "Feel" Touch that Eyes See', *Nature*, 391 (1998): 756.

https://www.tinyurl.com/hebarbie

Van Der Hoort, B., Guterstam, A., and Ehrsson, H. H., 'Being Barbie: The Size of One's Own Body Determines the Perceived Size of the World', *PloS ONE*, 6.5 (2011): e20195.

Michel, Charles, et al., 'The Butcher's Tongue Illusion', *Perception*, 43.8 (2014): 818–24.

Sutton, J., 'Interview: "People have been ignoring the body for a long time" ', *Psychologist*, 27 (March 2014): 177–8, https://thepsychologist.bps.org.uk/volume-27/edition-3/interview-people-have-been-ignoring-body-long-time

Moseley, G. Lorimer, et al., 'Psychologically Induced Cooling of a Specific Body Part Caused by the Illusory Ownership of an Artificial Counterpart', *Proceedings of the National Academy of Sciences*, 105.35 (2008): 13,169–73.

Barnsley, N., et al., 'The Rubber Hand Illusion Increases Histamine Reactivity in the Real Arm', *Current Biology*, 21.23 (2011): R945–6.

Dieter, Kevin C., et al., 'Kinesthesis Can Make an Invisible Hand Visible', *Psychological Science*, 25.1 (2014): 66–75.

Fagard, J., et al., 'Fetal Origin of Sensorimotor Behavior', *Frontiers in Neurorobotics*, 12.23 (2018), https://doi.org/10.3389/fnbot.2018.00023

Howes, David, and Classen, Constance, 'Sounding Sensory Profiles', *Epilogue to The Varieties of Sensory Experience Howes*, David, ed, University of Toronto Press (1991).

Shubert, Tiffany E., et al. 'The Effect of an Exercise-Based Balance Intervention on physical and Cognitive Performance for Older Adults: A Pilot Study', *Journal of Geriatric Physical Therapy* 33.4 (2010): 157–64

Alloway, Ross G., and Alloway, Tracy Packiam, 'The Working Memory Benefits of Proprioceptively Demanding Training: A Pilot Study', *Perceptual and Motor Skills*, 120.3 (2015): 766–75.

Ribeiro, Fernando, and Oliveira, José, 'Aging Effects on Joint Proprioception: The Role of Physical Activity in Proprioception Preservation', *European Review of Aging and Physical Activity*, 4.2 (2007): 71-76.

Liu, Jing, et al., 'Effects of Tai Chi Versus Proprioception Exercise Program on Neuromuscular Function of the Ankle in Elderly People: A Randomized Controlled Trial', *Evidence-based Complementary and Alternative Medicine* (2012), https://doi.org/10.1155/2012/265486

Fritzsch, Bernd, Kopecky, Benjamin J., and Duncan, Jeremy S., 'Development of the Mammalian "vestibular" System: Evolution of Form to Detect Angular and Gravity Acceleration', *Development of Auditory and Vestibular Systems*, Academic Press (2014): 339–67.

第 7 章　前庭感覺

Day, Brian, and Fitzpatrick, Richard C., 'The Vestibular System', *Current Biology*, 15.15 (2005): R583–6.

Loftus, Brian D., et al., in *Neurology Secrets*, 5th edn, ed. Rolak, Loren A., Mosby/Elsevier (2010).

Romand, Raymond, and Varela-Nieto, Isabel, eds, *Development of Auditory and Vestibular Systems*, Academic Press (2014), Chapter 12.

Solé, M., et al., 'Does Exposure to Noise From Human Activities Compromise Sensory Information From Cephalopod Statocysts?', *Deep Sea Research Part II: Topical Studies in Oceanography*, 95 (2013): 160–81.

Franklin, C. L., 'An Unknown Organ of Sense', *Science*, 14.345 (1889): 183–5.

https://www.newyorker.com/magazine/1999/04/05/the-man-who-walks-on-air

https://www.theguardian.com/sport/video/2014/nov/03/nik-wallenda-skyscraper-tightrope-blindfold-twice-video

Hippocrates, trans. Jones, W. H. S., *Hippocrates Volume IV*, Loeb Classical Library 150 (1931). (The work in this collection is not necessarily attributed to Hippocrates himself, but to his tradition.)

Kennedy, Robert S., et al., 'Symptomatology Under Storm Conditions in the North Atlantic in Control Subjects and in Persons with Bilateral Labyrinthine Defects', *Acta oto-laryngologica*, 66.1–6 (1968): 533–40.

Scherer, H., et al., 'On the Origin of Interindividual Susceptibility to Motion Sickness', *Acta oto-laryngologica*, 117.2 (1997): 149–53.

Perrault, Aurore A., et al., 'Whole-Night Continuous Rocking Entrains Spontaneous Neural Oscillations With Benefits for Sleep and Memory', *Current Biology*, 29.3 (2019): R402–11.

Pasquier, Florane, et al., 'Impact of Galvanic Vestibular Stimulation on Anxiety Level in Young Adults', *Frontiers in Systems Neuroscience*, 13 (2019), https://doi.org/10.3389/fnsys.2019.00014

https://ich.unesco.org/en/RL/mevlevi-sema-ceremony-00100

http://mevlanafoundation.com/mevlevi_order_en.html

Cakmak, Y. O., et al., 'A Possible Role of Prolonged Whirling Episodes on Structural Plasticity of the Cortical Networks and Altered Vertigo Perception: The Cortex of Sufi Whirling Dervishes', *Frontiers in Human Neuroscience* (2017), https://doi.org/10.3389/fnhum.2017.00003

Lopez, Christophe, and Elzière, Maya, 'Out-of-Body Experience in Vestibular Disorders – A Prospective Study of 210 Patients With Dizziness', *Cortex*, 104 (2018): 193–206.

Blanke, Olaf, et al., 'Stimulating Illusory Own-Body Perceptions', *Nature* 419.6904 (2002): 269–70.

Tianwu, H., et al., 'Effects of Alcohol Ingestion on Vestibular Function in Postural Control', *Acta Oto-Laryngologica*, 115.519 (1995): 127–31

Rosenberg, Marissa J., et al., 'Human Manual Control Precision Depends on Vestibular Sensory Precision and Gravitational Magnitude', *Journal of Neurophysiology*, 120.6 (2018): 3,187–97.

Bermúdez Rey, M. C., et al., 'Vestibular Perceptual Thresholds Increase Above the Age of 40', *Frontiers in Neurology* (2016), https://doi.org/10.3389/fneur.2016.00162

https://www.sciencedaily.com/releases/2016/11/161128085345.htm

Agrawal, Y., et al., 'Disorders of Balance and Vestibular Function in US Adults: Data from the National Health and Nutrition Examination Survey, 2001–2004', *Archives of Internal Medicine*, 169.10 (2009): 938–44.

Serrador, Jorge M., et al., 'Vestibular Effects on Cerebral Blood Flow', *BMC Neuroscience*, 10.119 (2009), https://doi:10.1186/1471-2202-10-119

第 8 章 內感受

https://www.health.harvard.edu/staying-healthy/understanding-the-stress-response; http://mcb.berkeley.edu/courses/mcb160/Fall2005Slides/Wk12F_111805.pdf

Holmes, F. L., 'Claude Bernard, The "Milieu Intérieur" , and Regulatory Physiology', *History and Philosophy of the Life Sciences*, 8.1 (1986): 3–25.

Cannon, Walter, 'Organization for Physiological Homeostasis', *Physiological Reviews*, 9:3 (1929): 399–431

Cooper, S. J., 'From Claude Bernard to Walter Cannon: Emergence of the Concept of Homeostasis', *Appetite*, 51.3 (2008): 419–27.

Sherrington, C., *The Integrative Action of the Nervous System*, Scribner (1906).

Nonomura, Keiko, et al., 'Piezo2 Senses Airway Stretch and Mediates Lung Inflation-Induced Apnoea', *Nature*, 541.7636 (2017): 176–81.

Parkes, M. J., 'Breath-Holding and Its Breakpoint', *Experimental Physiology*, 91.1 (2006): 1–15.

de Wolf, Elizabeth, Cook, Jonathan, and Dale, Nicholas, 'Evolutionary Adaptation of the Sensitivity of Connexin26 Hemichannels to CO2', *Proceedings of the Royal Society B: Biological Sciences*, 284 (1848) (2017), https://doi.org/10.1098/rspb.2016.2723

Jalalvand, Elham, et al., 'Cerebrospinal Fluid-Contacting Neurons Sense pH Changes and Motion in the Hypothalamus', *Journal of Neuroscience* 38.35 (2018): 7,713–24.

Cannon, W. B., 'Physiological Regulation of Normal States: Some Tentative Postulates Concerning Biological Homeostatics', Editions Médicales (1926).

Yuan, Guoxiang, et al., 'Protein Kinase G–Regulated Production of H2S Governs Oxygen Sensing', *Sci. Signal*, 8.373 (2015): ra37–ra37.

Chapleau, M. W., 'Cardiovascular Mechanoreceptors', in Ito, F., ed., *Comparative Aspects of Mechanoreceptor Systems: Advances in Comparative and Environmental Physiology*, 10 (1992): 137–164.

Zeng, Wei-Zheng, et al., 'PIEZOs Mediate Neuronal Sensing of Blood Pressure and the Baroreceptor Reflex', Science 362.6413 (2018): 464–7; Xu, Jie, et al., 'GPR68 Senses Flow and is Essential for Vascular Physiology', *Cell*, 173.3 (2018): 762–75.

www.herbertnitsch.com and *Herbert Nitsch, Back from the Abyss* (2013).

Garfinkel, S. N., et al., 'Knowing Your Own Heart: Distinguishing Interoceptive Accuracy From Interoceptive Awareness', *Biological Psychology*, 104 (2015): 65–74.

Herbert, Beate M., Ulbrich, Pamela, and Schandry, Rainer, 'Interoceptive Sensitivity and Physical Effort: Implications for the Self-Control of Physical Load in Everyday Life', *Psychophysiology*, 44.2 (2007): 194–202.

Koch, A., and Pollatos, O., 'Interoceptive Sensitivity, Body Weight and Eating Behavior in Children: A Prospective Study', *Frontiers in Psychology,* 5 (2014), https://doi.org/10.3389/fpsyg.2014.01003

Herbert, Beate M., and Pollatos, Olga. 'Attenuated Interoceptive Sensitivity in Overweight and Obese Individuals', *Eating Behaviors*, 15.3 (2014): 445–8.

Critchley, Hugo D., and Harrison, Neil A., 'Visceral Influences on Brain and Behavior', *Neuron*, 77.4 (2013): 624–38.

Porges, S. W., 'Cardiac Vagal Tone: A Physiological Index of Stress', *Neuroscience & Biobehavioral Reviews*, 19.2 (1995): 225–33.

Young, Emma, 'Vagus Thinking: Meditate Your Way to Better Health', *New Scientist*, 10 July 2013.

Hansen, Anita Lill, et al., 'Heart Rate Variability and Its Relation to Prefrontal Cognitive Function: The Effects of Training and Detraining', *European Journal of Applied Physiology*, 93.3 (2004): 263–72.

Thayer, Julian F., and Lane Richard D., 'The Role of Vagal Function in the Risk for Cardiovascular Disease and Mortality', *Biological Psychology*, 74.2 (2007): 224–42.

Vince, Gaia, 'Hacking the Nervous System', *Mosaic*, 25 May 2015.

Oveis, Christopher, et al., 'Resting Respiratory Sinus Arrhythmia is Associated with Tonic Positive Emotionality', *Emotion*, 9.2 (2009): 265–270.

Hansen, Anita Lill, Johnsen, Bjørn Helge, and Thayer, Julian F., 'Vagal Influence on Working Memory and Attention', I*nternational Journal of Psychophysiology*, 48.3 (2003): 263–74.

Guiraud, Thibaut, et al., 'High-Intensity Interval Exercise Improves Vagal Tone and Decreases Arrhythmias in Chronic Heart Failure', *Medicine & Science in Sports & Exercise*, 45.10 (2013): 1,861–7.

第 9 章 溫覺

Fairclough, Stephen, and King, Nicole, 'Choanoflagellates: Choanoflagellida, Collared-Flagellates' (14 August 2006), https://tolweb.org/Choanoflagellates/2375/2006.08.14 in the 'Tree of Life Web Project'

Wang, H., and Siemens, J., 'TRP Ion Channels in Thermosensation, Thermoregulation and Metabolism', *Temperature*, 2.2 (2015): 178–87.

Moparthi, L., et al., 'Human TRPA1 is Intrinsically Cold and Chemosensitive With and Without Its N-terminal Ankyrin Repeat Domain', *Proceedings of the National Academy of Sciences*, 111.47 (2014): 16,901–6

Myers, B. R., Sigal, Y. M., and Julius, D., 'Evolution of Thermal Response Properties in a Cold-Activated TRP Channel', *PloS ONE*, 4.5 (2009): e5741

Bautista, D. M., et al., 'The Menthol Receptor TRPM8 is the Principal Detector of Environmental Cold', *Nature*, 448.7150 (2007): 204–8.

Kraft, K. H., et al., 'Multiple Lines of Evidence for the Origin of Domesticated Chili Pepper, Capsicum annuum, in Mexico', *Proceedings of the National Academy of Sciences*, 111.17 (2014): 6,165–70.

Han, Y., Li, B., et al., 'Molecular Mechanism of the Tree Shrew's Insensitivity to Spiciness', *PLoS Biology*, 16.7 (2018): e2004921.

Siemens, J., et al., 'Spider Toxins Activate the Capsaicin Receptor to Produce Inflammatory Pain', *Nature*, 444.7116 (2006): 208–12.

http://blog.monell.org/02/22/introducing-marco-tizzano/

Smith, C. U. M., *Biology of Sensory Systems*, Wiley-Blackwell (2008) (also for the sections below).

Morrison, S. F., 'Central Control of Body Temperature', *F1000Research*, 5 (2016), https://doi.org/10.12688/f1000research.7958.1

Stevens, K. C., and Choo, K. K., 'Temperature Sensitivity of the Body Surface Over the Life Span', *Somatosensory & Motor Research*, 15.1 (1998): 13–28.

https://www.heart.co.uk/showbiz/celebrities/definitive-list-worlds-sexiest-men-2020/

Conference report: https://www.newscientist.com/article/dn10213-women-become-sexually-aroused-as-quickly-as-men/

Stevens, J. C., and Green, B. G., 'Temperature–Touch interaction: Weber's Phenomenon Revisited', *Sensory Processes*, 2.3 (1978): 206–219.

Frankmann, S. P., and Green, B. G., 'Differential Effects of Cooling on the Intensity of Taste', *NYASA*, 510.1 (1987): 300–3.

Green, B. G., Lederman, S. J., and Stevens, J. C., 'The Effect of Skin Temperature on the Perception of Roughness', *Sensory Processes*, 3.4 (1979): 327–33.

Stevens, J. C., 'Temperature Can Sharpen Tactile Acuity', *Perception & Psychophysics*, 31.6 (1982): 577–80.

Gröger, Udo, and Wiegrebe, Lutz, 'Classification of Human Breathing Sounds by the Common Vampire Bat, Desmodus rotundus', *BMC Biology*, 4.1 (2006): 18.

Gracheva, Elena O., et al., 'Ganglion-Specific Splicing of TRPV1 Underlies Infrared Sensation in Vampire Bats', *Nature*, 476.7358 (2011): 88–91.

Story, Gina M., 'The Emerging Role of TRP Channels in Mechanisms of Temperature and Pain Sensation', *Current Neuropharmacology*, 4.3 (2006): 183–96.

https://www.ncbi.nlm.nih.gov/gene/7442; Xu, H., et al., 'Functional Effects of Nonsynonymous Polymorphisms in the Human TRPV1 Gene', *American Journal of Physiology-Renal Physiology*, 293.6 (2007): F1865–76.

https://www.guinnessworldrecords.com/world-records/hottest-chili

Spinney, J., 'Consciousness Isn't Just the Brain', *New Scientist* (24 June 2020).

https://www.ocregister.com/2016/09/30/how-to-survive-eating-a-carolina-reaper-the-worlds-hottest-pepper/

Gianfaldoni, Serena, et al., 'History of the Baths and Thermal Medicine', *Open Access Macedonian Journal of Medical Sciences*, 5.4 (2017): 566–568.

Fagan, Garrett, C., *Bathing in Public in the Roman World*, University of Michigan Press (2002).

Zaccardi, F., et al., 'Sauna Bathing and Incident Hypertension: A Prospective Cohort Study', *American Journal of Hypertension*, 30.11 (2017): 1,120–5.

Cochrane, Darryl J., 'Alternating Hot and Cold Water Immersion for Athlete Recovery: A Review', *Physical Therapy in Sport*, 5.1 (2004): 26–32.

https://www.bbc.co.uk/sport/tennis/40489130

Chang, T. Y., and Kajackaite, A., 'Battle for the Thermostat: Gender and the Effect of Temperature on Cognitive Performance', *PloS ONE*, 14.5 (2019): e0216362.

Pliny the Elder, *Natural History*, https://doi.org/10.4159/DLCL.pliny_elder-natural_history.1938

Moussaieff, A., et al., 'Incensole Acetate, an Incense Component, Elicits Psychoactivity by Activating TRPV3 Channels in the Brain', *FASEB Journal*, 22.8 (2008): 3,024–34.

Bargh, J. A., and Shalev, I., 'The Substitutability of Physical and Social Warmth in Daily Life', *Emotion*, 12.1 (2012): 154–62.

https://digest.bps.org.uk/2020/01/27/cold-days-can-make-us-long-for-social-contact-but-warming-up-our-bodies-eliminates-this-desire/

第 10 章 痛覺

In 2019, the International Association for the Study of Pain (IASP) proposed a new definition of pain as 'an unpleasant sensory and emotional experience associated with actual or potential tissue damage, or described in terms of such damage'.

Descartes, *Treatise of Man*, Prometheus Books (2003).

Sherrington, C. S., 'Qualitative Differences of Spinal Reflex Corresponding with Qualitative Difference of Cutaneous Stimulus', *Journal of Physiology*, 30 (1903): 39–46.

'50 Shades of Pain', *Nature*, 535.200 (14 July 2016), https://doi.org/10.1038/535200a

Dubin, Adrienne E., and Patapoutian, Ardem, 'Nociceptors: The Sensors of the Pain Pathway', *Journal of Clinical Investigation*, 120.11 (2010): 3,760–72.

Tracey Jr, W. Daniel, 'Nociception', *Current Biology*, 27.4 (2017): R129–33.

Jones, Nicholas G., et al., 'Acid-Induced Pain and Its Modulation in Humans', *Journal of Neuroscience*, 24.48 (2004): 10,974–9.

Bryant, Bruce P., 'Mechanisms of Somatosensory Neuronal Sensitivity to Alkaline pH', *Chemical Senses*, 30.1 (2005): i196–7, https://doi.org/10.1093/chemse/bjh182

Rivlin, R. S., 'Historical Perspective on the Use of Garlic', *Journal of Nutrition*, 131.3 (2001): 951S–4S.

Sharp, O, Waseem, S., and Wong, K. Y., 'A Garlic Burn: BMJ Case Reports', *BMJ Case Reports* 2018, https://doi.org/10.1136/bcr-2018-226027

https://nba.uth.tmc.edu/neuroscience/m/s2/chapter06.html

Benly, P., 'Role of Histamine in Acute Inflammation', *Journal of Pharmaceutical Sciences and Research*, 7.6 (2015): 373–376.

Han, Liang, et al., 'A Subpopulation of Nociceptors Specifically Linked to Itch', *Nature Neuroscience* 16.2 (2013): 174–182.

Benly, P., 'Role of Histamine in Acute Inflammation', *Journal of Pharmaceutical Sciences and Research*, 7.6 (2015): 373–376.

https://www.ucl.ac.uk/anaesthesia/sites/anaesthesia/files/PainPathwaysIntroduction.pdf

Wager, T. D., et al., 'An fMRI-Based Neurologic Signature of Physical Pain', *New England Journal of Medicine*, 368.15 (2013): 1,388–97.

https://mrc.ukri.org/news/blog/painless-a-q-a-with-geoff-woods/?redirected-from-wordpress

Ossipov, Michael H., Dussor, Gregory O., and Porreca, Frank, 'Central Modulation of Pain', *Journal of Clinical Investigation*, 120.11 (2010): 3,779–87.

Livingstone, David, *Missionary Travels and Researches in South Africa*, Chapter 1, https://www.gutenberg.org/files/1039/1039-h/1039-h.htm

https://www.theguardian.com/science/2019/mar/28/scientists-find-genetic-mutation-that-makes-woman-feel-no-pain

Critchley, H. D., and Garfinkel, S. N., 'Interactions Between Visceral Afferent Signaling and Stimulus Processing', *Frontiers in Neuroscience*, 9 (2015), https://doi.org/10.3389/fnins.2015.00286

https://www.shu.ac.uk/research/in-action/projects/vr-and-burns

Keltner, John R., et al., 'Isolating the Modulatory Effect of Expectation on Pain Transmission: A Functional Magnetic Resonance Imaging Study', *Journal of Neuroscience* 26.16 (2006): 4,437–43

Colloca, Luana, and Benedetti, Fabrizio, 'Nocebo Hyperalgesia: How Anxiety is Turned Into Pain', *Current Opinion in Anesthesiology*, 20.5 (2007): 435–9.

Petrovic, Predrag, et al., 'Placebo and Opioid Analgesia – Imaging a Shared Neuronal Network', *Science*, 295.5560 (2002): 1,737–40.

Stephens, Richard, Atkins, John, and Kingston, Andrew, 'Swearing as a Response to Pain', *Neuroreport*, 20.12 (2009): 1,056–60.

https://thebrain.mcgill.ca/flash/i/i_03/i_03_cl/i_03_cl_dou/i_03_cl_dou.html

Goldstein, Pavel, Weissman-Fogel, Irit, and Shamay-Tsoory, Simone G., 'The Role of Touch in Regulating Inter-Partner Physiological Coupling During Empathy for Pain', *Scientific Reports*, 7.3252 (2017), https://doi.org/10.1038/s41598-017-03627-7

Lawler, Andrew, 'Did Ancient Mesopotamians Get High? Near Eastern Rituals May Have Included Opium, Cannabis', *Science* (2018), https://doi.org/ 10.1126/science.aat9271

Ren, Meng, et al., 'The Origins of Cannabis Smoking: Chemical Residue Evidence from the First Millennium BCE in the Pamirs', *Science Advances*, 5.6 (2019), https://doi.org/10.1126/sciadv.aaw1391

https://www.exeter.ac.uk/news/research/title_645441_en.html

DeWall, C. Nathan, et al., 'Acetaminophen Reduces Social Pain: Behavioral and Neural Evidence', *Psychological Science*, 21.7 (2010): 931–7.

Sznycer, Daniel, et al., 'Cross-Cultural Invariances in the Architecture of Shame', *Proceedings of the National Academy of Sciences*, 115.39 (2018): 9,702–7.

https://news.feinberg.northwestern.edu/2015/02/garcia-auditory-pathway/; Okamoto, Keiichiro, et al., 'Bright Light Activates a Trigeminal Nociceptive Pathway', *Pain*, 149.2 (2010): 235–42.

第 11 章　胃腸道感覺

Pankhurst, E., *My Own Story*, Eveleigh Nash (1914), https://www.gutenberg.org/files/34856/34856-h/34856-h.htm

https://www.parliament.uk/about/living-heritage/transformingsociety/electionsvoting/womenvote/overview/deedsnotwords/

https://www.theguardian.com/commentisfree/libertycentral/2009/jul/06/suffragette-hunger-strike-protest

https://spartacus-educational.com/Whunger.htm

Chantranupong, Lynne, Wolfson, Rachel L., and Sabatini, David M., 'Nutrient-Sensing Mechanisms Across Evolution', *Cell*, 161.1 (2015): 67–83.

Osorio, Marina Borges, et al., 'SPX4 Acts on PHR1-Dependent and Independent Regulation of Shoot Phosphorus Status in Arabidopsis', *Plant Physiology*, 181.1 (2019): 332–52

Chien, Pei-Shan, et al., 'Sensing and Signaling of Phosphate Starvation: From Local to Long Distance', *Plant and Cell Physiology*, 59.9 (2018): 1,714–22.

Cannon, W. B., and Washburn, A. L., 'An Explanation of Hunger', *American Journal of Physiology*, 29 (1912): 441–54.

https://ourworldindata.org/hunger-and-undernourishment

Santaca, Maria, et al., 'Can Reptiles Perceive Visual Illusions? Delboeuf Illusion in Red-Footed Tortoise (Chelonoidis carbonaria) and Bearded Dragon (Pogona vitticeps)', *Journal of Comparative Psychology*, 133.4 (2019): 419–27.

Bai, L., et al., 'Genetic Identification of Vagal Sensory Neurons That Control Feeding', *Cell*, 179.5 (2019): 1,129–43.

Van Dyck, Zoé, et al., 'The Water Load Test as a Measure of Gastric Interoception: Development of a Two-Stage Protocol and Application to a Healthy Female Population', *PloS ONE*, 11.9 (2016), https://doi.org/10.1371/journal.pone.0163574

Cummings, D. E., and Overduin, J., 'Gastrointestinal Regulation of Food Intake', *Journal of Clinical Investigation*, 117.1 (2007): 13–23.

Herbert, B. M., et al., 'Interoception Across Modalities: On the Relationship Between Cardiac Awareness and the Sensitivity for Gastric Functions', *PloS ONE*, 7.5 (2012): e36646.

Koch, Anne, and Pollatos, Olga, 'Interoceptive Sensitivity, Body Weight and Eating Behavior in Children: A Prospective Study', *Frontiers in Psychology*, 5 (2014): 1,003.

https://digest.bps.org.uk/2017/12/13/imagining-bodily-states-like-feeling-full-can-affect-our-future-preferences-and-behaviour/

MacCormack, Jennifer K., and Lindquist, Kristen A., 'Feeling Hangry? When Hunger is Conceptualized as Emotion', *Emotion*, 19.2 (2019): 301–19.

Kalra, Priya B., Gabrieli, John D. E., and Finn, Amy S., 'Evidence of Stable Individual Differences in Implicit Learning', *Cognition* 190 (2019): 199–211.

Werner, Natalie S., et al., 'Enhanced Cardiac Perception is Associated with Benefits in Decision-Making', *Psychophysiology*, 46.6 (2009): 1,123–9.

Dunn, Barnaby D., et al., 'Listening to Your Heart: How Interoception Shapes Emotion Experience and Intuitive Decision Making', *Psychological Science*, 21.12 (2010): 1,835–44.

Kandasamy, Narayanan, et al., 'Interoceptive Ability Predicts Survival on a London Trading Floor', *Scientific Reports*, 6.1 (2016): 1–7.

Mitchell, H. H., et al., 'The Chemical Composition of the Adult Human Body and Its Bearing on the Biochemistry of Growth', *Journal of Biological Chemistry*, 158.3 (1945): 625–37.

Chumlea, W. Cameron, et al., 'Total Body Water Data for White Adults 18 to 64 Years of Age: The Fels Longitudinal Study', *Kidney International*, 56.1 (1999): 244–52.

Verbalis, Joseph G., 'How Does the Brain Sense Osmolality?', *Journal of the American Society of Nephrology*, 18.12 (2007): 3,056–9.

Zimmerman, Christopher A., et al., 'A Gut-to-Brain Signal of Fluid Osmolarity Controls Thirst Satiation', *Nature*, 568.7750 (2019): 98–102.

https://www.sciencedaily.com/releases/2019/03/190327142026.htm

Valtin, Heinz, and (With the Technical Assistance of Sheila A. Gorman), ' "Drink at Least Eight Glasses of Water a Day." Really? Is There Scientific Evidence for "8×8" ?', *American Journal of Physiology-Regulatory, Integrative and Comparative Physiology*, 283.5 (2002): R993–1004.

Saker, P., et al, 'Overdrinking, Swallowing Inhibition, and Regional Brain Responses Prior to Swallowing', *Proceedings of the National Academy of Sciences*, 113.43 (2016): 12,274–9. https://www.sciencedaily.com/releases/2016/10/161007111027.htm

Miyamoto, Tatsuya, et al., 'Functional Role for Piezo1 in Stretch-Evoked Ca2+ Influx and ATP Release in Urothelial Cell Cultures', *Journal of Biological Chemistry*, 289.23 (2014): 16,565–75.

第 12 章　方向感

Ishikawa, Toru, and Montello, Daniel R., 'Spatial Knowledge Acquisition from Direct Experience in the Environment: Individual Differences in the Development of Metric Knowledge and the Integration of Separately Learned Places', *Cognitive Psychology*, 52.2 (2006): 93–129.

Hegarty, M., et al., 'Development of a Self-Report Measure of Environmental Spatial Ability', *Intelligence*, 30.5 (2002): 425–47.

O'Keefe, John, and Dostrovsky, Jonathan, 'The Hippocampus as a Spatial Map: Preliminary Evidence from Unit Activity in the Freely-Moving Rat', *Brain Research*, 34.1 (1971): 171–5.

Hafting, Torkel, et al., 'Microstructure of a Spatial Map in the Entorhinal Cortex', *Nature*, 436.7052 (2005): 801–6.

Epstein, Russell A., et al., 'The Cognitive Map in Humans: Spatial Navigation and Beyond', *Nature Neuroscience*, 20.11 (2017): 1,504–13.

Preston-Ferrer, Patricia, et al., 'Anatomical Organization of Presubicular Head-Direction Circuits', *eLife*, 5 (2016): e14592.

Vélez-Fort, Mateo, et al., 'A Circuit for Integration of Head-and Visual-Motion Signals in Layer 6 of Mouse Primary Visual Cortex', *Neuron*, 98.1 (2018): 179–91.

Guerra, Patrick A., Gegear, Robert J., and Reppert, Steven M., 'A Magnetic Compass Aids Monarch Butterfly Migration', *Nature Communications*, 5.1 (2014): 1–8

Gegear, Robert, J., et al., 'Demystifying Monarch Butterfly Migration', *Current Biology*, 28.17 (2018): R1009–22, https://doi.org/10.1016/j.cub.2018.02.067

Eder, Stephan H. K., et al., 'Magnetic Characterization of Isolated Candidate Vertebrate Magnetoreceptor Cells', *Proceedings of the National Academy of Sciences*, 109.30 (2012): 12,022–7.

Lohmann, Kenneth J., Putman, Nathan F., and Lohmann, Catherine M. F., 'Geomagnetic Imprinting: A Unifying Hypothesis of Long-Distance Natal Homing in Salmon and Sea Turtles', *Proceedings of the National Academy of Sciences*, 105.49 (2008): 19,096–101.

Gould, James L., 'Animal Navigation: The Evolution of Magnetic Orientation', *Current Biology*, 18.11 (2008): R482–4

Sutton, Gregory P., et al., 'Mechanosensory Hairs in Bumblebees (Bombus terrestris) Detect Weak Electric Fields', *Proceedings of the National Academy of Sciences*, 113.26 (2016): 7,261–5.

Chong, Lisa D., et al., 'Animal Magnetoreception', *Science*, 351.6278 (11 March 2016): 1,163–4.

Foley, Lauren E., Gegear, Robert J., and Reppert, Steven M., 'Human Cryptochrome Exhibits Light-Dependent Magnetosensitivity', *Nature Communications*, 2.1 (2011): 1–3.

Nießner, Christine, et al., 'Cryptochrome 1 in Retinal Cone Photoreceptors Suggests a Novel Functional Role in Mammals', *Scientific Reports*, 6 (2016), https://doi.org/10.1038/srep21848

Wang, Connie X., et al., 'Transduction of the Geomagnetic Field as Evidenced from Alpha-Band Activity in the Human Brain', *eNeuro*, 6.2 (2019), https://doi.org/10.1523/ENEURO.0483-18.2019

Jacobs, L. F., et al., 'Olfactory Orientation and Navigation in Humans', *PLoS ONE*, 10.6 (2015): e0129387.

Moser, May-Britt, Rowland, David C., and Moser, Edvard I., 'Place Cells, Grid Cells, and Memory', *Cold Spring Harbor Perspectives in Biology*, 7.2 (2015), https://doi.org/10.1101/cshperspect.a021808

Dahmani, Louisa, et al., 'An Intrinsic Association Between Olfactory Identification and Spatial Memory in Humans', *Nature Communications*, 9.1 (2018): 1–12.

https://jeb.biologists.org/content/222/Suppl_1/jeb186924

https://www.sciencedaily.com/releases/2015/06/150617175250.htm

Sharp, Andrew, 'Polynesian Navigation: Some Comments', *Journal of the Polynesian Society* (1963): 384–96.

Lewis, D., *The Voyaging Stars: Secrets of the Pacific Island Navigators* (1978).

Souman, J. L., et al., 'Walking Straight Into Circles', *Current Biology*, 19.18 (2009): R1,538–42.

Bestaven, Emma, Guillaud, Etienne, and Cazalets, Jean-René, 'Is "Circling" Behavior in Humans Related to Postural Asymmetry?', *PloS ONE*, 7.9 (2012), https://doi.org/10.1371/journal.pone.0043861

Young, Emma, 'The Disoriented Ape: Why Clever People Can be Terrible Navigators, *New Scientist* (12 December 2018).

Gagnon, K. T., et al., 'Sex Differences in Exploration Behavior and the Relationship to Harm Avoidance', *Human Nature*, 27.1 (2016): 82–97.

Cashdan, E., and Gaulin, S. J., 'Why Go There? Evolution of Mobility and Spatial Cognition in Women and Men', *Human Nature*, 27.1 (2016): 1–15.

Patai, E. Z., et al., 'Hippocampal and Retrosplenial Goal Distance Coding After Long-Term Consolidation of a Real-World Environment', *Cerebral Cortex*, 29.6 (2019): 2,748–58

Javadi, A. H., et al., 'Hippocampal and Prefrontal Processing of Network Topology to Simulate the Future', *Nature Communications*, 8.1 (2017): 1–11.

https://www.ucl.ac.uk/news/2019/apr/key-brain-region-navigating-familiar-places-identified

Schumann, Frank, and O'Regan, J. Kevin, 'Sensory Augmentation: Integration of an Auditory Compass Signal Into Human Perception of Space', *Scientific Reports* 7 (2017), https://doi.org/10.1038/srep42197

第 13 章 性別差異

Sorokowski, P., et al., 'Sex Differences in Human Olfaction: A Meta-Analysis', *Frontiers in Psychology*, 10 (2019), https://doi.org/10.3389/fpsyg.2019.00242

https://www.perfumerflavorist.com/fragrance/research/The-National-Geographic-Smell-Survey----1The-Beginning-373559131.html

Oliveira-Pinto, A. V., et al., 'Sexual Dimorphism in the Human Olfactory Bulb: Females Have More Neurons and Glial Cells Than Males', *PloS ONE*, 9.11 (2014): e111733.

https://www.scientificamerican.com/article/fertile-women-heightened-sense-smell/

Verma, P., et al., 'Salt Preference Across Different Phases of Menstrual Cycle', *Indian J Physiol Pharmacol*, 49.1 (2005): 99–102.

Barbosa, Diane Eloy Chaves, et al., 'Changes in Taste and Food Intake During the Menstrual Cycle', *Journal of Nutrition & Food Sciences*, 5.4 (2015), https://doi.org/10.4172/2155-9600.1000383

McNeil, Jessica, et al., 'Greater Overall Olfactory Performance, Explicit Wanting for High Fat Foods and Lipid Intake During the Mid-Luteal Phase of the Menstrual Cycle', *Physiology & Behavior*, 112 (2013): 84–9.

Cameron, E. Leslie, 'Pregnancy and Olfaction: A Review', *Frontiers in Psychology*, 5 (2014), https://doi.org/10.3389/fpsyg.2014.00067

Choo, Ezen, and Dando, Robin, 'The Impact of Pregnancy on Taste Function', *Chemical Senses*, 42.4 (2017): 279–86.

Yoshida, R., 'Hormones and Bioactive Substances That Affect Peripheral Taste Sensitivity', *Journal of Oral Biosciences*, 54.2 (2012): 67–72.

Shigemura, Noriatsu, et al., 'Angiotensin II Modulates Salty and Sweet Taste Sensitivities', *Journal of Neuroscience*, 33.15 (2013): 6,267–7.

https://www.who.int/whr/2005/chapter3/en/index3.html

Kinsley, Craig Howard, et al., 'The Mother as Hunter: Significant *Reduction in Foraging* Costs Through Enhancements of Predation in Maternal Rats', *Hormones and Behavior*, 66.4 (2014): 649–54.

Barha, Cindy K., and Galea, Liisa A. M., 'Motherhood Alters the Cellular Response to Estrogens in the Hippocampus Later in Life', *Neurobiology of Aging*, 32.11 (2011): 2,091–5.

Keogh, E., and Arendt-Nielsen, L., 'Sex Differences in Pain', *European Journal of Pain*, 8.5 (2004): 395–6, https://doi.org/10.1016/j.ejpain.2004.01.004

https://www.nature.com/articles/d41586-019-00895-3

McFadden, D., 'Sex Differences in the Auditory System', *Developmental Neuropsychology*, 14.2–3 (1998): 261–98.

Fider, N. A., and Komarova, N. L., 'Differences in Color Categorization Manifested by Males and Females: A Quantitative World Color Survey Study', *Palgrave Communications*, 5.1 (2019): 1–10.

Abramov, I., et al., 'Sex and Vision II: Color Appearance of Monochromatic Lights', *Biology of Sex Differences*, 31 (2012), https://doi.org/10.1186/2042-6410-3-21

https://www.ifst.org/sites/default/files/Is%20Gender%20a%20Challenge%20for%20Your%20Sensory%20Panel%20v9.pdf

第 14 章　感官與情緒

James, W., 'What is an Emotion?' *Mind*, 9.34 (1884): 188–205, https://doi.org/10.1093/mind/os-IX.34.188

James, W., *The Principles of Psychology*, Henry Holt (1890).

Pessoa, Luiz, 'Emotion and Cognition and the Amygdala: From "What is it?" to "What's to be Done?" ', *Neuropsychologia*, 48.12 (2010): 3,416–29.

Hyman, Steven E., 'How Adversity Gets Under the Skin', *Nature Neuroscience*, 12.3 (2009): 241–3; http://www.columbia.edu/cu/biology/courses/c2006/lectures08/xtra15-08.html

Cannon, W. B., 'The James-Lange Theory o Emotions: A Critical Examination and an Alternative Theory' (1927), in the *American Journal of Psychology*, 39: 106–124.

Seth, A. K., 'Interoceptive Inference, Emotion, and the Embodied Self', Trends in Cognitive Sciences, 17.11 (2013): 565–73

Seth, Anil K., and Friston, Karl J., 'Active Interoceptive Inference and the Emotional Brain', *Philosophical Transactions of the Royal Society B: Biological Sciences*, 371.1708 (2016), https://doi.org/10.1098/rstb.2016.0007

Seth, Anil K., and Critchley, Hugo D., 'Extending Predictive Processing to the Body: A New View of Emotion?', *Behavioural and Brain Sciences*, 36.3 (2013): 227–8.

Nummenmaa, Lauri, et al., 'Maps of Subjective Feelings', *Proceedings of the National Academy of Sciences*, 115.37 (2018): 9,198–203.

Critchley, H. D., and Garfinkel, S. N., 'Interoception and Emotion', *Current Opinion in Psychology*, 17 (2017): 7–14.

Aristotle, trans. Lawson-Tancred, H. C., *De Anima*, Penguin Classics (1987): 22.

Dutton, Donald G., and Aron, Arthur P., 'Some Evidence for Heightened Sexual Attraction Under Conditions of High Anxiety', *Journal of Personality and Social Psychology*, 30.4 (1974): 510–17.

Azevedo, Ruben T., et al., 'Cardiac Afferent Activity Modulates the Expression of Racial Stereotypes', *Nature Communications*, 8.1 (2017): 1–9.

Nix, Justin, et al, 'A Bird's Eye View of Civilians Killed by Police in 2015: Further Evidence of Implicit Bias', *Criminology & Public Policy*, 16.1 (2017): 309–40

https://www.washingtonpost.com/investigations/protests-spread-over-police-shootings-police-promised-reforms-every-year-they-still-shoot-nearly-1000-people/2020/06/08/5c204f0c-a67c-11ea-b473-04905b1af82b_story.html

Sifneos, P. E, 'Alexithymia, Clinical Issues, Politics and Crime', *Psychotherapy and Psychosomatics*, 69.3 (2000): 113–16.

Murphy, J., Catmur, C., and Bird, G., 'Alexithymia is Associated with a Multidomain, Multidimensional Failure of Interoception: Evidence from Novel Tests', *Journal of Experimental Psychology: General*, 147.3 (2018): 398–408.

Brewer, R., Cook, R., and Bird, G., 'Alexithymia: A General Deficit of Interoception', *Royal Society Open Science*, 3.10 (2016), https://doi.org/10.1098/rsos.150664

Hatfield, E., Cacioppo, J. T., and Rapson, R., *Emotional Contagion*, Cambridge University Press (1994).

Dalton, P., et al., 'Chemosignals of Stress Influence Social Judgments', *PLoS ONE*, 8.10 (2013): e77144.

Stönner, Christof, et al., 'Proof of Concept Study: Testing Human Volatile Organic Compounds as Tools for Age Classification of Films', *PLoS ONE*, 13.10 (2018), https://doi.org/10.1371/journal.pone.0203044

Singh, P. B., et al., 'Smelling Anxiety Chemosignals Impairs Clinical Performance of Dental Students', *Chemical Senses*, 43.6 (2018): 411–17.

Gallese, V., et al., 'Action Recognition in the Premotor Cortex', *Brain*, 119.2 (1996): 593–609.

mirror neuron research: Christian Keysers, *The Empathic Brain*, Social Brain Press (2011).

Özkan, D. G., et al., 'Predicting the Fate of Basketball Throws: An EEG study on Expert Action Prediction in Wheelchair Basketball Players', *Experimental Brain Research*, 237.12 (2019): 3,363–73.

Dinstein I., et al., 'Brain Areas Selective for Both Observed and Executed Movements', *Journal of Neurophysiolgy*, 98 (2007): 1,415–27

Molenberghs, P., Cunnington, R., and Mattingley, J. B., 'Brain Regions with Mirror Properties: A Meta-Analysis of 125 Human fMRI Studies', *Neuroscience Biobehavioural Reviews*, 36 (2012): 341–9

Mukamel, R., et al., 'Single-Neuron Responses in Humans During Execution and Observation of Actions', *Current Biology*, 20 (2010): R750–6.

Jabbi, M., Bastiaansen, J., and Keysers, C., 'A Common Anterior Insula Representation of Disgust Observation, Experience and Imagination Shows Divergent Functional Connectivity Pathways', *PloS ONE*, 3.8 (2008): e2939.

Calder, A. J., et al., 'Impaired Recognition and Experience of Disgust Following Brain Injury', *Nature Reviews Neuroscience*, 3 (2000): 1,077–8.

Bird, G., et al., 'Empathic Brain Responses in Insula Are Modulated by Levels of Alexithymia but Not Autism', *Brain*, 133.5 (2010): 1,515–25.

Cook, R., et al. 'Alexithymia, Not Autism, Predicts Poor Recognition of Emotional Facial Expressions', *Psychological Science*, 24.5 (2013): 723–32; Bird, G., Press, C., and Richardson, D. C., 'The Role of Alexithymia in Reduced Eye-Fixation in Autism Spectrum Conditions', *Journal of Autism and Developmental Disorders*, 41.11 (2011): 1,556–64.

Tottenham, N., et al., 'Elevated Amygdala Response to Faces and Gaze Aversion in Autism Spectrum Disorder', *Social Cognitive and Affective Neuroscience*, 9.1 (2014): 106–117, https:/doi.org/10.1093/scan/nst050

Garfinkel, Sarah N., et al., 'Discrepancies Between Dimensions of Interoception in Autism: Implications for Emotion and Anxiety', *Biological Psychology*, 114 (2016): 117–26.

Spinney, L., 'Consiousness Isn't Just the Brain', *New Scientist* (24 June, 2020).

Murphy, Jennifer, et al., 'Interoception and Psychopathology: A Developmental Neuroscience Perspective', *Developmental Cognitive Neuroscience*, 23 (2017): 45–56

Murphy, J., Viding, E., and Bird, G., 'Does Atypical Interoception Following Physical Change Contribute to Sex Differences in Mental Illness?', *Psychological Review*, 126.5 (2019): 787–9, https://doi.org/10.1037/rev0000158

Singer, Tania, and Frith, Chris, 'The Painful Side of Empathy', *Nature Neuroscience*, 8.7 (2005): 845–6.

Grice-Jackson, T., et al., 'Common and Distinct Neural Mechanisms Associated with the Conscious Experience of Vicarious Pain', *Cortex*, 94 (2017): 152–63.

http://www.alessioavenanti.com/pdf_library/avenanti2006psychneurosci.pdf

Maister, Lara, Banissy, Michael J., and Tsakiris, Manos, 'Mirror-Touch Synaesthesia Changes Representations of Self-Identity', *Neuropsychologia*, 51.5 (2013): 802–8.

Banissy, Michael J., et al., 'Prevalence, Characteristics and a Neurocognitive Model of Mirror-Touch Synaesthesia', *Experimental Brain Research*, 198.2–3 (2009): 261–72.

Banissy, Michael J., and Ward, Jamie, 'Mirror-Touch Synesthesia is Linked with Empathy', *Nature Neuroscience*, 10.7 (2007): 815–16

Keysers, C., Kaas, J. H., and Gazzola, V., 'Somatosensation in Social Perception', *Nature Reviews Neuroscience*, 11.6 (2010): 417–28.

第 15 章　敏感

https://hsperson.com/test/highly-sensitive-test/

Aron, E. N., and Aron, A., 'Sensory-Processing Sensitivity and Its Relation to Introversion and Emotionality', *Journal of Personality and Social Psychology*, 73.2 (1997): 345–68.

Wilson, David S., et al., 'Shy-Bold Continuum in Pumpkinseed Sunfish (Lepomis gibbosus): An Ecological Study of a Psychological Trait', *Journal of Comparative Psychology*, 107.3 (1993): 250–60.

Aron, Elaine N., Aron, Arthur, and Jagiellowicz, Jadzia, 'Sensory Processing Sensitivity: A Review in the Light of the Evolution of Biological Responsivity', *Personality and Social Psychology Review*, 16.3 (2012): 262–82.

Koolhaas, J. M., et al., 'Individual Variation in Coping with Stress: A Multidimensional Approach of Ultimate and Proximate Mechanisms', *Brain, Behavior and Evolution*, 70.4 (2007): 218–26.

Wolf, Max, et al., 'Evolutionary Emergence of Responsive and Unresponsive Personalities', *Proceedings of the National Academy of Sciences*, 105.41 (2008): 15,825–30.

Thomas, A., and Chess, S., 'The New York Longitudinal Study: From Infancy to Early Adult Life', in *The Study of Temperament: Changes, Continuities, and Challenges*, Plomin, R. and Dunn, J., eds, Lawrence Erlbaum (1986): 39–52.

Kagan, Jerome, 'Temperamental Contributions to Social Behavior', *American Psychologist*, 44.4 (1989): 668–74.

Kagan, J., and Snidman, N., *The Long Shadow of Temperament*, Harvard University Press (2009).

Boyce, T., *The Orchid and the Dandelion: Why Sensitive People Struggle and How All Can Thrive*, Alfred A. Knopf (2019).

Morgan, Barak, et al., 'Serotonin Transporter Gene (SLC6A4) Polymorphism and Susceptibility to a Home-Visiting Maternal-Infant Attachment Intervention Delivered by Community Health Workers in South Africa: Reanalysis of a Randomized Controlled Trial', *PLoS Medicine*, 14.2 (2017), https://doi.org/10.1371/journal.pmed.1002237

Kumsta, Robert, et al., '5HTT Genotype Moderates the Influence of Early Institutional Deprivation on Emotional Problems in Adolescence: Evidence from the English and Romanian Adoptee (ERA) Study', *Journal of Child Psychology and Psychiatry*, 51.7 (2010): 755–62

Klein Velderman, Mariska, et al., 'Effects of Attachment-Based Interventions on Maternal Sensitivity and Infant Attachment: Differential Susceptibility of Highly Reactive Infants', *Journal of Family Psychology*, 20.2 (2006): 266–74.

Pluess, Michael, et al., 'Environmental Sensitivity in Children: Development of the Highly Sensitive Child Scale and Identification of Sensitivity Groups', *Developmental Psychology*, 54.1 (2018): 51–70.

Lionetti, Francesca, et al., 'Dandelions, Tulips and Orchids: Evidence for the Existence of Low-Sensitive, Medium-Sensitive and High-Sensitive Individuals', *Translational Psychiatry*, 8.1 (2018): 1–11.

Aron, E., The Highly Sensitive Child: Helping Our Children Thrive When the World Overwhelms Them, *Harmony* (2002).

Extract reproduced with permission from Carrie Little Hersh's blog, http://www.relevanth.com/when-nature-has-to-conform-to-culture-highly-sensitive-people-in-a-nonsensitive-culture/

Chen, X., Wang, L., and DeSouza, A., Temperament, Socioemotional Functioning, and Peer Relationships in Chinese and North American Children', *Peer Relationships in Cultural Context*, Chen, X., French, D. C., and Schneider, B. H., eds (2006): 123–47.

Spence, Charles, Youssef, Jozef, and Deroy, Ophelia, 'Where are all the Synaesthetic Chefs?', *Flavour*, 4.1 (2015): 29.

http://www.conforg.fr/internoise2000/cdrom/data/articles/000956.pdf

https://www.sarahangliss.com/portfolio/infrasonic

https://www.theguardian.com/science/2003/sep/08/sciencenews.science

Persinger, Michael A., 'The Neuropsychiatry of Paranormal Experiences', *Journal of Neuropsychiatry and Clinical Neurosciences*, 13.4 (2001): 515–24.

Jung, C. G., 'Psychological Types' (1921), trans. Baynes, H. Godwin, Harcourt, Brace (1923).

Aron, Elaine N., *The Highly Sensitive Person*, Thorsons (2017).

https://hsperson.com/introversion-extroversion-and-the-highly-sensitive-person/

Marco, Elysa J., et al., 'Sensory Processing in Autism: A Review of Neurophysiologic Findings', *Pediatric Research*, 69.8 (2011): 48–54.

STAR Institute website: https://www.spdstar.org

Glod, Magdalena, et al., 'Sensory Atypicalities in Dyads of Children with Autism Spectrum Disorder (ASD) and Their Parents', *Autism Research*, 10.3 (2017): 531–8.

Acevedo, Bianca P., et al., 'The Highly Sensitive Brain: An fMRI Study of Sensory Processing Sensitivity and Response to Others' Emotions', *Brain and Behavior*, 4.4 (2014): 580–94.

Ghanizadeh, Ahmad, 'Sensory Processing Problems in Children with ADHD: A Systematic Review', *Psychiatry Investigation*, 8.2 (2011): 89–94; https://www.additudemag.com/sensory-processing-disorder-or-adhd/

https://www.rescuepost.com/files/library_kanner_1943.pdf

Robertson, Caroline E., and Baron-Cohen, Simon, 'Sensory Perception in Autism', *Nature Reviews Neuroscience*, 18.11 (2017): 671–84.

Owen, Julia P., et al., 'Abnormal White Matter Microstructure in Children with Sensory Processing Disorders', Neuroimage: Clinical, 2 (2013): 844–53

Chang, Yi-Shin, et al., 'Autism and Sensory Processing Disorders: Shared White Matter Disruption in Sensory Pathways but Divergent Connectivity in Social-Emotional Pathways', *PloS ONE*, 9.7 (2014), https://doi.org/10.1371/journal.pone.0103038

Thye, Melissa D., et al., 'The Impact of Atypical Sensory Processing on Social Impairments in Autism Spectrum Disorder', *Developmental Cognitive Neuroscience*, 29 (2018): 151–67.

Cerliani, Leonardo, et al., 'Increased Functional Connectivity Between Subcortical and Cortical Resting-State Networks in Autism Spectrum Disorder', *JAMA Psychiatry*, 72.8 (2015): 767–7.

Puts, Nicolaas AJ, et al. 'Impaired tactile processing in children with autism spectrum disorder.' *Journal of Neurophysiology,* 111.9 (2014): 1803-1811.

Kwon, Soo Hyun, et al., 'GABA, Resting-State Connectivity and the Developing Brain', *Neonatology*, 106.2 (2014): 149–55.

Parush, S., et al., 'Somatosensory Function in Boys with ADHD and Tactile Defensiveness', *Physiology & Behavior*, 90.4 (2007): 553–8

Puts, Nicolaas A. J., et al., 'Altered Tactile Sensitivity in Children with Attention-Deficit Hyperactivity Disorder', *Journal of Neurophysiology,* 118.5 (2017): 2,568–78.

Baron-Cohen, S., et al., 'Prevalence of Autism-Spectrum Conditions: UK School-Based Population Study', *British Journal of Psychiatry*, 194.6 (2009): 500–9

Beau-Lejdstrom, R., et al., 'Latest Trends in ADHD Drug Prescribing Patterns in Children in the UK: Prevalence, Incidence and Persistence', *BMJ Open*, 6.6 (2016): e010508.

Green, Shulamite A., and Wood, Emily T., 'The Role of Regulation and Attention in Atypical Sensory Processing', *Cognitive Neuroscience*, 10.3 (2019): 160–2

Ben-Sasson, A., Carter, A. S., and Briggs-Gowan, M. J., 'Sensory Over-Responsivity in Elementary School: Prevalence and Social-Emotional Correlates', *Journal of Abnormal Child Psychology*, 37.5 (2009): 705–16.

第 16 章 改變的感覺

Barnes, Jonathan, ed., *Complete Works of Aristotle*, vol. 2, Princeton University Press (2014).

'Mythbusters: Playing Sound to Plants', https://mythresults.com/episode23; 'Plant Genes Switched on by Sound Waves, *New Scientist* (29 August 2007).

Damasio, Antonio, *The Feeling of What Happens*, Vintage (2000); Damasio, Antonio, *Self Comes to Mind*, Vintage (2012).

Tanne, Janice Hopkins, 'Humphry Osmond', *BMJ*, 328.7441 (20 March 2004): 713.

Huxley, A., *The Doors of Perception*, Harper & Brothers (1954).

Tagliazucchi, Enzo, et al., 'Increased Global Functional Connectivity Correlates with LSD-Induced Ego Dissolution', *Current Biology*, 26.8 (2016): R1,043–50.

Preller, Katrin H., et al., 'Effective Connectivity Changes in LSD-Induced Altered States of Consciousness in Humans', *Proceedings of the National Academy of Sciences*, 116.7 (2019): 2,743–8.

Roseman, Leor, Nutt, David J., and Carhart-Harris, Robin L., 'Quality of Acute Psychedelic Experience Predicts Therapeutic Efficacy of Psilocybin for Treatment-Resistant Depression', *Frontiers in Pharmacology*, 8 (2018), https://doi.org/10.3389/fphar.2017.00974

Griffiths, Roland R., et al., 'Psilocybin Produces Substantial and Sustained Decreases in Depression and Anxiety in Patients with Life-Threatening Cancer: A Randomized Double-Blind Trial', *Journal of Psychopharmacology*, 30.12 (2016): 1,181–97.

The *Mosaic* story on psychedelics as therapeutics is by Sam Wong, https://mosaicscience.com/story/psychedelic-therapy/

科學天地 181

超級感官

人類的32種感覺和運用技巧

Super Senses

The Science of Your 32 Senses and How to Use Them

原著 ── 艾瑪．楊恩（Emma Young）
譯者 ── 鄧子衿
科學天地叢書顧問群 ── 林和、牟中原、李國偉、周成功

總編輯 ── 吳佩穎
編輯顧問暨責任編輯 ── 林榮崧
封面設計暨美術排版 ── 江儀玲

出版者 ── 遠見天下文化出版股份有限公司
創辦人 ── 高希均、王力行
遠見．天下文化 事業群榮譽董事長 ── 高希均
遠見．天下文化 事業群董事長 ── 王力行
天下文化社長 ── 王力行
天下文化總經理 ── 鄧瑋羚
國際事務開發部兼版權中心總監 ── 潘欣
法律顧問 ── 理律法律事務所陳長文律師
著作權顧問 ── 魏啟翔律師
社址 ── 台北市 104 松江路 93 巷 1 號 2 樓
讀者服務專線 ── 02-2662-0012 ｜ 傳真 ── 02-2662-0007, 02-2662-0009
電子郵件信箱 ── cwpc@cwgv.com.tw
直接郵撥帳號 ── 1326703-6 號 遠見天下文化出版股份有限公司
製版廠 ── 東豪印刷事業有限公司
印刷廠 ── 柏皓彩色印刷有限公司
裝訂廠 ── 聿成裝訂股份有限公司
登記證 ── 局版台業字第 2517 號
總經銷 ── 大和書報圖書股份有限公司 電話／ 02-8990-2588
出版日期 ── 2023 年 3 月 30 日第一版第 1 次印行
2024 年 5 月 15 日第一版第 3 次印行

國家圖書館出版品預行編目(CIP)資料

超級感官：人類的32種感覺和運用技巧/艾瑪.楊恩(Emma Young)著；鄧子衿譯. -- 第一版. -- 臺北市：遠見天下文化出版股份有限公司, 2023.03
面； 公分. -- (科學天地；181)
譯自：Super senses : the science of your 32 senses and how to use them
ISBN 978-626-355-135-0 (精裝)

1. 感覺 2. 感覺器官 3. 感覺生理

394.96 112002761

定價 ── NT600 元
書號 ── BWS181
ISBN ── 9786263551350 ｜ EISBN ── 9786263551367（EPUB）；9786263551374（PDF）
天下文化書坊 ── http://www.bookzone.com.tw

天下文化
BELIEVE IN READING